北大社·"十四五"普通高等教育本科规划教材

高等院校机械类专业"互联网+"创新规划教材

U0180458

微细加工技术

刘志东　编著

北京大学出版社

PEKING UNIVERSITY PRESS

内 容 简 介

本书介绍了机械加工中广义的微细加工技术，以及狭义的微细加工技术在集成电路及硅太阳能电池制造领域的应用，并以碳化硅为例，介绍了第三代半导体，从而使读者能够准确地理解和掌握微细加工技术的基础知识和常用微细加工的方法、基本原理及应用。全书共 6 章，包括绪论、微细切削加工技术、微细特种加工技术、硅材料的制备及加工、集成电路制造技术和硅太阳能电池制造。

本书采用双色印刷，各种微细加工方法均有对应视频展示其原理及实际应用，120 余段视频配以对应的二维码，读者只需利用移动设备扫描对应知识点的二维码即可在线观看。为方便教师授课，本书配套附有主要视频内容的教学参考课件。

本书适合作为高等工科院校机械类专业研究生、本科生及高职院校相关专业学生的"微细加工技术""半导体加工技术""微细特种加工技术"等课程的教材或辅助教材，也可以作为相关领域工程技术人员了解微细加工技术的参考书。

图书在版编目（CIP）数据

微细加工技术/刘志东编著 . —北京： 北京大学出版社， 2024.1
高等院校机械类专业"互联网+"创新规划教材
ISBN 978 - 7 - 301 - 34636 - 5

Ⅰ．①微… Ⅱ．①刘… Ⅲ．①特种加工—高等学校—教材 Ⅳ．①TG66

中国国家版本馆 CIP 数据核字(2023)第 217766 号

书 名	微细加工技术	
	WEIXI JIAGONG JISHU	
著作责任者	刘志东 编著	
策 划 编 辑	童君鑫	
责 任 编 辑	黄红珍	
数 字 编 辑	蒙俞材	
标 准 书 号	ISBN 978 - 7 - 301 - 34636 - 5	
出 版 发 行	北京大学出版社	
地 址	北京市海淀区成府路 205 号　100871	
网 址	http://www.pup.cn 新浪微博：@北京大学出版社	
电 子 邮 箱	编辑部 pup6@pup.cn 总编室 zpup@pup.cn	
电 话	邮购部 010 - 62752015　发行部 010 - 62750672　编辑部 010 - 62750667	
印 刷 者	三河市北燕印装有限公司	
经 销 者	新华书店	
	787 毫米×1092 毫米　16 开本　16.25 印张　382 千字	
	2024 年 1 月第 1 版　2024 年 1 月第 1 次印刷	
定 价	69.00 元	

前　　言

微细加工技术是先进制造技术的重要组成部分，是获得微机械、微机电系统及提高半导体器件集成化的必要手段。微细加工技术起源于平面硅工艺，随着微型机械、半导体器件、集成电路、硅太阳能电池等技术的发展，微细加工技术已经成为一门多学科交叉的制造系统工程和综合高新技术，其技术手段遍及传统加工和非传统加工的各种方法。

目前，我国许多高等工科院校均开设了微细加工技术的相应课程，但对于机械类专业的教学一直没有比较适合的教材。作者在该领域拥有数十年的教学及科研实践经验，一直希望能编写一本以拓宽机械类专业学生微细加工技术知识面为主要目标的教材，通过此教材，学生不仅能学习并了解一般机械加工中的微细切削加工及微细特种加工技术，而且能学习并了解平面硅工艺的集成电路制造和硅太阳能电池制造两个领域的关键技术及其对人类社会的影响和贡献，从而培养学生精益求精、追求卓越的"工匠精神"，知悉集成电路制造技术是国之重器，芯片关系国家的命脉，太阳能技术是关系到世界能源可持续发展的关键。

本书是目前首本面向机械类专业学生授课的多媒体微细加工技术教材。本书从阐述广泛含义的微细加工技术开始，逐步扩展到硅材料的制备及加工，并以碳化硅为例，介绍了第三代半导体，而后阐述了集成电路制造中的微细加工技术及硅太阳能电池制造领域的关键工艺及技术，为学生拓展知识面及今后从事相关领域的研究和工作奠定了基础。

本书采用双色印刷，重点突出，图文并茂，用尽可能简练易懂的语言阐述了各种微细加工技术。全书共 6 章，包括绪论、微细切削加工技术、微细特种加工技术、硅材料的制备及加工、集成电路制造技术和硅太阳能电池制造。本书配有 120 余段有关微细加工技术，尤其是与集成电路制造及硅太阳能电池制造相关的视频，在书中相应位置设置二维码，读者只需利用移动设备扫描二维码即可在线观看。为方便教师授课，本书配套附有主要视频内容的教学参考课件。

本书可作为高等工科院校机械类专业研究生、本科生及高职院校相关专业学生的"微细加工技术""半导体加工技术"课程的教材及"微细特种加工技术""现代加工技术"等课程的辅助教材，也可作为相关领域工程技术人员了解微细加工技术的参考书。

本书由中国机械工程学会特种加工分会常务委员、江苏省机械工程学会特种加工专业委员会主任委员，南京航空航天大学博士生导师刘志东教授编著。

在本书的编写过程中，作者参阅并选择引用了国内外同行公开的相关纸质、电子及多媒体资料，得到了业界众多专家和朋友的支持与帮助，南京航空航天大学机电学院电光先

微细加工技术

进制造团队的研究生也参与了编辑、整理及多媒体的制作工作，在此一并表示衷心感谢。

由于书中涉及内容广泛且技术发展迅速，加之作者水平有限，书中难免存在不妥之处，望读者批评指正。

编者的电子邮箱：liutim@nuaa.edu.cn

电光先进制造团队网址：http://edmandlaser.nuaa.edu.cn

刘志东

2023 年 10 月

资源索引

目　录

第1章 绪论

制造技术是直接创造财富的基础，是国民经济得以发展和制造业本身赖以生存的主体技术。在工业化发达国家的社会财富中，$60\%\sim80\%$是由制造业创造的，国民经济收入的45%来自制造业。目前，国际上已将生命、信息、材料、制造并称为21世纪的四大科学技术。

通常将制造技术分为宏观加工、微细加工、介观加工和纳米加工，对应的加工方法和应用如图1.1所示。零件尺寸大于1mm的，即肉眼可以看到的零件制造称为宏观加工。宏观加工是目前发展最成熟、研究最深入的制造领域。对于这个尺度零件的生产有很多种有效的加工工艺手段。

零件尺寸在亚毫米级至亚微米级之间的加工称为微细加工。微细加工是随着计算机处理器、存储芯片、传感器和磁存储设备等各种微电子器件的发展而来的。在大多数情况下，这类加工在很大程度上依赖光刻、刻蚀及涂层技术等。

介观加工介于宏观加工和微细加工之间且与两者均有重合。极小型电动机、轴承、助听器、支架、心脏瓣膜、电子玩具等微小组件的加工都属于介观加工。

纳米加工是指零件在纳米尺寸范围内的加工。由于纳米（nm）是十亿分之一（10^{-9}）米，因此纳米加工中，零件的生产在长度上通常为$10^{-9}\sim10^{-6}$ m。氢原子的直径为$\phi0.1$nm，一般金属原子直径为$\phi0.3\sim\phi0.4$nm，因此，纳米加工主要指原子搬迁、纳米量级的材料去除或生长，涉及的领域包括分子工程医药产品、基因检测、基因治疗、药物分子设计和其他形式的生物制造。目前，集成电路中的许多特征结构，以及一些碳纳米管的使用均在这个尺寸范围。人们已经认识到许多物理过程和生物过程都是在纳米尺寸发生的，因此，纳米加工在未来的技术创新中将会有很大的应用前景。

微机电系统（micro electro mechanical system，MEMS）是20世纪80年代后期发展起来的一门学科。随着大规模集成电路中微细加工技术和超精密加工技术的发展，近年来微机电系统发展极其迅猛，进入实用化和商品化阶段。微细加工技术虽然起源于平面硅工艺，但随着半导体器件、集成电路、微型机械等技术的发展与需求，微细加工技术已经成为一门多学科交叉的制造系统工程和综合性的高新技术。

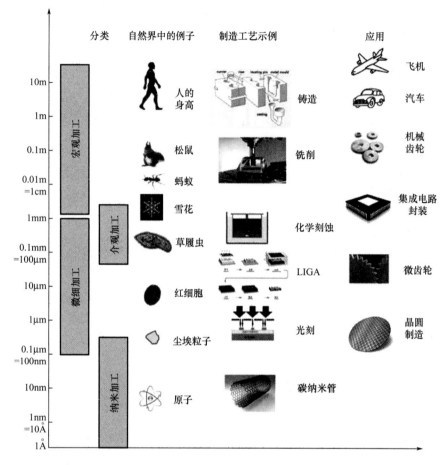

图 1.1　制造技术分类及对应的加工方法和应用

　　微机电系统体积小、耗能低、能方便地进行精细操作。其主要应用于医疗、生物工程、信息、航空航天、半导体工业、军事、汽车等领域，给国民经济、人民生活和国防、军事等带来了深远的影响，被列为 21 世纪的关键技术之一。

1.1　微机电系统的基本概念及特点

　　微机电系统是指尺寸在几毫米乃至更小的高科技装置，其内部结构一般在微米甚至纳米量级，是一个独立的智能系统，主要由传感器、动作器（执行器）和微能源三大部分组成。它可对声、光、热、磁、运动等自然信息进行感知、识别、采集，能够处理与发送信息或指令，还能够按照所获取的信息自主地或根据外部的指令采取行动。

　　微机电系统涉及物理学、半导体、电子工程、化学、材料工程、机械工程、医学、信息工程及生物工程等学科和工程技术，为智能系统、消费电子、可穿戴设备、智能家居、系统生物技术的合成生物学与微流控技术等领域开拓了广阔的用途。微机电系统在国民经济和军事系统方面都有着广泛的应用前景。

近 20 年来，微机电系统技术得到了迅速发展。微机电系统器件体积小、质量小、耗能低、惯性小、谐振频率高、响应时间短，多以硅为主要材料，适合批量生产，具有很高的生产效率和较低的生产成本。微机电系统可以完成常规机电系统受尺度限制而不能完成的任务，也可以嵌入大尺寸系统，提高系统自动化、智能化和可靠性等方面的性能。微机电系统对众多领域的发展产生重大影响，将使许多工业产品发生质的变化和飞跃。

微机电系统是微电子技术的拓宽和延伸，它将传统机电一体化系统中的控制部分通过微电子技术微型化，并将精密机械加工技术应用于机械与传感执行机构，从而构成微电子与机械融为一体的系统。但微机电系统并不是传统机电系统的简单缩小，它可以完成常规机电系统不能完成的任务。微机电系统与传统机电系统的区别如图1.2所示。

图 1.2　微机电系统与传统机电系统的区别

微机电系统是实现产品微型化的核心技术。产品微型化包括整体微型化和单元部件微型化，是产品的主要发展趋势。产品微型化后具有以下优点。

（1）微型化产品可以实现原来宏观尺度产品无法实现的任务。如用于肠胃疾病诊断、治疗的微型药丸机器人，能在体外遥控下完成药物释放、图像采集和手术治疗等任务。胶囊式内窥镜（图1.3）是质量仅为几克的微型数码摄像机，病人吞下后即可离开医院，日常生活不受影响。胶囊式内窥镜随着消化道蠕动 8h，把拍摄到的影像信号发射到体外接收器上，医生可以看到清晰的图像，如图1.4所示。这项技术改变了消化道疾病诊疗的方式，吞下一粒胶囊就能探知"腹内乾坤"，完全没有传统的胃镜、肠镜检查时插管给病人带来的痛苦。

图 1.3　胶囊式内窥镜

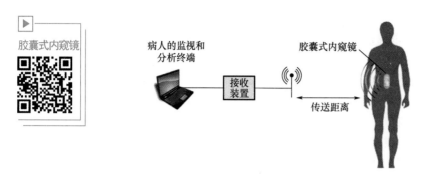

图 1.4 胶囊式内窥镜工作示意

（2）微型化产品便于携带。在不长的时间里，从日常生活到工作场所的很多物品的体积魔术般地变小，使得人们生活和工作的方式变得更加丰富、舒适和便利，生活质量和工作效率都得到了提高。

（3）单元部件的微型化使产品的功能更加完善，使产品的性能进一步提高。随着社会的发展，对产品的功能需求越来越高。以汽车为例，安全、舒适、经济是人们不断追求的目标，实现这些目标的先决条件是大量采用各种传感器及时获取各种信息，例如，用于汽车动力控制和安全气囊的加速度计；用于传动、制动、冷却等部位的压力传感器；用于汽车动态控制、翻车报警和 GPS 后备的偏航速度传感器；用于凸轮轴、曲轴、踏板等敏感位置的传感器；用于监控车厢环境的温度传感器、湿度传感器；用于感知日光、雨水的湿度传感器；用于近距离障碍物检测和避撞的测距传感器；等等。汽车的整体尺度是有限的，因此需要这些功能单元具有尽可能小的体积。传统的传感器往往体积大、质量大，无法满足这些需求，而微机电系统传感器体积小、能耗低、价格低，可以制作成各种检测力学量、磁学量、热学量、化学量和生物量的微型传感器，易构成大规模和多功能阵列，可实现更多全新的功能，并且便于批量生产。这些特点使得微机电系统传感器非常适合汽车工业方面的规模应用。

（4）微型化产品具有成本低、能源消耗低、环境污染小和质量小等特点。如汽车安全气囊中的微机电系统加速度计的成本仅为老式机械开关成本的几十分之一，性能却显著提高。研制的微型惯性平台的外形尺寸仅为原来的 1/300，质量由 1.5kg 减小到 10g，耗电量由 35W 降到 1mW。传统的质谱计质量达 70kg，而目前的微型质谱计质量仅为 200g，能耗和价格都大大降低。微型化器件质量小的特点对于需要"斤斤计较""克克计较"地减小质量的工业产品来说是非常重要的。

1.2　微机电系统的主要应用领域

微机电系统是一个复杂的系统，目前在光信号处理、生物医学、机器人、汽车、航空航天、军事和日用消费电子产品等领域得到广泛应用。下面介绍其典型应用。

1. 在汽车工业中的应用

随着汽车向智能化、环保、舒适和安全方面发展，汽车工业已成为传感器应用的大市场。目前，一般的汽车平均使用 40 个传感器，而豪华轿车上的传感器多达 200 多个。随着汽车无人驾驶和自动驾驶应用的逐步深入与扩大，所应用的传感器将更多。图 1.5 所示为汽车上主要传感器及其分布示意图。传感器在汽车上主要用于发动机控制系统、底盘控制系统、车身控制系统和导航系统等。传感器的应用大大提高了汽车的电子化程度及驾驶安全性。微机电传感器在汽车工业的发展中起着重要的作用，目前在汽车上应用较多的是硅微压力传感器和加速度传感器。

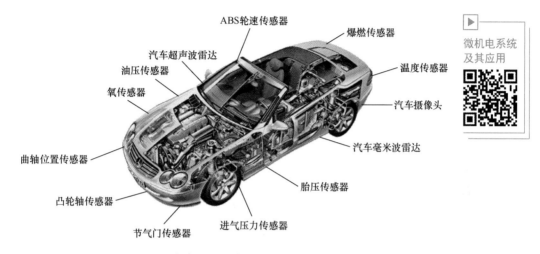

微机电系统及其应用

图 1.5　汽车上主要传感器及其分布示意图

在汽车中，硅压力传感器主要用于发动机管理系统、舒适系统、传动系统和安全系统等。以发动机管理系统为例，主要有进气压力传感器等一系列硅压力传感器，用以控制发动机燃烧的空燃比。加速度传感器主要用于汽车的安全气囊系统、悬架系统和防抱死制动系统。以安全气囊传感器为例，其一般安装在汽车发生碰撞时受到挤压的部位，传感器根据碰撞的程度，适时使气囊作用；也有的传感器安置在非挤压的区域（如乘客所在车内位置附近），这种传感器常称为安全传感器，它能够防止乘客无意磕碰（或摸弄）前部的传感器而使气囊作用。

2. 在微机器人中的应用

微机器人集微机械、微电子等综合技术于一体，已成为微机电系统的更高层次的典型代表。未来的微机器人能够"潜入"狭小的空间并且不扰乱周围环境。例如，潜入人体的血管、脏器中进行诊断或治疗；进入航空航天发动机、汽轮机等大型复杂设备的狭小空间进行故障探测、检查和修补等工作。

微机器人的应用主要集中在军事、工业、医学及基础学科等研究领域。如在生物医疗方面，微机器人可辅助进行细胞区分等辅助诊断及眼部、脑部微细手术。图 1.6 所示为眼科手术用微机器人。该微机器人在外边磁场的控制下，可以进行眼科手术。而微型军用机器人既可以完成各种侦察任务，又可以对敌方人员进行主动攻击或对关键设备进行破坏。

微小型水下无人潜水器可模拟鱼类的运动特点，现已经研制出机器鱼、机器龙虾，它们均具有微型化、噪声低、高效推进等优点。微小型水下无人潜水器是典型的军民两用技

术产品，既可以进行海上资源的勘探和开发，又可以在海战中执行侦察、扫雷等任务。某型号水下机器人如图 1.7 所示。

眼科手术用微机器人

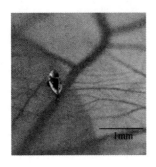

图 1.6　眼科手术用微机器人

图 1.7　某型号水下机器人

移动式微小型机器人主要用来从事侦察活动，它装有微型摄像机，运动自如，还能越过障碍执行任务。

3. 在微型飞行器中的应用

微型飞行器也称微型飞机，它与传统意义上的飞机有本质区别，实际是一种六自由度可飞行的微型电子机械系统。微型飞行器主要采用微机电制造技术，系统功能高度集成，其成本及价格大为降低。微型飞行器的基本特征是尺寸小，故其灵活且易隐蔽，同时便于单兵携带和放飞，更适应现代复杂环境的小兵种作战，适用于军事或民用的隐蔽性侦察、城市或室内等复杂环境作战、跟踪尾随、化学或辐射等有害环境探测、复杂环境的救生定位等特殊任务。微型飞行器尺寸越小，越容易满足便于携带、成本低廉、维护方便、隐蔽性高等特定要求。在某些情况下，微型飞行器与蜜蜂、蜻蜓或蜂鸟更相似，而与传统的飞机有本质区别。

在军事上，微型飞行器主要用于低空侦察、通信、电子干扰和对地攻击等任务。当战情发生在偏远山区时，信息来源比较困难，微型飞行器可将侦察到的图像和信息传递至士兵手中的监视器，使士兵了解战场和目标的情况，这样不仅可减少部队在侦察过程中的伤亡，还可以大大提高作战效率。微型飞行器还可以对敌方实施电子干扰。虽然微型飞行器施放的干扰信号强度很小，但当微型飞行器飞近敌方雷达天线附近时，仍然能够有效地对敌方雷达实施电子干扰。微型飞行器还可以携带高能炸药，主动攻击敌方雷达和通信中枢。另外，微型飞行器还可用于战场毁伤评估和生化武器的探测。微型飞行器在城市作战中优势尤为突出，它能够在城市建筑物群中缓慢飞行，以便绕过障碍物，避免撞在墙上；它可以飞到大型建筑物上执行侦察任务；它还可以探测和查找建筑物内部的敌对分子和恐怖分子，并窃听敌方作战计划等；它能够在卫星和侦察机难以顾及的盲区工作。图 1.8 所示为微型飞行器。

同时，微型飞行器在民用领域有广泛的市场和应用前景，它能够用于通信中继、环境研究、自然灾害的监视与支援。微型飞行器还可用于边境巡逻与控制、毒品禁运、农业勘察，并且未来可用于大型牧场和城区监视等。

4. 在航空航天中的应用

微机电系统在航空航天领域最典型的应用是微型卫星。微小型卫星的质量通常为 $100 \sim 500 \text{kg}$，微型卫星的质量通常为 $10 \sim 100 \text{kg}$，而纳米卫星（图 1.9）的质量通常小于

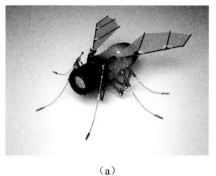
(a)

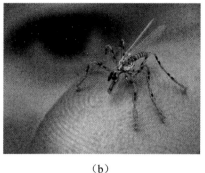
(b)

图 1.8 微型飞行器

AI杀人蜂机器人

迷你直升机

10kg。目前，可以使用由体积小、质量小、成本低的微型卫星组成的航天器系统完成以前靠少数几个大型卫星系统才能完成的任务，这样不仅降低了发射成本，还极大地提高了航天器系统的效费比。同时利用成百上千颗微型航天器来提高冗余度，不仅减少了运转风险，还提高了系统的生存能力。

微型飞行器

纳米卫星的发射和应用

图 1.9 纳米卫星

无人机规避障碍

微型卫星组成的分布式结构体系与集中式体系相比，可以避免单个航天器失灵所带来的危害，提高未来航天系统的生存能力和灵活性。微型卫星布设成局部星团或分布式星座，在太阳同步轨道上施放时，在 18 个等间隔的轨道表面上，每个轨道面上都等间隔地安放 36 颗卫星，这样一共有 648 颗卫星在轨道上运行，从而可以保证在任何时刻都对地球上的任何一点的连续覆盖和监视。

5. 在医学中的应用

微机电系统在医学发展方面的应用非常广泛。图 1.10 所示的"灵巧药丸"（包含传感器、储药囊和微压力泵的微型仪器）可被植入人体，并在人体的精确部位释放精确剂量的药物。图 1.11 所示的柔性生物电子传感器，可以测量人体皮肤或体内温度，也可远程监测皮肤或相关器官的温度等参数。

与传统的外科手术不同，体内显微手术利用体内极小的切口或人体入口，在对健康组织最小损伤的情况下进行手术，以至于手术后都不用缝合伤口。体内手术所需的微机电系统包括微手术钳、微手术刀、微手术钻等。

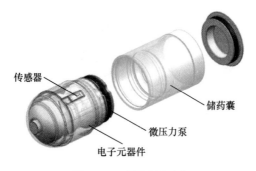

图 1.10　"灵巧药丸"

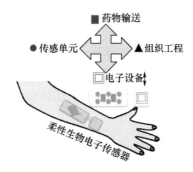

图 1.11　柔性生物电子传感器

微型手术与传统的外科手术相比缺少视觉和触觉信息，这些信息必须通过由传感器阵列获取的信息来弥补。微内窥镜的一个重要任务是在微型外科手术中，为医生提供诊断部位的信息。智能内窥镜常常集成了致动器，外科医生从外部控制致动器，并且由所安装的传感器来监视。这种内窥镜的一个重要特性是能够利用其本身的传动装置在人的血管中行走，搜索并对准手术部位。图 1.12 所示为智能内窥镜微创直肠手术示意图。

动脉粥样硬化切除术

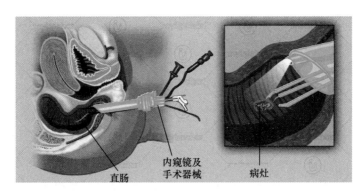

图 1.12　智能内窥镜微创直肠手术示意图

6. 在军事武器中的应用

微机电系统研究得以进行的最大动力来自军事应用，上述微机器人、微飞行器、纳米卫星都可服务于军事。

微型化技术在武器装备上的重要发展是微小型武器，如微飞行器、微小型水下无人潜水器、微小型机器人和微小型侦察传感器等。微小型武器可用于完成陆、海、空领域的监视、侦察、探测、搜索、电子干扰、攻击等军事任务。微小型武器具有体积小、隐蔽性好、机动性好、成本低等特点，特别适用于城市和恶劣环境下（如核战场、生化战场等）的局部战争。

微小型武器具有以下特点。

（1）能完成士兵难以完成的作战任务。微小型武器能够进入侦察人员无法接近的地方及飞机或卫星侦测系统无法发现的地域，在作战指挥系统的协调下执行侦察或破坏任务。在某些恶劣环境（如存在核辐射、致命性毒剂、爆炸隐患）下，微小型武器仍可有效地进行工作。图 1.13 所示为小型自引导搜救机器人。

军用微型机器人

图 1.13　小型自引导搜救机器人

（2）提高武器效费比。微小型武器的造价、使用费用相对较低。

（3）难以防范。微型飞行器和微小型攻击型机器人的尺度通常以厘米甚至毫米计，成本远远低于宏观尺度武器，若用常规武器防范它，则作战效能、效益非常低下。

精确化、轻量化、低能耗是武器装备的主要发展趋势，这些特点均需以微型化为基础。微型化的单元部件完善了武器装备的功能，提高了精确打击能力，降低了装备的质量和能耗，延长了作战周期，而微型武器系统为未来的现代化战争提供了新的作战手段。

7. 在生物科学中的应用

微机电技术目前已经扩展到生物、化学领域，用于研制生物、化学分析芯片和系统，人们研制出微扩增器、毛细管电泳芯片、微流通池、三维 DNA 芯片、集成 DNA 微系统芯片等，形成了一个崭新的生物微机电系统（Bio-MEMS）研究领域。图 1.14 所示为生物微芯片。

生物微机电器件及系统与传统的分析系统相比具有很多优点，如小型便携、分析速度快（可提高 2～3 个数量级）、所需样品少（只需几微升，甚至纳升级）、污染大大减少（可以采用一次性使用器件）、实现临床实时分析、性价比高、便于批量生产制造等。

采用生物微机电技术可以制造具有不同功能的 DNA 芯片分立器件或集成化微系统，以完成 DNA 分析过程中各个阶段的基本程序，包括 DNA 的纯化、化学放大扩增、标记和降解、电泳分离、测序及杂交检测等。

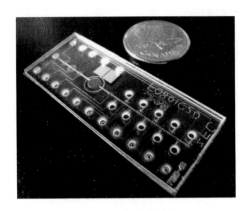

图 1.14　生物微芯片

8. 在信息技术中的应用

用于通信、多媒体、网络和智能等领域的微机电技术是信息微机电系统。信息微机电系统器件可以取代现代信息领域所采用的传统器件,实现系统的微小型化和性能的更新换代,已形成产业的有硬盘读写头、喷墨打印头(图 1.15)、数字微镜器件(digtial micromirror devices,DMD)等。

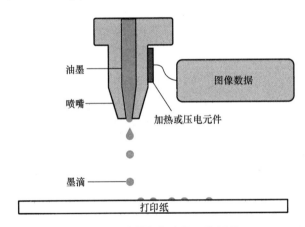

图 1.15　喷墨打印头的工作原理

1.3　微细加工技术的概念及其特点

微细加工技术是指制造微小尺寸零件和图案的加工技术,它是在半导体集成电路制造技术的基础上形成并发展起来的,是大规模集成电路和计算机技术的基础,是信息时代、微电子时代、光电子时代的关键制造技术。

微细加工技术,广义地讲包含了各种传统微细加工方法和微细特种加工方法,如微细切削加工、磨料加工、微细电火花加工、电解加工、化学加工、超声波加工、微波加工、等离子体加工、外延生长、激光加工、电子束加工、离子束加工、光刻加工、电铸加工等。由于微细加工技术是在半导体集成电路制造技术的基础上发展起来的，因此狭义地讲，微细加工技术主要是指半导体集成电路的微细制造技术，如化学气相沉积（淀积）、氧化、光刻、离子束溅射、真空蒸镀、LIGA（德文 lithographie、galvanoformung、abformung，光刻、电铸和注塑）等。

微细加工技术分类可用图 1.16 表示。目前，微细加工正向着高深宽比三维工艺方向发展。

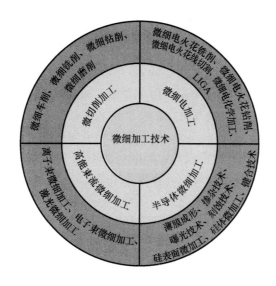

图 1.16　微细加工技术分类

从目前国际上微细加工技术的研究与发展情况看，微细加工技术主要有以美国为代表的硅基微机电系统技术、以德国为代表的 LIGA 技术和以日本为代表的传统加工方法的微细加工等。这些基本代表了国际微细加工的水平和方向。

微细加工技术是获得微机械、微机电系统的必要手段。微细加工的加工尺度从亚毫米到亚微米量级，而加工单位从微米到原子或分子线度量级（Å，1nm＝10Å）。微细加工与常规尺寸加工的机理是截然不同的。微细加工与常规尺寸加工的主要区别体现在以下方面。

1. 加工精度的表示方法不同

在常规尺寸加工中，加工精度常用相对精度表示，而在微细加工中，加工精度用绝对精度表示。

常规尺寸加工时，精度是用其加工误差与加工尺寸的比值（相对精度）来表示的。如现行的公差标准中，公差单位是计算标准公差的基本单位，是基本尺寸的函数，基本尺寸越大，公差单位也越大。因此，属于同一公差等级的公差，对不同的基本尺寸，其数值就不同，但认为具有同等的精确程度。所以公差等级就是确定尺寸精确程度的等级，这是现行公差制定的原则。但这种精度的表示方法显然存在缺陷，如切削直径分别为 $\phi(10\pm 0.1)$mm 和 $\phi(0.1\pm 0.001)$mm 的软钢材料时，尽管其相对精度相同（$\pm 1\%$），但由于两

者尺寸的差异，两者所采用的刀具、夹具和量具各不相同。

微细加工时，由于加工尺寸的微小化，精度必须用尺寸的绝对值来表示，即用去除（或添加）的一块材料（如切屑）的大小来表示，从而引入加工单位的概念，即一次能够去除（或添加）的一块材料的大小。当微细加工（包括电子束、离子束、激光束等多种非机械切削加工）0.01mm 尺寸零件时，必须采用微米（μm）加工单位进行加工；当微细加工微米尺寸零件时，必须采用亚微米加工单位进行加工；现今的超微细加工已采用纳米（nm）加工单位。

2. 加工机理存在很大的差异

由于在微细加工中加工单位急剧减小，因此必须考虑晶粒在加工中的作用。

假定把软钢材料毛坯切削成一根直径为 $\phi 0.1mm$、精度为 0.01mm 的轴类零件，在实际加工中，对于给定的要求，车刀最多只允许产生 0.01mm 切屑的切削深度；而且在对上述零件进行最后精车时，切削深度要更小。由于软钢是由很多晶粒组成的，晶粒直径一般为十几微米，因此意味着直径为 $\phi 0.1mm$ 的软钢材料毛坯在整个直径上所排列的晶粒只有 20 个左右。如果切削深度小于晶粒直径，那么切削不得不在晶粒内进行，要把晶粒作为一个个不连续体来进行切削。相比之下，如果是加工较大尺度的零件，由于切削深度可以大于晶粒直径，因此切削不必在晶粒内进行，则可以把被加工体看成连续体。这就导致了加工尺度为亚毫米、加工单位为数微米的加工与常规尺寸加工的微观机理不同。另外，还可以从切削时刀具所受的阻力来分析微细切削加工和常规切削加工的明显差别。试验表明，当切削深度在 0.1mm 以上进行普通车削时，单位面积上的切削阻力为 196～294N/mm²；当切削深度在 0.05mm 左右进行微细铣削加工时，单位面积上的切削阻力约为 980N/mm²；当切削深度在 1μm 以下进行精密磨削时，单位面积上的切削阻力为 12740N/mm²，接近于软钢的理论剪切强度 $G/2\pi \approx 12954N/mm^2$（$G$ 为剪切弹性模量，$G \approx 8.14MPa$）。因此，当切削单位从数微米缩小到 1μm 以下时，刀具的尖端要承受很大的应力作用，使单位面积上产生很大的热量，导致刀具的尖端局部区域上升到极高的温度。这就是越采用微小的加工单位进行切削，就越要求采用耐热性好、耐磨性强、高温硬度和高温强度都高的刀具的原因。

3. 加工特征明显不同

常规尺寸加工以尺寸、形状、位置精度为特征，微细加工则因其加工对象微小型化而多以分离或结合原子、分子为特征。

例如，超导隧道结的绝缘层只有 10Å 左右的厚度。要制备这种超薄层的材料，只有用分子束外延等方法在基底（或衬底、基片等）上通过一个原子层一个原子层（或分子层）地以原子或分子线度（Å 级）为加工单位逐渐沉积，才能获得纳米加工尺度的超薄层。再如，利用离子束溅射刻蚀的微细加工方法，可以把材料一个原子层一个原子层（或分子层）地剥离下来，实现去除加工。这里，加工单位也是原子或分子线度量级。因此，要进行 1nm 的精度和微细度的加工，就需要用比它小一个数量级的尺寸作为加工单位，即要用 0.1nm 的加工单位进行加工。这就明确告诉我们必须把原子、分子作为加工单位。扫描隧道显微镜和原子力显微镜的出现，实现了以单个原子作为加工单位的加工。

扫描隧道显微镜是利用量子力学中的隧道效应，通过探测固体表面原子中电子的隧道电流来分辨固体表面形貌的显微装置。根据量子力学原理，受电子隧道效应的影响，金属中的电子并不完全局限于金属表面之内，电子云密度并不是在表面边界处突变为零的。在金属表面以外，电子云密度呈指数衰减，衰减长度约为1nm。当原子尺度的针尖在不到1nm的高度上扫描样品时，此处电子云重叠，外加一电压，针尖与试样之间产生隧道效应而有电子逸出，形成隧道电流［图1.17（a）］。电流强度和针尖与试样间的距离有函数关系，当针尖沿物质表面按给定高度扫描时，样品表面原子凹凸不平，针尖与试样表面间的距离不断发生改变，从而引起电流不断发生改变。

利用扫描隧道显微镜，科学家可以观察和定位单个原子，并在低温下利用针尖精确操控原子［图1.17（b）］，因此扫描隧道显微镜在纳米科技领域既是重要的测量工具又是加工工具。

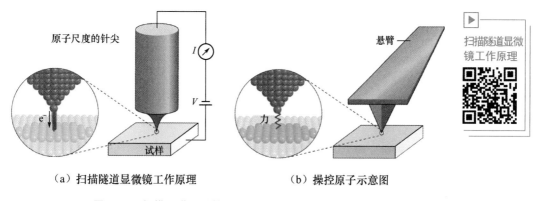

扫描隧道显微镜工作原理

（a）扫描隧道显微镜工作原理　　　　　（b）操控原子示意图

图1.17　扫描隧道显微镜工作原理及操控原子示意图

1.4　微细加工技术的分类

微细加工技术起源于平面硅工艺，但随着半导体器件、集成电路、微型机械等技术的发展，微细加工技术已经成为一项多学科交叉的制造系统工程和综合高新技术。它已不是一种孤立的加工方法或单纯的工艺技术，而涉及微机械学、微动力学、微电子学、微摩擦学及微量分离、结合、材料、环境、检测、可靠性工程等一系列科学与技术，其技术手段遍及传统加工和非传统加工的各种方法。

从被加工对象的形成过程看，微细加工可大致分为三大类：分离加工、结合加工和变形加工。分离加工是指将材料的某一部分分离出去的加工方式，如切削、分解、刻蚀、溅射等。分离加工可大致分为切削加工、磨料加工、特种加工及复合加工等。结合加工是指同种或不同种材料的附加或相互结合的加工方式，如蒸镀、沉积、生长、渗入等。结合加工可分为附着加工、注入加工和接合加工三类。附着加工是指在材料基体上附加一层材料。注入加工是指材料表层经处理后产生物理、化学、力学性能的改变，也可称为表面改性。接合加工是指焊接、黏接等。变形加工是指使材料形状发生改变的加工方式，如塑性变形加工、流体变形加工等。表1-1列出了常用的微细加工方法。图1.18示出了微细加工的典型样品。

表1-1　常用的微细加工方法

分类		常用加工方法
分离加工	切削加工	金刚石车削，微细钻削
	磨料加工	微细磨削，研磨，抛光，砂带研抛，喷射加工
	特种加工	微细电火花加工，电解加工，超声波加工，电子束加工，离子束加工，激光加工，光刻加工
	复合加工	电解磨削，电解抛光，化学抛光
结合加工	附着加工	蒸镀，分子束镀膜，分子束外延生长，离子束镀膜，电镀，电铸
	注入加工	离子束注入，氧化、阳极氧化，扩散，激光表面处理
	接合加工	电子束焊接，超声波焊接，激光焊接
变形加工	塑性变形加工	压力加工
	流体变形加工	铸造

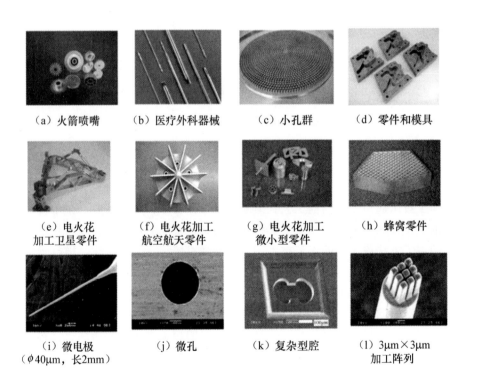

（a）火箭喷嘴　　（b）医疗外科器械　　（c）小孔群　　（d）零件和模具

（e）电火花加工卫星零件　　（f）电火花加工航空航天零件　　（g）电火花加工微小型零件　　（h）蜂窝零件

（i）微电极（ϕ40μm，长2mm）　　（j）微孔　　（k）复杂型腔　　（l）3μm×3μm加工阵列

图1.18　微细加工的典型样品

1.5　微细加工技术的应用

微细加工技术的典型应用是集成电路的制造。借助微细加工技术，众多微电子器件和技术蓬勃兴起，并在科学研究、生产实践和日常生活中创造了无数的"奇迹"，同时赋予微细加工技术更广的内容、更高的要求和更重要的使命。此外，微细加工技术还在特种新型器件、电子零件和电子装置、机械零件和机械装置、表面分析、材料改性等方面发挥了重要的作用。

1.5.1　微细加工技术在微电子器件制造中的应用

若集成电路图形的最小线宽减小为原来的 $1/n$，则它的电流、电压和电路的工作延迟时间也将缩减为原来的 $1/n$，功耗下降为原来的 $1/n^2$，单元芯片上的集成元件数可望增加到 n^2。例如，一个双稳态振荡器，用电子管制造时其尺寸约为 5cm，造价为数美元；而用微细加工技术制造的集成芯片，其尺寸只有几微米，造价仅为千分之几美分。现在的一台计算机，其体积和造价已经是早期计算机的数十万分之一，而其运算和制造速度可提高数百倍。可以说，正是由于微细加工技术的产生和实用化才使人类社会迎来了信息革命。

在大规模和超大规模集成电路制造过程中，从制备晶片和掩膜开始，经历多次氧化、光刻（曝光）、刻蚀、外延、注入（或扩散）等复杂工序，到划片、引线焊接、封装、检测等一系列工艺，直至最后得到成品，几乎每道工序都要采用微细加工技术。因此，微细加工技术在这里得到了全面的应用。

1946 年 2 月，世界上第一台通用电子数字计算机埃尼阿克（图 1.19）在美国研制成功。它由 1.8 万个电子管组成，占地 167m^2，有两三间教室般大，是一台又大又笨重的机器，重达 30 多吨。它的主要缺点是伴随着真空管出现的问题：真空管体积大、不可靠及耗电量大；由于会烧毁，真空管使用寿命有限。它当时的运算速度为每秒 5000 次加法运算。这一运算速度在当时是相当了不起的成就。大约 50 年后，借助微细加工技术，已经可以用指甲大小的硅芯片（图 1.20）来模拟埃尼阿克。

世界第一台计算机埃尼阿克

图 1.19　世界上第一台通用电子数字计算机埃尼阿克

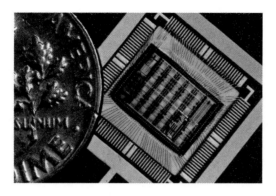

图 1.20　模拟埃尼阿克的硅芯片

单位芯片面积上集成度的提高，通常从两个方面来实现：一是电路线宽大幅度缩小，二是电路结构和其他工艺技术改进。

1965 年，英特尔公司的创始人之一戈登·摩尔（Gordon Moore）在准备一份关于计算机存储器发展趋势的报告而进行数据绘制时，发现了一个惊人的趋势：每个新的芯片大体上都包含其前任两倍的容量，每个芯片产生的时间都是在前一个芯片产生后的 18～24 个月，如果延续这个趋势，计算能力相对于时间周期将呈指数式上升。这就是摩尔定律。它可以进一步表述为：**当价格不变时，集成电路上可容纳的元器件每隔 18～24 个月便会增加一倍，性能也将提升一倍**。摩尔定律是戈登·摩尔的经验之谈，所阐述的趋势一直延续至今且仍准确。它不仅适用于对存储器芯片的描述，还精确地说明了处理器机能力和磁盘驱动器存储容量的发展。该定律成为许多工业性能预测的基础。**极紫外（extreme ultra violet，EUV）**光刻技术被视为是保证摩尔定律今后依旧适用的法宝。

最小线宽从 20 世纪 70 年代的 8～10μm 发展到 80 年代的 2～3μm，90 年代的 0.5～1μm，20 世纪末的 0.13～0.25μm。目前，最小曝光图形线宽为 2～5nm。

摩尔定律对半导体行业的未来做出了预测，在光刻水平是唯一制约因素的时代其正确性得到不断印证。自摩尔定律提出以来的数十年间，研究人员已经克服了许多看起来无法克服的问题，目前正在努力克服新的技术难题。展望未来，摩尔定律的精确性将受到更多问题的挑战。

在集成电路制造中，微细加工技术主要有横向微细加工技术和纵向微细加工技术两种。横向微细加工技术是按照器件的设计要求，在材料的表面制作所需要的各种几何图形；纵向微细加工技术是按照器件的设计要求，在材料的纵深方向制作各种薄膜结构。一般情况下，这里微细加工的尺度是微米级或亚微米级。

横向微细加工技术包括图形设计、图形产生和刻蚀。由于集成电路向超大规模集成电路和特大规模集成电路方向发展，电路图形越来越复杂，因此图形设计只能依靠计算机辅助设计。目前，图形一般仍以光学曝光方式产生。随着加工工艺向微细化发展，集成电路图形线条越来越窄，光学曝光的分辨率受到光的衍射效应的限制。为了求得更细的线条，必须采用波长更短的电子束、离子束和 X 射线曝光。随着加工线条的缩小，原来采用化学液体的湿法刻蚀工艺已不能满足要求。由于液体刻蚀各向同性，并伴随散蚀效应，因此难以刻蚀出完美的细线条。当刻蚀线宽在 1μm 以下时，必须采用干法刻蚀工艺。干法刻蚀工艺实际上是采用气体刻蚀（包含等离子体刻蚀、反应离子刻蚀、离子铣削等）的图形微细加工方法。

纵向微细加工技术包括蒸发、溅射、高压氧化、减压化学气相沉积、热扩散、离子注入和退火、气相或液相外延、分子束外延等。利用纵向微细加工技术可以做出各种金属薄膜、介质薄膜、多晶体和各种掺杂或不掺杂半导体薄层，也可做出多元化合物半导体薄层。利用分子束外延可以得到约10Å厚的极薄薄膜；还可研究材料的性质和研制各种新型器件，如超晶格器件、多维电子气器件等。

1.5.2　微细加工技术在其他方面的应用

在电子零件和电子装置中，需要进行亚毫米级微细加工，如彩色电视机荫罩板的光刻（直径为 $\phi 0.3mm$ 的孔缝加工），录音机和录像机的磁头加工和组装，电阻之类的喷砂微调和激光微调，硅片划片（钻石划片、激光划片），硅片切片，集成电路和晶体管的引线焊接（直径 $\phi 0.05mm$），印制电路板的打孔加工，线存储器组装，摄像管的加工与组装，石英和陶瓷振子的研磨加工及抛光加工，电子管的阴极、灯丝、栅极的加工和组装，微动开关的加工和组装，电容器零件的加工与组装，电感器（绕组、铁氧体）的加工和组装，等等。

在机械零件和机械装置的制造中，微细加工的例子也很多。例如，手表零件中的微细冲压零件、宝石轴承等。再如，玻璃丝的喷丝孔和细金属丝的精密拉丝模孔（金刚石模的微细孔加工），波纹管和游丝发条等的微细压延成形，塑料小零件模腔的加工（金属模），电动刮胡刀的电铸，等等。另外，航空陀螺仪的弹性支撑发条、合成纤维喷丝头、刀刃（蓝宝石）、枢轴承（蓝宝石）、显微切片器刀片（钻石）、微型轴承、注射器针、玻璃体温计、先导式伺服阀、光学刻度盘、金刚石压头及金刚石针等的加工和组装，照相印刷底板的切割均属于微细加工的范畴。

1.6　发展微细加工技术的意义

1.6.1　微细加工技术促进集成电路的发展

微电子技术作为新技术革命的主要内容和主要标志，过去、现在和将来对人类社会都会产生深远的影响。以微电子技术为中心构成的信息技术、控制技术、系统工程技术等，是当代极其重大的科技成果之一，它正在与传统技术相互渗透、相互结合，迅速促进一系列新技术、新工业部门的兴起，并广泛应用于国民经济各个领域，日益深入地影响人们的工作和生活。

电子计算机作为20世纪最伟大的发明之一，谁也无法否认其作为。但是，只有大规模集成电路和超大规模集成电路迅速发展才能给计算机带来光辉的前景。20世纪50年代初价值几百万美元、重达几十吨的电子计算机，到了70年代中期被质量不到500g、价值只有几十美元的大规模集成CPU代替；到了80年代初，人们常见的CPU只有几克重，价格只有几美元。只有在微电子技术高速发展的今天，美国政府才会提出"星球大战"计划——人类有史以来最庞大、最复杂的科技工程。这一工程中作用最大、困难也最大的就

是计算机系统。而该计算机系统对集成电路的速度、可靠性和大容量都提出了前所未有的要求。至于集成电路在日常生活中的应用（如家电产品等），人们能切身感受到。

微细加工技术的发展有力地促进了集成电路的发展，而集成电路的迅速发展又对微细加工技术提出了更高的要求。集成电路的发展需要建立在微细加工技术的进一步发展之上。

1.6.2 微细加工技术促进新型器件和相关学科的发展

在大规模集成电路和超大规模集成电路的研究及生产中发展起来的以微细加工技术为核心的一整套基础工艺技术，其作用和影响已远远超出半导体科学技术的范围。在科学技术领域里，它不仅是大规模集成电路和超大规模集成电路发展的基础，还是半导体微波技术、磁泡技术、声表面波技术、低温超导技术、光集成技术等多种技术发展的基础。当加工精度要求达到亚微米级及更小的量级时，微细加工手段不仅涉及物理、化学和精密机械等方面，而且需要研究材料和器件的微区（乃至原子或分子量级尺寸）性质，这大大促进了对物质结构和器件结构的深入认识，发展了和正在形成着新的材料和器件。

微细加工技术在固体器件方面的推广应用：已研制成功了微米级线宽的声表面波延迟线、滤波器等声表面波器件，微米级泡径的大容量磁泡存储器，CCD固体摄像器件，半导体激光器、发光管、集成光路等光电子技术方面的光电器件。

微细加工技术在超导领域的推广应用：已研制成功开关速度为微秒级的低温超导器件。

微细加工技术在新能源领域的推广应用：可以制成太阳能电池。太阳能电池是一种将太阳光能直接转换为电能的半导体器件，在人造卫星、交通、邮电、农牧业、轻工业、通信、气象及军事领域都具有广阔的应用前景。

微细加工技术在材料领域的推广应用：可以制成分子电路。利用分子功能材料本身固有的电-磁、电-光、电-声、热-电等现象或效应来实现预定的电子电路功能，这就是分子电路。分子电路的"元件"不是现在集成电路中的晶体管、电阻、电容器，而是分子本身；没有纵横交错的金属连线，具有很高的可靠性。分子功能材料的研制和突破是发展分子电路的关键。分子功能材料的获得不仅依赖对材料物性的深入认识和研究，还需要建立一整套"原子级"加工精度的微观加工技术，并且对材料的微观特性直接进行精确控制。

微细加工技术在电子零件、机械零件及其装置方面的推广应用：人们可以精密、方便、多样地完成常规加工方法不能完成的各种微细加工任务，制造出适用于各种场合和要求的零件、构件。

"工欲善其事，必先利其器。"微细加工技术创造了无数的成就，给人类带来了信息社会的文明，广泛地影响着国家、社会和个人，因此，学习、研究和应用微细加工技术具有重要的意义。

思 考 题

1-1 制造技术分为哪几类？对应的零件尺寸范围是什么？

1-2　微机电系统的概念是什么？产品微型化后具有什么特点？

1-3　举例说明微机电系统的典型应用领域（五个）。

1-4　微细加工技术的定义是什么？广义的微细加工技术和狭义的微细加工技术各包含什么内容？微细加工技术的零件尺寸加工范围是什么？

1-5　目前微细加工技术的代表性技术有哪些？

1-6　微细加工与常规尺寸加工的区别是什么？

1-7　微细加工技术有哪几类？请举例说明。

1-8　什么是摩尔定律？

第2章
微细切削加工技术

随着航空航天、国防工业、现代医学及生物工程技术的发展，对微小装置的功能、结构复杂程度、可靠性的要求越来越高，从而对特征尺寸在微米级到毫米级、采用多种材料、具有一定形状精度和表面质量要求的精密三维微小零件的需求日益迫切。然而，目前用于微小型化制造的主要是微机电系统技术，如采用刻蚀、等离子溅射、超声微加工及LIGA等微细制造方法对微小零件进行加工。这些微细加工方法大多效率低且基本限于使用硅基材料，一般只能实现2维或2.5维零件的加工，无法制造具有真实3维特征的微小零件。此外，上述大多数微细加工方法需要专用设备，生产周期长、成本高，不适合小批量生产。简言之，这些微细加工方法存在材料选择、零件维度和尺寸等方面的局限性，难以应用于任意3维微小零件的加工。

微细切削加工是传统车削、钻削和铣削等利用刀具及利用磨料进行材料去除的微切削的总称。采用微细切削技术可以实现多种材料任意形状的微型3维零件加工，这是微机电系统技术所不及的，从而弥补了微机电系统技术的不足，制作出的各种微型机械有着广阔的应用前景。微细切削加工技术可使用切削刀具，对包括金属在内的各种材料进行微细加工，而且可利用CAD/CAM实现3维数控编程，几乎可以满足任意复杂曲面和超硬材料的加工要求。图2.1所示微铣削加工的沟槽。微细切削加工与某些特种加工方法（如电火花加工、超声加工）相比，具有更快的加工速度、更低的加工成本、更好的加工柔性和更高的加工精度。因此微细切削加工技术在微小零件的制作方面起到至关重要的作用，将纳米尺度的微机电系统工艺和传统宏观领域的机械加工紧密地联系起来。微细切削加工的尺度范围如图2.2所示。微细切削加工和传统的超精密加工有着密切联系，它们都是现代先进制造技术的前沿。微细切削加工是指微小尺寸零件的生产加工，而传统的超精密加工既加工大尺寸又加工小尺寸；微细切削加工并不是宏观切削加工尺度的简单缩小，而是具有自己独特的加工机理和特点，在微细切削加工机床、刀具、磨损、过程监控等方面均有自身的特点。

图 2.1　微铣削加工沟槽

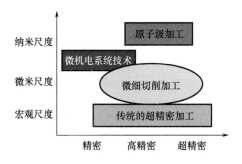

图 2.2　微细切削加工的尺度范围

采用微细切削加工方法，能够利用低能耗微小机床制造出尺寸在几十微米到几毫米的复杂微小零件。与其他加工方法相比，灵活性是微细切削加工方法的主要优势。由于不受几何形状的限制，采用该加工方法可以实现许多复杂特征的加工，如 3 维空腔、任意曲线及高长径比的长轴和微通道。虽然 LIGA 加工和聚焦离子束能够加工出高精度 3 维亚微米形貌，但是这些加工方法需要非常昂贵的特殊设备，成本远高于微细切削加工。另外，与基于微机电系统的加工方法相比，微细切削加工具有设备成本低、材料去除率高的优点，因此，特别适合小批量甚至定制产品的加工。与此同时，微细切削加工不受工件材料种类的限制，不像基于光刻的加工方法那样仅适合一些硅基材料的加工。

尽管微细切削加工具有诸多优势，但从宏观尺度缩小以实现微细切削加工并非看起来那么容易。很多因素在宏观加工过程中可以忽略而在微小尺度下显得非常重要，如材料结构、振动和热膨胀等。因此，微细切削加工的应用也有一定的局限性，还有待进一步研究。

2.1　微细切削的定义与特征

微细切削与常规切削在运动学上很相似，但在其他很多方面有着本质的区别。微细切削技术的范畴和内涵没有统一的定义，因此有必要对其进行界定。

微细切削是指在常规的精密机床或微小机床上采用具有特定几何特征的切削刃将材料以机械的方式直接去除的机械微加工工艺方法。它能够在各种工程材料上加工出高精度的3维零件。下面根据微细切削的一些典型特征来界定和定义微细切削的范畴，典型特征如下。

1. 切削厚度和极限切削厚度

切削厚度是指在加工中被去除的材料层厚度。它在微细切削加工中与常规宏观切削有很大的差异。随着加工技术的发展，切削厚度的临界值变得越来越小。目前，微细切削领域普遍认为切削厚度的临界值小于几十微米。

微细切削中刀具刃口呈圆弧状，由此产生极限切削厚度。由于微刀具切削刃强度限制，切削厚度往往控制在与刀具刃口在尺寸上相当，甚至更小，可能导致无法产生切屑。因此只有当切削厚度达到临界值，即极限切削厚度时，才能形成切屑，从而实现材料去除。极限（或临界）切削厚度常被视为可获得的最高精度的度量。当切削厚度小于极限切削厚度时，无切屑产生，整个材料仅在刀具作用下发生变形。刀具经过后，被切削材料的弹性变形得到恢复，无切屑形成，仅产生耕犁现象，如图2.3（a）所示。当切削厚度刚好等于极限切削厚度时，开始由剪切滑移产生切屑，同时伴有已加工表面一定量的回弹，故材料去除量要小于预期值，如图2.3（b）所示。当切削厚度远大于极限切削厚度时，能够形成切屑，而且材料去除量能够达到期望的程度，如图2.3（c）所示。但极限切削厚度的确定及其影响因素仍然是有待解决的问题。目前，已经发现极限切削厚度在很大程度上取决于切屑厚度与刀具刃口钝圆半径之比及工件材料与刀具的组合，对不同的材料而言，极限切削厚度为刀具刃口钝圆半径的5%～38%。

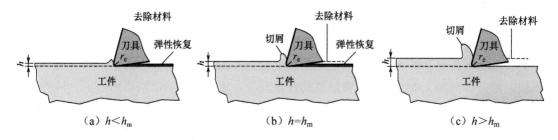

图2.3 微细切削过程中切屑形成与极限切削厚度对比

2. 微小零件/微小特征的尺寸与精度

微细切削通常用于加工微小零件、常规尺寸零件上的微小特征和微结构表面。在微细切削的尺寸方面，微小零件/微小特征的尺寸为1～1000μm，而且至少有两个方向的尺寸同时在这个范围内。

3. 切削刀具几何特征

微细切削刀具的尺寸和几何形状决定了可加工微小特征的尺寸与精度。对于微铣刀和微钻头而言，刀杆直径通常为$\phi25\sim\phi1000\mu m$，但是在研究中也会采用直径只有几微米的刀具。外圆微车削过程通常对刀具的尺寸没有要求，但是如果在微小零件上加工具有较大深宽比的微孔和沟槽结构，则必须采用微小车刀。

4. 基础切削力学

微细切削不是简单地将常规的宏观切削过程进行尺寸缩小。在微细切削中，当切削厚度与刀具钝圆半径或工件材料的晶粒尺寸为同一量级时，会出现许多新的问题，如切削钝圆半径、负前角、后刀面与工件材料接触、最小切削厚度和微结构的影响，这些统称为"尺寸效应"。它在微细切削力、比切削能、切屑形成过程、表面生成、毛刺形成和刀具磨损机理等方面直接影响基础切削力学。另外，由机床和切削刀具尺寸缩小引起的尺寸效应也会直接影响加工的动态过程，从而影响切削力学的基础。

尺寸效应在金属切削（切屑形成）过程中常被定义为切削能量随切削厚度的减小呈非线性增大。巴克（Backer）和谷口纪南（Taniguchi）分别于1952年和1994年进行了磨削、铣削和车削三种加工工艺切削能量随切割厚度变化的规律测试，得出了类似的工艺规律，如图2.4所示。从图中可看出切削能量随切削厚度增大而减小。

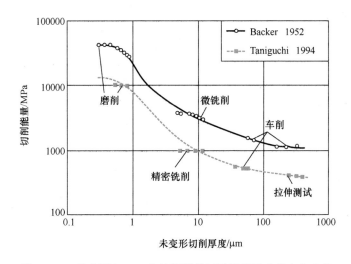

图 2.4　三种主要加工工艺的切削能量随切割厚度的变化曲线

切削能量随切削厚度的减小呈非线性增大的原因主要是一般的金属材料由直径数微米到数百微米的晶粒构成，在普通切削时，由于工件尺寸较大，允许的切削深度、进给量均较大，因此可以忽略晶粒本身大小而作为一个连续体看待；而在微细切削时，由于切屑极小，切削深度可能小于晶粒尺寸，因此切削在晶粒内进行，晶粒就被作为一个个的不连续体来进行切削，此时切削力一定要超过晶体内部非常大的原子、分子结合力，刀刃上所承受的切应力就会急速增大并变得非常大，从而在单位面积上产生很大的热量，使刀刃尖端局部区域的温度极高，处于高应力、高温的工作状态。这对于一般刀具材料是无法承受的，因此微细切削要求采用耐热性、耐磨性好，高温硬度、高温强度高的刀刃材料，即超高硬度材料，常用的是金刚石、立方氮化硼等。

5. 应用领域

微细切削能够以较高的精度和表面质量加工许多工程材料，包括金属、聚合材料、工业陶瓷和复合材料。微细切削技术已应用在许多微小零件的加工中。

2.2 微细切削加工工艺方法

典型的微细切削加工工艺方法包括微细车削、微细铣削、微细钻削和微细磨削。这四种微细切削加工工艺在切削力学方面有很多共同特点，但在工件几何特征、加工效率和可达到的加工精度方面有很大的不同。表 2-1 总结了典型微细切削加工工艺方法的几何特征。

表 2-1　典型微细切削加工工艺方法的几何特征

项目	微细车削	微细铣削	微细钻削	微细磨削
工件形状	高长宽比的回转凸台结构，如微小轴、微针结构等	高深宽比、高度复杂的 3 维凸台和型腔	圆孔（通孔，不通孔）	硬脆材料（3 维凸台和型腔）
典型尺寸	小到 $\phi 5\mu m$，通常大于 $\phi 100\mu m$	可以加工宽度为 $50\mu m$ 的沟槽	可以加工 $\phi 50\mu m$ 的孔	小到 $20\mu m$ 的微小结构
可达到的表面粗糙度	$Ra\ 0.1\mu m$	金刚石铣削有色金属材料可达光学表面（小于 Ra 10nm）	$Ra\ 0.1\mu m$	在脆性材料上可达光学表面（小于 Ra 10nm）

2.2.1 微细车削

微细车削通常分为两类：一类是在商业化的超精密机床上加工表面结构的金刚石车削；另一类是采用微小车床加工高长宽比 3 维零件的微细车削。

在精密工程领域（如光学系统），要求光学透镜的表面粗糙度达到几十纳米的量级，形状精度达到亚微米级，并且对于铜、铝等不能采用磨削、研磨和抛光加工的软金属而言，金刚石车削是一种经济有效的方法，有时甚至是唯一的方法，因为它加工出的光学表面不需要研磨或抛光等后续过程。超精密加工中通常采用单晶的金刚石（天然金刚石或合成金刚石）刀具，故加工过程通常称为金刚石车削或单点金刚石车削。图 2.5 所示为采用单晶金刚石刀具加工铝合金，图 2.6 所示为采用单晶金刚石刀具车削黄铜。

微细车削是加工微小圆柱或回转对称零件的有效方法。微细车削可以加工出具有高长径比的微小零件，如图 2.7 所示。目前，微细车削存在的问题主要有切削力导致工件变形、切削力影响加工精度及加工尺寸受限。

2.2.2 微细铣削

微细铣削是极灵活且通用的微细切削过程，能够加工各种复杂的微小零件和微小结构。微细铣削中微铣刀是关键，它决定了加工的特征尺寸和表面粗糙度。目前，市场上的微铣刀的刀杆直径为 $\phi 25 \sim \phi 1000\mu m$。由于微铣刀刀杆刚度很小及微铣刀制造方法受限，

图 2.5 采用单晶金刚石刀具加工铝合金

单晶金刚石
刀具车削大
型表面

图 2.6 采用单晶金刚石刀具车削黄铜

单晶金刚石
刀具车削透
镜阵列

单晶金刚石
刀具超精镜
面车削有色
金属

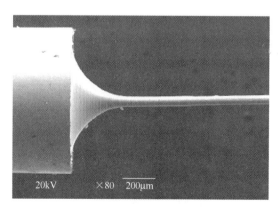

（a）微细车削　　　　　　　　（b）高长径比的微小零件

图 2.7 微细车削及高长径比（＞200）的微小零件

因此大部分微铣刀只有两个切削刃，一些采用天然金刚石或化学气相沉积制成的微铣刀（刀杆直径＜$\phi100\mu m$）只有一个切削刃。图 2.8 所示为微铣刀几何图形示意图。目前，微

细铣削采用较多的是平头端铣刀或球头端铣刀。

（a）单齿端铣刀　（b）双齿端铣刀　（c）圆角端铣刀　（d）球头端铣刀　（e）锥角微铣刀

图 2.8　微铣刀几何图形示意图

　　虽然在常规数控加工中心上配置高速主轴也可以实现微细铣削加工，但是理想的微细铣削还是应该在精密铣削机床或专门的微铣削机床上实现。微细铣削及 Al6061 加工实物如图 2.9 所示。

 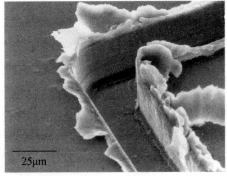

25μm

（a）微细铣削　　　　（b）Al6061加工实物（进给速度10mm/min）

图 2.9　微细铣削及 Al6061 加工实物

2.2.3　微细钻削

　　钻削是一种常用的加工方法，它能在许多材料上加工圆孔。虽然微细钻削在切削力学的许多方面与其他微细切削过程基本一致，但是对微细钻削的研究仍未达到微细车削与微细铣削的研究深度。这主要是因为微钻头比微铣刀和微车刀具有更复杂的几何结构。高速微细钻削的主要应用之一就是印制电路板的钻孔。直径为 $\phi 50 \mu m$ 的圆孔可以采用商业化的麻花钻头直接加工。目前，市场上也有直径小于 $\phi 50 \mu m$ 的微小钻头，但通常都是扁钻。微细钻削及在玻璃上加工的微孔阵列如图 2.10 所示。

　　与微细铣削相比，采用微细钻削加工圆孔时的效率更高且能够加工深孔，但是不能加工平底的圆孔结构。由于微钻头很容易破坏，因此通常需要进行力矩反馈控制，但力矩的直接测量很难实现，故通常采用主切削力反馈控制。

　　微细钻削与微细铣削一样都需要高转速的主轴，但微细钻削对主轴转速的控制要求没有微细铣削严格。为了提高生产率，微细钻削通常采用最高转速超过 100000r/min 的空气静压主轴或空气涡轮主轴。

 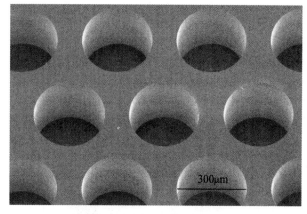

| （a）微细钻削 | （b）在玻璃上加工的微孔阵列 |

图 2.10　微细钻削及在玻璃上加工的微孔阵列

　　微钻头是采用精磨加工制造的。特殊类型的机床、精密测量系统和超细磨轮是制造微钻头的通用要求。

　　图 2.11 所示为微钻头制造示意图。将粉末冶金制成一定尺寸的 WC 棒，如图 2.11（a）所示。采用无心磨削加工成棒状，如图 2.11（b）所示。外形磨削修整去除可能产生的毛刺，如图 2.11（c）所示，并在杆的一端进行倒角，倒角的角度为 45°～60°。而后进

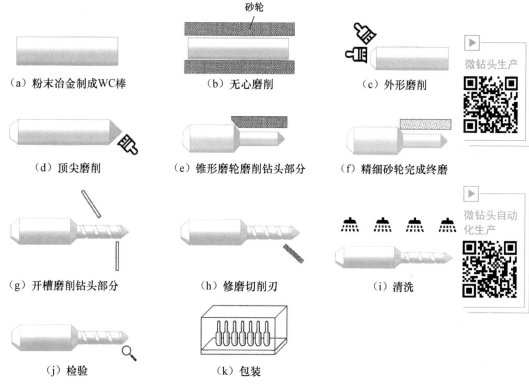

图 2.11　微钻头制造示意图

微孔钻削

行顶尖磨削，如图 2.11（d）所示，通常加工成 120°的顶尖角。采用锥形磨轮磨削钻头部分，如图 2.11（e）所示，由于此部分尺寸要求非常精确，因此需要采用特殊类型的超细砂轮。终磨采用精细砂轮完成，如图 2.11（f）所示。然后对钻头部分进行开槽磨削，再修磨切削刃，将微钻头清洗干净后送检，检验合格后包装，如图 2.11（g）～图 2.11（k）所示。

随着研究的不断深入，微钻头的性能不断提高，其尺寸也不断减小。图 2.12 展示了一个直径为 $\phi 10\mu m$ 的扭曲型超细微钻头，其材料为精细的纳米 WC 粉，开槽部分的长度约为直径的 10 倍。

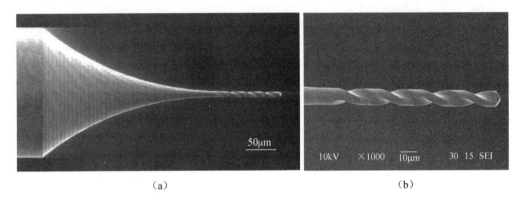

图 2.12　超细微钻头（直径 $\phi 10\mu m$，材料：WC）

2.2.4　微细磨削

微细磨削是一种能够实现纳米级材料去除的加工工艺。它能够实现特征尺寸从几微米到几百微米 3 维结构的加工，加工过程中材料去除率很低，并且加工的零件具有高的尺寸精度、表面质量及表层完整性，故大多数情况将微细磨削作为零件的最后一道加工工序。微细磨削与微细车削、微细铣削一样能加工具有延性或硬度低的材料，它还能加工微细车削、微细铣削不能加工的硬脆材料。图 2.13 所示为电镀金刚石微磨工具对单晶硅的微细磨削。图 2.14 所示为各种金刚石微细磨削工具。

图 2.13　电镀金刚石微磨工具对单晶硅的微细磨削

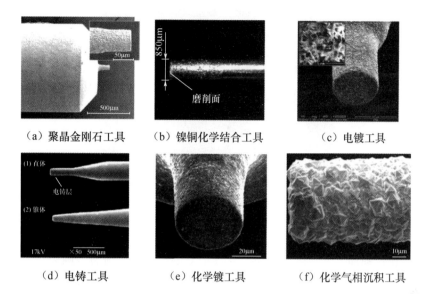

（a）聚晶金刚石工具　　（b）镍铜化学结合工具　　（c）电镀工具

（d）电铸工具　　　　　（e）化学镀工具　　　　　（f）化学气相沉积工具

图 2.14　各种金刚石微细磨削工具

与传统的磨削相比，由于微细磨削过程的材料去除率很低，因此在微细磨削中有必要采用"一步法"磨削策略，也就是将磨削和抛光两道工序合并成一道工序。这样磨削过程就是产品的最后一道加工工序。为了实现"一步法"磨削，工件材料只有以延性的方式去除，才能加工出镜面级无损伤的表面。

2.3　微细切削工具的制作方法

微细切削可用于制造微机电系统设备、生物医学设备、微铸造应用的模具和微细电火花加工电极等的零件。由于对小型化部件的需求不断增加，因此微细切削技术已经成为推动微制造技术发展的强大动力，但制造微细切削工具的困难仍然是微细切削技术进一步发展的障碍。传统的机械加工方法正在努力提高加工微尺寸部件的能力，而特种加工工艺（如电火花加工、激光加工、聚焦离子束加工、电化学加工和一些复合加工工艺）因为其自身的工艺特性，在微细切削工具的制造中发挥着越来越重要的作用。

微细切削工具的尺寸决定了可加工的最小特征尺寸和长度范围。如果能制造出具有更小直径和钝圆半径的微细切削工具，就能加工出更小特征尺寸和微细结构。

目前，市场上微细立铣刀的直径通常为 $\phi 25 \sim \phi 1000 \mu m$，钝圆半径为几微米。图 2.15 所示为用微细立铣刀加工的微电极与火柴的对比。为提高刀具的强度，刀柄直径通常为毫米尺度，微铣刀普遍采用直径为 $\phi 3mm$ 的刀柄。

用于制造微细切削工具的方法如图 2.16 所示。目前，大部分硬质合金微铣刀都是在超细晶粒硬质合金杆上采用机械磨削的方法制造的。但对于刀杆直径较小和形状复杂的微细切削工具，磨削的加工精度有时不能满足要求。因为机械磨削的切削力比较大，所以刀杆产生较大的变形和热影响区。微细切削工具除了采用传统机械磨削加工，还可采用特种

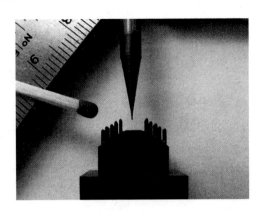

图 2.15 用微细立铣刀加工的微电极与火柴的对比

加工方法加工，如电火花加工、线电极电火花磨削、激光加工、聚焦离子束加工和电解加工等。由于上述特种加工方法的加工过程在理论上没有宏观切削力，因此可以加工出直径极小的微细切削工具，以及能够实现微小特征尺寸、复杂几何形状和锋利切削刃的加工。但采用特种加工方法加工微细切削工具时，加工过程非常耗时，加工效率很低，并且加工过程很复杂，加工成本很高，在加工时间和可加工几何形状方面的局限性制约了它们在大规模微细切削工具生产中的应用。

超高精度单晶金刚石刀具数控磨削机床

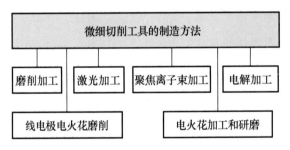

图 2.16 用于制造微细切削工具的方法

下面对微细切削工具的主要制造方法进行介绍。

1. 单晶金刚石刀具的加工

单晶金刚石（single crystal diamond，SCD）具有特殊性，在超精密加工中具有不可替代的地位。

单晶金刚石刀具修整

单晶金刚石刀具的制造工序一般包括选料、定向、锯割、开坯、装卡、粗磨、精磨和检验。选料的目的是根据不同的加工条件、方法选择合适的原材料。要磨出一把高质量单晶金刚石刀具，必须掌握单晶金刚石的晶体定向技术。这主要是由单晶金刚石各向异性的特点决定的，单晶金刚石在各个方向上的硬度差别很大，要选择合适的晶面和晶向作为刀具的前刀面、后刀面，使其耐磨性和加工性达到最好。将选定的单晶金刚石原石经定向后沿最大平面锯割开，可得到两把刀具的坯料，既能提高材料的利用率，又可减少总研磨量。开坯可使刀具形状达到装卡（镶嵌或钎焊）要求。

单晶金刚石的研磨一般分为粗磨和精磨，目前一般采用经过表面预处理的铸铁研磨盘研磨。先对盘面进行推磨，以去除车削沟纹，提高盘面的平整性，再涂以金刚石细粉，以获得理想的金刚石盘面。在研磨的初期，金刚石很难被磨削，但研磨一段时间后金刚石开始轻微脱落。金刚石开始脱落时表面已经达到了相当高的温度，导致金刚石表面发生石墨化，表面硬度降低。采用研磨盘可以去除一部分金刚石。因此，金刚石的研磨主要以热化学去除为主，机械去除量很少。在研磨过程中，需要经常向盘面添加新的研磨膏以补充磨盘上的金刚石细粉的损失。单晶金刚石的研磨现场如图 2.17 所示。

单晶金刚石
刀具研磨

图 2.17　单晶金刚石的研磨现场

用于超精密切削的单晶金刚石刀具除了必须具备一般的刀具特性，还要满足对刀刃的锋锐性、平直性、前刀面和后刀面的粗糙度的严格要求。刀具刃口锋利度差，即刃口钝圆半径大，切削时刀具较难切入工件，挤压严重，在加工表面形成较深的变质层，而且回弹量较大，影响超精密切削加工零件的表面质量。切削刃越锋利，最小切削厚度越小，得到的加工表面质量越高。要想磨出质量高的超精密刀具，选择材料时最好选择天然单晶金刚石。天然单晶金刚石刀具的刃口半径一般能研磨到 $r=0.1\sim0.2\mu m$，刃刃粗糙度能研磨到 $Ra0.1\sim Ra0.2\mu m$，特殊的单晶金刚石刀具经过精密方法研磨刃口半径可达到 $r<0.01\mu m$，刀刃粗糙度能研磨到 $Ra0.01\mu m$。图 2.18 所示为单晶金刚石刀具的刃口形状。

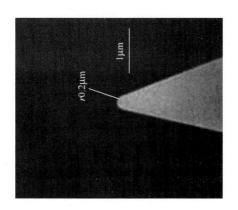

图 2.18　单晶金刚石刀具的刃口形状

2. 磨削加工

磨削是传统制造机械加工切削工具的主要工艺。但对于刀杆直径较小和形状复杂的微细切削工具而言，当用磨削加工刀杆直径为 $\phi35\sim\phi120\mu m$ 的微细硬质合金刀具时，由于硬质合金材料具有高脆性，废品率将高达 50%；此外，微细切削工具可能还存在加工缺陷并且容易断裂。因此，可以通过使用超声振动辅助磨削工艺来解决上述问题。超声振动辅助磨削的优点是减小了磨削力，从而降低了加工过程中微细切削工具破损的概率。与普通刀具的磨削工艺相比，超声振动辅助磨削工艺有助于将刀具直径减小到原来的 10%～20%，并将长宽比提高 50% 以上。使用带有振动隔离的花岗岩底座的三轴工具磨床可制造尺寸小至 $\phi10\mu m$ 的微细端铣刀。图 2.19 所示为三轴工具磨床及其布局示意图。图 2.20 所示为使用三轴工具磨床制造的微细端铣刀。

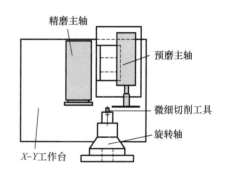

（a）三轴工具磨床 　　　　　　　　　（b）布局示意图

图 2.19　三轴工具磨床及其布局示意图

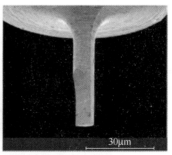

（a）$\phi20\mu m$ 铣刀 　　　　　　　（b）$\phi10\mu m$ 铣刀

图 2.20　使用三轴工具磨床制造的微细端铣刀

目前，虽然可以通过超声振动辅助磨削工艺加工出尺寸小至 $\phi10\mu m$ 的微细端铣刀，但这种方法无法制造出高长径比的微细切削工具，为此，可采用电解在线砂轮修整（electrolytic in-process dressing，ELID）技术制造。砂轮通过电刷接电源正极，根据砂轮的形状制造一个导电性能良好的电极接电源负极，电极与砂轮表面之间有一定的间隙，从喷嘴中喷出的具有电解作用的磨削液进入间隙后，在电流的作用下，砂轮的金属基体作为阳极被电解,砂轮中的磨粒露出表面,形成一定的出刀高度和容屑空间。随着电解过程的进行,在砂轮表面逐渐形成一层钝化膜,其阻止电解过程的继续进行,使砂轮消耗不致太快。当砂轮表面的磨粒磨损后,钝化膜被工件材料刮擦去除,电解继续进行,以进一步修整砂轮表面。这样既避免了砂轮的过快消耗又自动保持了砂轮表面的磨削能力。采用电解在线砂轮修整技术可以加工出尖端直径为 $\phi1\mu m$ 的圆柱形工具,但该技术在工具直径的均匀性和准确性方面还很难做到一致。图 2.21 所示为电解在线砂轮修整的磨削系统及由其制造的微细切削工具。

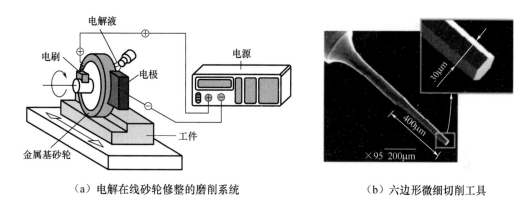

(a)电解在线砂轮修整的磨削系统　　　　(b)六边形微细切削工具

图 2.21　电解在线砂轮修整的磨削系统及由其制造的微细切削工具

3. 微细电火花加工和微细放电磨削

由于电火花加工具有不接触及无力加工的巨大优势,因此可以使用简单的电极加工出高长宽比的微细切削工具。

微细电火花加工和微细放电磨削普遍用于微细切削工具的加工。微细放电磨削是微细电火花加工的延伸,其将微细电火花加工和机械磨削有机结合在一起。微细放电磨削工作原理如图 2.22 所示。

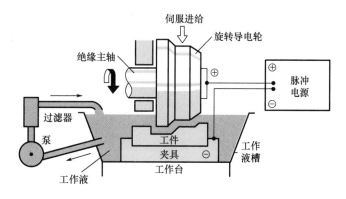

图 2.22　微细放电磨削工作原理

图 2.23 所示为采用微细放电磨削制造的聚晶金刚石刀具。

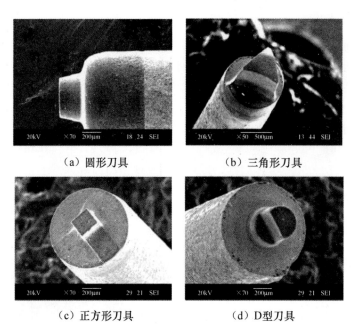

（a）圆形刀具　　　　　　　（b）三角形刀具

（c）正方形刀具　　　　　　（d）D型刀具

图 2.23　采用微细放电磨削制造的聚晶金刚石刀具

4. 线电极电火花磨削

线电极电火花磨削（wire electrical discharge grinding，WEDG）使用细线作为工具电极，能够产生更细小的结构特征和更高的尺寸精度，因为一直送进的细线电极的损耗明显低于传统电火花磨削中的电极损耗。线电极电火花磨削装置工作原理如图 2.24 所示。采用线电极电火花磨削加工的聚晶金刚石工具如图 2.25 所示。

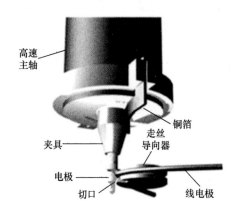

高速主轴

铜箔

夹具

走丝导向器

电极

切口

线电极

图 2.24　线电极电火花磨削装置工作原理

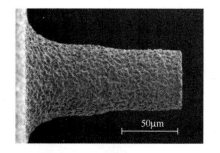

50μm

图 2.25　采用线电极电火花磨削加工的聚晶金刚石工具

用线电极电火花磨削在硬质合金上制作的微细切削工具，其边缘锋利度已经达到 $1\mu m$ 左右，如图 2.26 所示。

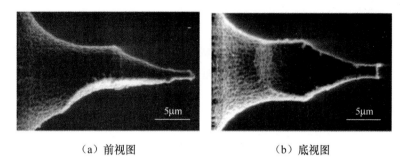

（a）前视图　　　　　　　　　（b）底视图

图 2.26　用线电极电火花磨削在硬质合金上制作的微细切削工具

5. 激光加工

　　单晶金刚石工具普遍用于加工陶瓷模具。通常情况下，这些工具可以使用激光加工制造。图 2.27 所示为使用激光加工制造单晶金刚石微细端铣刀的步骤。首先使用激光将单晶金刚石片加工成圆柱；然后通过银合金将圆柱状单晶金刚石固定在硬质合金刀柄上；最后在三轴数控的工作台上，用激光将单晶金刚石进一步加工成具有清晰切削刃和槽的铣刀。使用激光加工制造的微细端铣刀如图 2.28 所示。图 2.28（a）所示端铣刀有 10 个切削刃，前角为 $-40°$，图 2.28（b）所示端铣刀刃口半径为 0.5mm。微细端铣刀可以用来加工微型玻璃镜片的陶瓷模具。

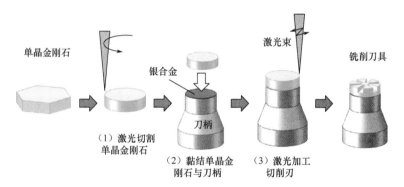

图 2.27　使用激光加工制造单晶金刚石微细端铣刀的步骤

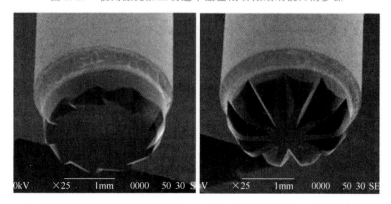

（a）具有锋利边缘的微细端铣刀　　　　（b）刃口半径为0.5mm的微细端铣刀

图 2.28　使用激光加工制造的微细端铣刀

6. 聚焦离子束加工

在用于微细切削工具制造的工艺中，**聚焦离子束（focused ion beam，FIB）**加工能够加工出具有最小特征的切削工具。通过控制对工具溅射特定区域的时间，可以使用聚焦离子束加工制造出具有高轮廓精度的微细切削工具。图 2.29 所示为使用聚焦离子束加工制造锐边单点微细切削工具的流程。

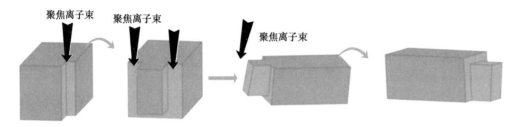

图 2.29　使用聚焦离子束加工制造锐边单点微细切削工具的流程

聚焦离子束铣削通常用于加工尺寸为 $15\sim100\mu m$ 的切削工具。可使用聚焦离子束加工制造具有矩形、三角形和其他复杂几何形状的切削工具。图 2.30 所示为使用聚焦离子束加工制造的微细切削工具。使用聚焦离子束可以精确地控制和完成切削刃的前角和后角的加工。用聚焦离子束加工的主要优点是在制造过程中可以在线观察工具的加工情况，并通过精确控制离子束溅射完成加工。制造的微细切削工具切削刃的尺寸可以控制在纳米尺寸范围。使用聚焦离子束加工可以完成亚微米级的切削刃半径加工。聚焦离子束加工广泛用于碳化钨、立方氮化硼、氧化锆和高速钢的切削工具制造。图 2.31 所示为使用聚焦离子束加工制造的氧化锆微细切削工具。聚焦离子束加工能够实现更复杂的几何形状、更好的尺寸分辨率和微细切削工具的可重复性。但聚焦离子束加工也有其自身的局限性，由于光束能量的高斯分布，在靠近离子源的边缘处会有更多的材料被去除，因此工具边缘或角变圆；此外，从工具表面逐个原子去除材料的溅射过程是非常缓慢的，因此加工效率很低，并且加工过程很复杂，加工成本很高。

20μm

图 2.30　使用聚焦离子束加工制造的微细切削工具

7. 微细切削工具表面涂层

微细切削工具制造完毕，为提高其各种性能，通常在强度和韧性较好的硬质合金或高速钢基体表面上，利用气相沉积方法涂覆一薄层耐磨性好的难熔金属或非金属化合物（也可涂覆在陶瓷、金刚石和立方氮化硼等超硬材料的微细切削工具的表面上）。具有涂层的

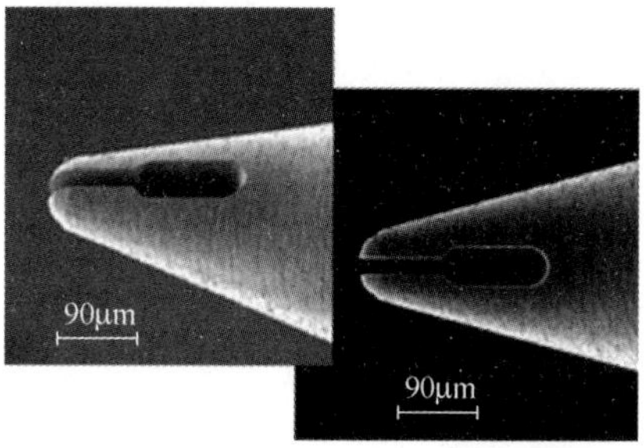

图 2.31 使用聚焦离子束加工制造的氧化锆微细切削工具

微细切削工具如图 2.32 所示。涂层就是在基底材料上涂覆一层很薄的颗粒材料，作为化学屏障和热屏障，减少刀具与工件间的扩散和化学反应，提高表面特性，如耐磨性、耐蚀性、摩擦系数、隔热性能、防水性能、抗划伤能力等。常用的涂层材料有碳化物、氮化物、碳氮化物、氧化物、硼化物、硅化物、金刚石及复合材料等。涂层切削工具在干式切削、高速微切削、高强度和硬化材料的切削中发挥着重要的作用。当涂层材料的硬度比切削工具材料的硬度高时，可以大幅度提高切削工具的硬度和耐磨性。在干式切削中，由于切削刃的温度很高、磨损很快，因此切削工具需要具有较高的热硬性和化学稳定性及较低的摩擦系数。此外，微铣刀还需要具有较高的断裂强度。

图 2.32 具有涂层的微细切削工具

通常采用化学气相沉积（chemical vapor deposition，CVD）或物理气相沉积（physical vapor deposition，PVD）的方法将涂层材料涂覆在微细切削工具上。物理气相沉积的涂层更薄、沉积温度更低、无裂缝，并且残余应力是压应力，这些都有利于微细切削工具涂层的涂覆。物理气相沉积也可以在锋利的切削刃上实现更高精度的多层材料的涂覆。但是物理气相沉积涂层的结合力比化学气相沉积要低。

2.4 微细切削的超精密机床特点及工作环境

零件的小型化、微型化一直是微流体、微机械、微电子和微光学等领域发展的驱动力。为了制造出超高精度的微型零件，必须对影响机床精度的各个因素（如高刚度床身、

高速精密主轴系统、高速进给系统、控制系统、高效冷却系统、高性能刀具夹持系统及支撑材料和安全防护体系）进行控制。典型超精密车床的结构如图 2.33 所示。

单晶金刚石刀具精密车床

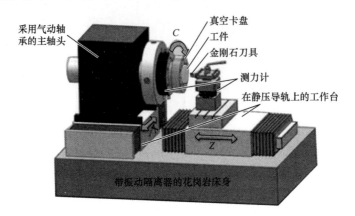

采用气动轴承的主轴头　真空卡盘　工件　金刚石刀具　测力计　在静压导轨上的工作台

带振动隔离器的花岗岩床身

图 2.33　典型超精密车床的结构

发那科超精密加工机床

超精密机床的设计要求一般如下。

1. 高刚性、高稳定性机床本体结构设计和制造技术（低热变形结构设计）

由于机床的任何微小变形都会影响加工精度，因此机床结构设计除从材料、结构形式、工艺方面达到要求外，还必须兼顾机床运行时的可操作性。通常考虑将机床床身设计成高整体性，尽量减少装配环节，床体精加工时需严格模拟实际工作状态等。采用对称结构对机床的性能极为重要，尤其在精密机床的设计中需要着重考虑。在设计对称结构时，需要考虑热源与结构的热平衡、力的传递路径和动态激励。

微细光学磨削及抛光机床

在床身材料的选择方面，超精密加工过程的切削力较小（小于 100N），并且需要长时间保持很高的形状精度和表面质量，因此机床的床身材料要有很好的热稳定性，即较低的热膨胀系数和比热容。此外，为了提高加工表面质量，机床床身材料还应该具有很好的阻尼特性。在众多材料中，只有大理石或铸铁才能满足上述要求。由于大理石的热膨胀系数很低（只有铸铁的 1/4），因此通常选它作为超精密机床的床身材料，而且大理石的密度很低（2.6～2.8kg/dm³），有利于提高机床的固有频率和动态特性。大理石结构床身如图 2.34 所示。

图 2.34　大理石结构床身

38

2. 高速精密主轴系统（高的主轴转速及极高的动平衡）

因为微细切削工具的直径小，所以要提高材料的去除率，必须提高机床主轴的转速。高速主轴单元是微型机床的核心部件，其性能直接决定了机床的高速加工能力。一般要求主轴具有高转速、高刚性、高回转精度、高动平衡精度、良好的热稳定性和抗振性，以及先进的冷却系统和可靠的主轴监测系统，这对其结构设计、制造和控制都提出了非常严格的要求，并带来了一系列的技术难题。高速轴承是高速主轴单元的核心元件之一。高速主轴单元使用的轴承主要有磁悬浮轴承、空气静压轴承、液体静压轴承和气动轴承，目前通常采用空气静压轴承，以减少主轴在高转速下的热影响。经济可用的空气静压轴承电主轴的转速已超过 200000r/min，而空气静压轴承的阻尼特性也有利于提高加工表面质量。空气静压轴承的工作原理如图 2.35 所示。采用空气静压轴承的高速精密主轴系统如图 2.36 所示。此外，为了实现快刀伺服加工和利用 C 轴功能模块，许多主轴都配备了高分辨率的反馈系统。为满足主轴高转速、高刚性和高回转精度的要求，主轴需具有良好的静态特性、动态特性和极高的动平衡。

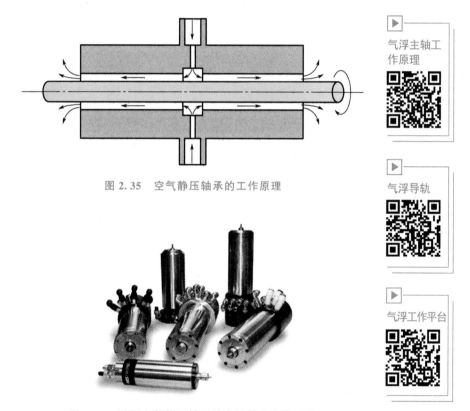

图 2.35　空气静压轴承的工作原理

▶ 气浮主轴工作原理

▶ 气浮导轨

▶ 气浮工作平台

图 2.36　采用空气静压轴承的高速精密主轴系统

3. 高速进给运动（空行程时的移动速度更高并且具有高的定位精度和重复定位精度）

在超精密机床上实现高加速度直线运动主要有两种途径：采用滚珠丝杠驱动和采用直线电动机驱动。

与传统的滚珠丝杠驱动等方式相比,直线电动机驱动仅由两个互不接触的部件组成,没有低效率的中间传动部件,也没有机械滞后以及螺距误差,从而可以实现机床进给的高效率和高精度,机床进给运动加速度为 $0\sim100\mathrm{m/s^2}$,定位精度为 $0.01\sim0.1\mu\mathrm{m}$。

直线电动机结构原理如图 2.37 所示。直线电动机可视为将传统圆筒型电动机的定子(初级)展开拉直,变初级的封闭磁场为开放磁场,而圆筒型电动机的定子变为直线电动机的初级,圆筒型电动机的转子变为直线电动机的次级。在电动机的三相绕组中通入三相对称正弦电流,在初级和次级间产生气隙磁场,气隙磁场的分布情况与旋转电动机相似,沿展开的直线方向呈正弦分布。如果初级固定不动,次级就能沿着行波磁场运动的方向做直线运动。由于这种运动方式的传动链缩短为 0,因此被称为零传动。

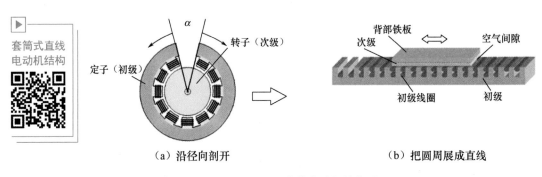

（a）沿径向剖开　　　　　　　　　（b）把圆周展成直线

图 2.37　直线电动机结构原理

目前,超精密机床一般由直线电动机驱动。虽然直线电动机发热较严重,并对磁场周围的灰尘、切屑、油存在吸收作用,但是在机床进给运动加速度大于 $10\mathrm{m/s^2}$ 的情况下,直线电动机仍是唯一选择。采用直线电动机驱动的微型机床的加工精度一般可以达到 $\pm0.1\mu\mathrm{m}$。

4. 高精度导轨系统

根据驱动系统的类型,高精度机床还需要配置相应的导轨系统。大部分常规机床都采用滚珠轴承或滚子/滚针轴承。若要达到光学加工表面,则不能采用上述轴承结构,因为它在运动中的噪声会反映在加工表面上。空气静压轴承或流体静压轴承与导轨没有直接的机械接触,在滑块和导轨之间存在一层空气或油膜,可以实现滑块相对于导轨的移动或转动。图 2.38 所示为空气静压轴承与导轨的四种预载方式。

5. 具有纳米级重复定位精度的运动控制品质（高平稳性的进给运动）

机床必须具有纳米级重复定位精度的运动控制品质。伺服传动、驱动系统需消除一切非线性因素,特别是具有非线性特性的运动机构摩擦等效应。因此,气浮、液浮等方式应用于导轨机构成为超精密机床的必然选择。气浮静压导轨易维护,但阻尼小、承载抗振性差;闭式液体静压导轨具有高抗振阻尼、高刚度、高承载力的优势。因此,目前超精密机床主要采用液体静压导轨。超精密的液体静压导轨的直线度可达到 $0.1\mu\mathrm{m}$。

6. 纳米级分辨率动态超精密坐标测量技术

早期的微细切削机床坐标测量系统采用激光干涉测量方式。激光干涉测量是一种高精

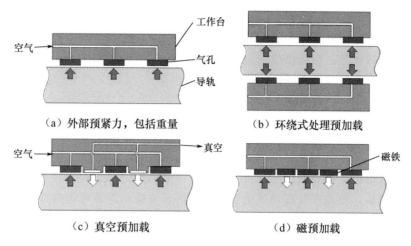

（a）外部预紧力，包括重量 　　　　　　（b）环绕式处理预加载

（c）真空预加载 　　　　　　　　　　（d）磁预加载

图 2.38　空气静压轴承与导轨的四种预载方式

度的标准几何量测量基准，但是易受环境因素（气压、湿度、温度、气流扰动等）影响。这类因素容易影响刀具控制，从而影响工件的表面加工质量。如今超精密机床坐标测量系统大多采用衍射光栅。光栅测量系统稳定性高，分辨率可达纳米级。

7. 微细切削加工刀具和刀具夹持机构（刀具的稳固夹持和高的重复夹持精度）

微型刀具应具备较高的静态刚度和动态稳定性，其材料和结构对微细切削加工技术的发展有决定性的意义。传统的超精密切削加工一般采用金刚石刀具，但金刚石与钢在高温下具有较高的化学亲和性，容易引起刀具的磨损，所以金刚石刀具一般用于有色金属和非金属的加工。在微细铣削和微细钻削中经常采用硬质合金刀具，其在高温下具有较高的硬度和强度，对多种工程材料都有很好的加工性。硬质合金的晶粒尺寸决定了刀刃的微观锋利程度，超细颗粒硬质合金刀具的晶粒粒度为 $0.2 \sim 1.0 \mu m$，刃口圆弧半径为几微米。

微型零件的尺寸是由微型刀具决定的，如果微型刀具的直径能进一步减小，则微型零件的尺寸也必将减小。经济实用的微细立铣刀直径已经达到 $\phi 50 \mu m$（这种刀具是采用聚焦离子束加工制造出来的）。在微细切削加工中，主轴转速高、进给速度低，故要求研究人员设计新型的刀具结构，以更好地满足微细切削加工的需要。

因为主轴的转速非常高，所以要求超精密机床的刀具夹持机构具有很高的动平衡性，并且具有绝对的定心性，主轴、刀柄、刀具在旋转时应具有极高的同心度，以保障高精度加工；否则，转速越高，离心力越大，当达到系统的临界状态时，刀具会发生激振，导致加工质量下降，刀具使用寿命缩短，主轴轴承加速磨损，严重时会造成刀具与主轴损坏。

8. 加工过程在线监控（具有刀具破损和微钻头折断的敏感监控系统）

因为主轴的转速非常高，为适应高转速条件下微细切削加工的需要，必须采用可靠的在线工况监测与故障诊断系统，对刀具磨损、破损和主轴的运行进行在线识别和监控。机床及切削过程的监测包括切削力监测、机床主轴功率监测、刀具磨损与破损监测、主轴轴承监测、主轴颤抖监测、电器控制系统过程稳定性监测等。

在微细切削加工过程中很难探测到刀具切削刃的破损，所以不能通过停机并改变切削

条件来防止刀具破损。如果没有专门的仪器，很难检测到刀具破损后对加工工件造成的损伤。测量切削力是监控刀具状况的有效方法，因为切削力有很高的信噪比，能很好地反映机床和加工过程的状况。在高速微细切削加工过程中，以现有的工具和技术进行切削过程在线监测和控制具有很大的挑战性。

9. 防止颤振发生

颤振在微细切削加工中是一个严重的问题，因为它会导致零件表面质量的下降和刀具的破损。颤振是发生在机床、刀具和工件之间的自激振动，很不稳定。引起颤振的因素是切削条件、工件材料属性和机床主轴系统的动态性能的改变。在宏观领域，进给速度对颤振的影响并不明显，但是在微观领域由于进给速度非常低，需要考虑由颤振引起的材料的弹性变形，以及传统宏观再生性颤振引起的切屑厚度动态变化。

10. 隔绝外界的振动干扰

完善的工作环境是微细切削加工获得良好加工效果的必要条件之一。微细切削加工在温度、湿度、净化和防振等方面均有严格的要求。

（1）温度、湿度要求。根据加工精度的要求，环境基础温度一般为20℃，温控精度为±0.01～±1℃。受照明、对流及人员走动等的影响，恒温室内各处温度也不同。当温控精度要求±0.05℃时，若局部产生±0.5℃的温差，加工精度也会受到影响。为了达到恒温，可采用多层套间，逐步得到大恒温间、小恒温间，再采用局部恒温的方法（如采用恒温罩，罩内还可用恒温液喷淋），达到更精确的控制温度。在恒温室内，一般湿度应保持在55%～60%，以防止机器锈蚀、石材膨胀，以及一些仪器（如激光干涉仪）零点漂移等。

（2）净化要求。除尘净化主要是为了避免空气中的尘埃影响加工精度，尘埃可能会在加工时划伤被加工表面。例如，激光核聚变专用反射镜表面的划痕，在大功率激光的照射下，划痕处反射率降低，同时要吸收发热，甚至导致反射镜烧坏。通常净化室采用的洁净度等级为100级至100000级，美国联邦标准规定洁净度等级以每立方英尺中所含的直径大于$\phi 0.5\mu m$的颗粒数量来衡量，即100级为每立方英尺空气中所含的直径大于$\phi 0.5\mu m$的颗粒数量不超过100个，100000级为每立方英尺空气中所含的直径大于$\phi 0.5\mu m$的颗粒数量不超过10万个。由于大面积的超净间造价很高，且达到高洁净度的难度很大，因此出现了超净工作台、超净工作腔等局部超净环境，采用通入正压洁净空气的方法防止腔外不洁净的空气进入，以保证洁净度。为了不受工作人员的衣服、肤发的影响，要求工作人员穿戴专门的工作服，并在风淋室进行洁净。

（3）防振要求。超精密微细加工设备要安放在带防振沟和隔振器的防振地基上，并可使用空气弹簧（垫）来隔离低频振动。花岗石吸振性好、不易变形，故常将花岗石构件用于微细加工设备上，如机床的基础件、床身、空气轴承和气浮导轨等。花岗石构件稳定性好，经过亿万年的天然时效，内应力早已消除，组织稳定，几乎不会变形，能长期保持稳定的精度；加工简便，易获得高精度；热导率（仅为一般金属的1/47）和热膨胀系数小，对温度不敏感，即使在没有恒温的环境下也能保持较高的精度，在室内温度缓慢变化的条件下，产生的变形为钢的1/10、铸铁的1/3；不生锈、耐酸碱、耐磨性好、使用寿命长、保养简便；在表面干净的条件下，耐磨性是常用铸铁件的 10 倍；吸振性能好，内阻尼系数比钢大 15 倍，内阻尼系数越大，在外力作用下引起的振动就越小；不导电，磁绝缘性能好，无磁化问题；价格低，相同规格尺寸和精度的金属工具、量具，其价格要高得多。花岗石构件的主要缺点为脆性大，不能抗过大的冲击和碰撞，由于应用场合多为精密机械和超精密机械，因此它的缺点表现得并不突出。

思 考 题

2-1 为什么说微细切削加工技术是微机电系统技术的重要补充？微细切削加工技术的优、缺点各是什么？

2-2 什么是微细切削中的极限切削厚度？其产生的原因是什么？

2-3 在微细切削加工中，为什么切削能量随切削厚度的减小呈非线性增大？为什么微细切削加工常用金刚石、立方氮化硼刀具？

2-4 请阐述微细切削工具常用的制作方法及特点。

2-5 用于微细切削的超精密机床应满足哪些设计要求？

第3章
微细特种加工技术

　　传统机械加工过程不可避免地存在宏观切削力，在加工微小零件，特别是微米尺度零件时，容易产生变形、发热等问题，精度控制较困难。此外，表面容易产生应力而影响产品的使用性能。特种加工泛指用电能、热能、光能、电化学能、化学能、声能及特殊机械能等能量达到去除或增加材料的加工方法，实现材料的去除、变形、增材、改变性能或被镀覆等工艺目标，一般没有宏观切削力，而且多数属于非接触式加工。因此微细特种加工技术在微小尺度零件的加工中具有先天的、不可替代的优越性。

　　微型机械的发展与需求对现代制造技术提出了新的挑战，尤其是微三维实体结构（如涡轮盘、泵、阀体、传动齿轮、轴系、机械载体、外壳等）的成功制作将直接影响微型机械的实用化进程。因此在微纳米尺度上、具有三维加工能力的，不但能够处理半导体硅材料，而且能处理性能优异的金属及其合金材料（特别是一些极限作业环境下所要求的高强度、高韧性及耐磨、耐高温、耐冲击、抗疲劳等性能的合金材料）的微细加工方法成为当前从事微制造工作的必需加工方法。

　　组成微型机械的零部件的材料、形状等都极复杂，未来社会对微细加工技术的需求很大程度上体现在三维微结构的成功制作上。微细特种加工方法具有设备简单、可实施性强和真三维加工能力。同时其所能处理的材料非常广泛，不仅可加工各种性能优良的金属、合金，还可加工硅等半导体材料、陶瓷等。而且特种加工方法的能量易控制，可较方便地实现去除与生长可逆加工。如基于电火花加工的放电沉积与去除、基于电化学加工的电解与电铸等，这些明显的技术优势将有利于微纳米尺度零件的精密加工与修复。

　　在特种加工技术中，应用较广泛的是电加工技术（电火花成形加工、电火花线切割加工和电化学加工）和高能束流（激光束、电子束、离子束）加工技术。本章主要探讨上述微细特种加工技术的基础知识和研究应用。

3.1 电火花加工的基本概念及微观过程

3.1.1 电火花加工的基本概念

电火花加工（electrical discharge machining，EDM）是指在介质中，利用两电极［工具电极与工件电极（一般称工件）］之间脉冲性火花放电时的电腐蚀对材料进行加工，使工件的尺寸、形状和表面质量达到预定要求的加工方法。电火花加工原理如图 3.1 所示。在电火花放电时，火花通道内瞬时产生的高密度热量致使两电极表面的金属产生局部熔化甚至气化而被蚀除。电火花加工表面不同于普通金属切削表面，其由无数个不规则的放电凹坑组成，而金属切削表面具有规则的切削痕迹，不同加工方式的表面微观形貌如图 3.2 所示。

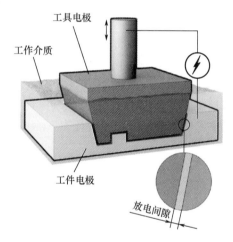

图 3.1 电火花加工原理

（a）磨削加工　　　（b）电火花成形加工　　　（c）电火花线切割加工

图 3.2 不同加工方式的表面微观形貌

按工具电极和工件相对运动的方式和用途不同，电火花加工大致可分为电火花成形加工、电火花线切割加工、电火花小孔高速加工、电火花沉积表面强化等。

3.1.2　电火花加工应具备的条件

实现电火花加工应具备以下条件。

（1）工具电极和工件之间在加工中必须保持一定的间隙。两电极间的间隙一般为几微米至数百微米，间隙过大，则脉冲电压不能击穿介质而形成火花放电；间隙或小或无间隙，极间形成短路状态，则在两电极间不能产生正常脉冲放电，不可能实现电蚀加工。因此，在加工中必须采用自动伺服进给调节系统，以保障加工间隙随加工状态而改变。

（2）火花放电必须在有一定绝缘性能的液体介质中进行，如油基工作液、水溶性工作液或去离子水等。液体介质具有压缩放电通道的作用，还能将电火花加工过程中产生的金属蚀除产物、炭黑等从放电间隙中排出，并对工具电极和工件起到较好的冷却作用。

（3）放电点局部区域的功率密度足够高，即放电通道要有很高的电流密度（为 $10^5 \sim 10^6 \mathrm{A/cm^2}$）。放电时所产生的热量足以使放电通道内金属局部产生瞬时熔化甚至气化，从而在被加工材料表面形成电蚀凹坑。

（4）火花放电是瞬时的脉冲性放电，放电持续时间一般为 $10^{-7} \sim 10^{-3} \mathrm{s}$。放电时间短，则放电时产生的热量来不及扩散到工件材料内部，能量集中，温度高，放电点可集中在很小范围内。如果放电时间过长，就会形成持续电弧放电，使工件加工表面及工具电极表面的材料大范围熔化烧伤而无法保障加工中的尺寸精度。

（5）在两次脉冲放电之间，需要有足够的停歇时间。足够的停歇时间可确保电蚀产物排出极间，使极间介质充分消电离并恢复绝缘状态，以保证下次脉冲放电不在同一点进行，避免形成电弧放电，使重复性脉冲放电顺利进行。

3.1.3　电火花放电的微观过程

每次电火花放电的微观过程都是电场力、磁力、热力、流体动力、电化学和胶体化学等综合作用的过程。这一过程大致可分为以下四个连续阶段：极间介质的电离、击穿，形成放电通道；介质热分解，电极材料熔化、气化热膨胀；电极材料抛出；极间介质消电离。

1. 极间介质的电离、击穿，形成放电通道

任何物质的原子均是由原子核与围绕原子核且在一定轨道上运行的电子构成的，而原子核又由带正电的质子和不带电的中子组成，如图 3.3 所示。极间的介质也一样，当极间没有施加放电脉冲时，两电极的极间状态如图 3.4（a）所示。当将脉冲电压施加于工具电极与工件之间时，极间立即形成一个电场。电场强度与电压成正比，与距离成反比，随着极间电压的升高及极间距离的减小，极间电场强度增大。由于工具电极和工件的微观表面凹凸不平，极间距离又很小，因此极间电场强度很不均匀，极间离得最近的凸出或尖端处的电场强度最大。电场强度增大到一定程度后，介质原子中绕轨道运行的电子摆脱原子核的吸引成为自由电子，而原子核成为带正电的离子，并且电子和正离子在电场力的作用下分别向正极与负极运动，从而形成放电通道，如图 3.4（b）所示。

2. 介质热分解，电极材料熔化、气化热膨胀

极间介质一旦被电离、击穿而形成放电通道，脉冲电源建立的极间电场就使通道内的

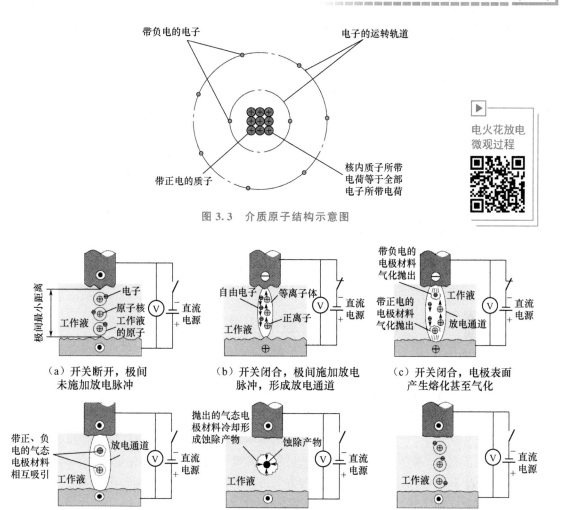

图 3.3 介质原子结构示意图

（a）开关断开，极间
未施加放电脉冲

（b）开关闭合，极间施加放电
脉冲，形成放电通道

（c）开关闭合，电极表面
产生熔化甚至气化

（d）开关断开，电极被蚀除
的材料在放电通道内汇集

（e）开关断开，极间熔化、气化产物
在放电通道内汇集，形成蚀除产物

（f）开关断开，极性消失，
极间恢复绝缘状态

图 3.4 极间放电状态过程示意图

电子高速奔向正极，正离子奔向负极，使电能转变为动能。动能通过带电粒子对相应电极材料的高速碰撞转变为热能，使放电通道区域正、负极表面产生高温，通道内的温度为 $8000 \sim 12000℃$。高温除了使工作液汽化、热分解，也使两电极金属材料熔化甚至气化，这些汽化的工作液和金属蒸气的体积瞬间猛增，在放电间隙内成为气泡，并迅速热膨胀，就像火药、爆竹点燃后具有爆炸特性一样。观察电火花加工过程，可以看到放电间隙内冒出气泡，工作液逐渐变黑，并可听到轻微的清脆的爆炸声。

3. 电极材料抛出

通道内的正、负极表面放电点瞬时高温使工作液汽化并使两电极对应表面金属材料熔化、气化，如图 3.4（c）所示，通道内的热膨胀产生很高的瞬时压力，使汽化的气体体积不断向外膨胀，形成一个扩张的气泡，进而将熔化或气化的电极金属材料推挤、抛出，并进入工作液，抛出的带正、负电的材料在放电通道内汇集后中和、凝聚，如图 3.4（d）所示,形成微小的中性圆球颗粒,成为电火花加工的蚀除产物,如图 3.4 (e) 所示。实际上,熔化和气化的金属在抛离电极表面时,会向四处飞溅,除绝大部分被抛入工作液中收缩成小颗粒外,还有一小部分飞溅、镀覆、吸附在对面的电极表面,这种互相飞溅、镀覆及吸附的现象,在某些条件下可以用来减少或补偿工具电极在加工过程中的损耗。

4. 极间介质消电离

随着脉冲电压的关断,脉冲电流迅速降为零,但此后仍应有一段间隔时间,使极间介质消除电离,即放电通道中的带正、负电粒子复合为中性粒子(原子),并且将通道内形成的放电蚀除产物及一些中和的微粒尽可能排出通道,使得本次放电通道处恢复极间介质的绝缘强度,并降低电极表面温度等,如图 3.4 (f) 所示。从而避免由于此放电通道处绝缘强度较低,下次放电仍然可能在此处形成,导致在同一处重复击穿放电,最终形成电弧放电的现象,进而保证在两电极间按相对最近处形成下一放电通道,以实现放电通道的正常转移,从而形成均匀的电火花加工表面。

3.2 微细电火花加工

在电火花加工中,通常把电极尺寸为 $1 \sim 500 \mu m$ 的微细加工称为**微细电火花加工**(**micro electrical discharge machining,MEDM**)。微细电火花加工的原理与普通电火花加工并无本质区别,不同之处在于其使用微小成形电极。利用传统电火花成形加工方法无法进行微细三维轮廓加工,因为形状复杂的微小电极本身就极难制作,而且加工过程中电极损耗严重,成形电极的形状很快改变而无法进行高精度的三维曲面加工。因此,人们开始探索使用简单形状的电极,借鉴数控铣削的方法进行微细三维轮廓的电火花加工。图 3.5 所示为微细电火花加工的部分实例。

（a）微轴（$\phi 3.5\mu m$）　（b）微孔（$\phi 6\mu m$）　（c）阵列孔　　（d）涡轮盘（$\phi 3mm$）

  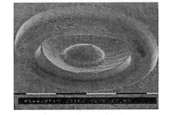

（e）自由曲面　　　　（f）微传感结构　　　　　（g）自由曲面
（1mm×0.3mm×0.18mm）　　　　　　　　　（0.3mm×0.13mm×0.075mm）

图 3.5　微细电火花加工的部分实例

3.2.1　微细电火花加工的特点

微细电火花加工对象的尺寸通常在数十微米以下，为达到加工尺寸精度和表面质量要求，对微细电火花加工有一些特殊的要求并呈现以下特点。

(1) 放电面积很小。微细电火花加工的电极一般为 $\phi5\sim\phi100\mu m$，对于一个 $\phi5\mu m$ 的电极而言，放电面积不到 $20\mu m^2$。在这样小的面积上放电，放电点的分布范围十分有限，极易造成放电位置和放电时间的集中，增加了放电过程的不稳定性，使得微细电火花加工变得十分困难。

(2) 单个脉冲放电能量很小。为适应放电面积极小的放电要求，保证加工的尺寸精度和表面质量，每个脉冲的去除量都应控制在 $0.01\sim0.10\mu m$，因此必须将每个放电脉冲的能量控制在 $10^{-7}\sim10^{-6}$ J，甚至更小。

(3) 放电间隙很小。由于电火花加工是非接触加工，工具电极与工件之间有一定的加工间隙。该放电间隙随加工条件的变化而改变，数值从数微米到数百微米不等。放电间隙的控制与变化规律直接影响加工质量、加工稳定性和材料去除率。

(4) 工具电极制备困难。要加工出尺寸很小的微小孔和微型腔，必须先获得比其尺寸小的微细工具电极。微细工具电极的制造与安装一直是制约微细电火花加工技术发展的瓶颈。直到 20 世纪 80 年代末，随着线电极电火花磨削的出现及逐步成熟，微细工具电极在线制作这一瓶颈问题得到解决，微细电火花加工技术进入了实用化阶段，并成为微细加工领域的热点研究内容。

从目前的应用情况来看，采用线电极电火花磨削技术能很好地解决微细工具电极的制备问题。为了获得极细的工具电极，既要求具有高精度的线电极电火花磨削系统，又要求电火花加工系统的主轴回转精度达到极高的水准，一般应控制在 $1\mu m$ 以内。

(5) 排屑困难，不易获得稳定火花放电状态。由于微细电火花加工时放电面积、放电间隙很小，极易造成短路，因此要获得稳定的火花放电状态，其进给伺服控制系统必须有足够的灵敏度，在非正常放电时能快速回退，消除间隙的异常状态，提高脉冲利用率，使电极不受损坏。

3.2.2　微轴电极制造方法

1. 电火花反拷加工

电火花反拷加工是逆电火花加工。将工具电极直接安装在电火花机床主轴的夹头上，主轴做上下进给运动的同时做回转运动，以块电极为工具，直接加工出所需尺寸的电极。用机械加工方法制造直径很小的细长电极很困难，而电火花反拷加工是一种行之有效的加工方法。在机床工作台上用一块长约 50mm、厚 5mm 耐电火花腐蚀的铜钨合金或硬质合金块作为反拷电极，其工作面必须经过研磨，并校正到与坐标轴方向平行。将要修拷的工具电极夹在主轴夹头上，其可随主轴旋转和上下运动。按图 3.6 所示进行粗拷、开空刀槽和精拷加工，最后为给加工区域留出一定的排屑空间，还需要把圆形电极进行拷扁处理，一般去掉圆形电极的 1/3，作为加工中的排屑空间。

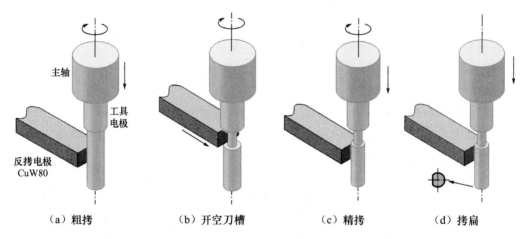

（a）粗拷　　　　　（b）开空刀槽　　　　　（c）精拷　　　　　（d）拷扁

图 3.6　电火花反拷加工过程

2. 原位孔微细电火花磨削

原位孔微细电火花磨削是利用圆柱电极自钻原位孔，并利用该孔加工微细圆柱电极的加工方法，如图 3.7 所示。其具体方法如下：首先，将圆柱电极作为电火花加工的负极，在板状工件上利用火花放电加工出一个孔；其次，电极返回加工前的初始位置，并将电极轴线相对于已加工出的孔中心偏离一定距离；最后，改变圆柱电极和工件的极性，利用原位孔对回转的圆柱电极进行电火花反拷加工。如果利用进给方式加工孔，孔的圆柱度较好，就能获得笔直的微细圆柱电极。只要事先测量出电极与孔壁之间的放电间隙，就能加工出任意直径的微细圆柱电极。这种方法的优点是不用附加任何工具电极制备装置，简便易行，具有较高的材料去除率、尺寸精度，容易保证形状重复精度。

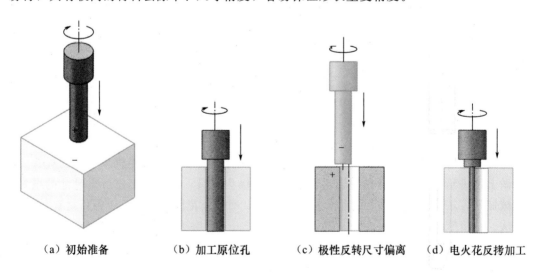

（a）初始准备　　　　（b）加工原位孔　　　　（c）极性反转尺寸偏离　　　　（d）电火花反拷加工

图 3.7　用原位孔制作微细圆柱电极过程

3. 线电极电火花磨削

线电极电火花磨削在2.3节中已有阐述，其加工原理如图3.8（a）所示，线电极缓慢沿走丝导向器上导向槽滑移，装在主轴头上的工具电极一边随主轴旋转，一边做轴向进给，工具电极的成形是通过线电极和被加工工具电极间的放电加工实现的。与其他微轴电极制造方法相比，这种方法容易得到更小尺寸的微轴电极，并且易保证较高的尺寸精度和形状精度，因此该方法已经成为目前使用最普遍的微轴电极制造方法。

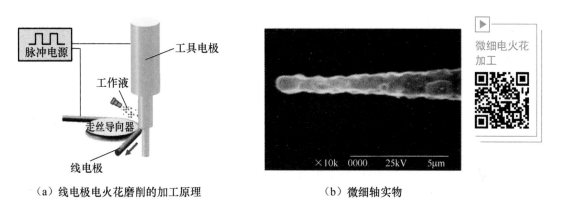

（a）线电极电火花磨削的加工原理　　　　　　　（b）微细轴实物

图3.8　微细轴（工具电极）的加工

在制备过程中，被加工工具电极或微细轴作为工件，线电极为电极并沿着走丝导向器移动，线电极在加工过程中的损耗部分离开加工区，保证放电间隙不变；线电极移动速度一般为5~10mm/min，走丝导向器可以避免线电极在移动中振动，从而实现高精度微细电极的加工。这种方法可以加工直径小于 $\phi 5\mu m$ 的轴，微细轴实物如图3.8（b）所示。控制被加工工具电极的旋转与分度及走丝导向器的位置，可以加工出不同形状的电极。图3.9所示为利用线电极电火花磨削加工出的微轴电极形状。

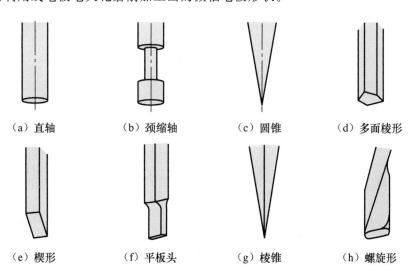

（a）直轴　　　　（b）颈缩轴　　　　（c）圆锥　　　　（d）多面棱形

（e）楔形　　　　（f）平板头　　　　（g）棱锥　　　　（h）螺旋形

图3.9　利用线电极电火花磨削加工出的微轴电极形状

线电极电火花磨削具有以下特点。

（1）可以在线制作微细电极，从而保证微细电极的几何轴线与主轴的回转轴线始终重合，避免偏心和倾斜等二次装配误差。这是线电极电火花磨削实现微细加工的关键。

（2）由于线电极与被加工工具电极为点接触，因此工具电极的加工形状仅与成形运动轨迹有关，与操作者的技术水平无关，而且极易实现微能放电。

（3）连续走丝方式补偿了线电极自身的放电损耗，可以忽略线电极损耗对加工质量的影响。但是当工具电极被放电磨削到很细时，线电极上的瑕疵、毛刺会对工具电极造成破坏。

（4）可以加工多种形状的工具电极，易实现自动化。

（5）由于加工时是点放电，因此加工速度与电火花反拷相比较低。

利用线电极电火花磨削还可以对金属基砂轮进行修整，修整示意图如图 3.10 所示。线电极电火花磨削可以蚀除砂轮中的金属黏结剂，从而保障砂轮表面磨粒的出露高度。由于放电无宏观切削力，因此其不同于传统砂轮的修整方式，可以使磨粒不受损伤并避免脱落，从而保障金属基砂轮的锋利性。传统砂轮修整与线电极电火花磨削修整微观对比如图 3.11所示。

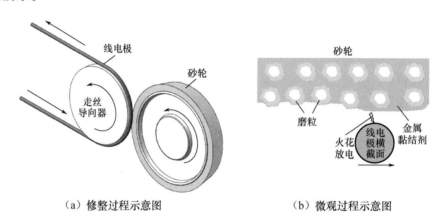

（a）修整过程示意图　　　　　　　（b）微观过程示意图

图 3.10　线电极电火花磨削对金属基砂轮修整示意图

（a）传统砂轮修整　　　　　　　（b）线电极电火花磨削修整

图 3.11　传统砂轮修整与线电极电火花磨削修整微观对比

4. 削边电极加工

工具电极随主轴旋转时，利用微小圆棒电极（直径小于 $\phi0.1$mm）进行微小孔的加工，一般可顺利达到 0.4mm 左右的深度。但当孔深超过 0.5mm 时，因排屑不畅，加工状态趋于不稳定，材料去除率急剧下降，甚至加工无法继续进行。加工微小孔时利用工作液循环强制排屑很难奏效，排屑须依靠放电时产生的压力和小气泡自动带出。工具电极的旋转虽然有助于排屑和提高加工稳定性，但由于侧向放电间隙较小，因此能够加工的孔深受限。

为实现高深径比微小孔的高材料去除率加工，可采用削边电极（图 3.12）。利用线电极放电磨削将电极轴两边对等削去一部分，实际单侧削去部分为轴径的 1/5～1/4，既不过分削弱轴的刚度和端面放电面积，又形成足够的排屑空间。用削边电极加工微小孔时，电极随主轴旋转，排屑效果显著改善，加工深径比大于 10 的微小孔时，能够保持稳定的加工状态和较高的进给速度。

图 3.12　削边电极示意图

3.2.3　微细电火花加工关键技术

1. 微小能量脉冲电源技术

脉冲电源的作用是提供击穿极间加工介质所需的电压，并在击穿后提供能量以蚀除工件材料。减小单个脉冲的放电能量是提高加工精度、降低表面粗糙度的有效途径。在微细电火花加工中，要求最小放电能量控制在 $10^{-8}\sim10^{-6}$J，相应的放电脉冲宽度在微秒级至亚微秒以下量级。随着现代电力电子技术的发展，电火花加工的加工精度与表面质量得到了极大的提高，加工单位也日趋变小。目前，应用电火花加工技术可稳定地得到尺寸精度高于 0.1μm、表面粗糙度小于 $Ra0.01\mu$m 的加工表面。微小能量脉冲电源主要有两种形式：独立式晶体管脉冲电源和弛张式 RC 脉冲电源。独立式晶体管脉冲电源多采用 MOS-FET 做开关器件，因为它具有开关速度高、无温漂及无热击穿故障的优点。独立式晶体管脉冲电源的脉冲频率高、脉冲参数容易调节、脉冲波形好、容易实现多回路和自适应控制，因此应用范围比较广泛。弛张式 RC 脉冲电源是利用电容器充电储存电能，然后瞬时释放的原理工作的。弛张式 RC 脉冲电源结构简单、易调节单脉冲放电能量。

2. 超低电压微细电火花加工方法

进一步减小单脉冲去除量是微细电火花加工向更加微细乃至纳米尺度加工方向发展的重要一环。然而，由于存在分布电容，实际能够获得的加工间隙等效电容很难做得很小，因此难以获得更小的单个脉冲放电能量。采用超低压的脉冲电源进行微细电火花加工是降低放电能量的较好方法。实践表明，电源电压大于 5V 时，用直径 $\phi 7\mu m$ 或 $\phi 15\mu m$ 的钨金属电极，可以进行平均电极进给速度为 $5\mu m/min$ 的放电加工，加工出的微细孔直径为 $\phi 8.5\mu m$ 和 $\phi 20\mu m$；电源电压为 2V 时，也可放电加工；电源电压为 20V 时，可以加工出直径 $\phi 1\mu m$ 的微细轴。

3. 等损耗电极补偿技术

电火花加工中，不可避免地存在电极损耗问题。在微细电火花加工中，由于电极尺寸小，电极损耗比传统的电火花加工损耗大，特别是电极的边角部分，损耗会导致电极迅速变圆，如图 3.13（a）所示。使用尺寸与形状在加工中都会发生变化的电极无法精确加工微细形状，但如果电极的损耗只是沿轴向，而电极的形状不变，如图 3.13（b）所示，通过对电极损耗长度的补偿，可以准确加工三维微细形状。

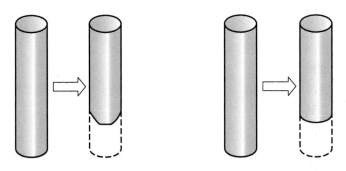

（a）传统电火花铣削存在侧边损耗　　　　（b）电火花分层铣削只存在端面损耗

图 3.13　传统电火花加工和电火花分层加工电极损耗形式对比

采用均匀损耗法（即分层加工法）可以实现微细电火花加工过程的电极均匀损耗，保持电极形状不变。其基本原理是在一定的条件下，电极每次进给距离都小于放电间隙，因此放电只在电极端面进行，侧面不产生放电，加工完成一层后，只存在端面损耗，通过电极补偿方法可以使因损耗而变形的电极恢复原先的形状。

复杂微细三维结构的电火花加工的电极损耗往往很大，严重影响加工精度。因此，采用分层加工法，合理规划加工轨迹并补偿电极损耗是提高微细三维结构电火花加工精度的重要工艺。

4. 微量进给机构

微细电火花加工的正常放电间隙只有数微米，在这样微小的放电间隙条件下，排屑和电介质的消电离都很差，放电过程不易稳定。这就要求伺服系统具有较高的灵敏度以适应极间状态的变化，遇到放电异常时能迅速采取相应的动作使放电恢复正常。此外，放电间隙小，可供伺服系统调节的稳定放电间隙范围很窄，又要求伺服系统在跟踪间隙正常变化时必须有足够高的微进给分辨率和低速性能，使调节过程趋于稳定，以保证最大限度地发挥脉冲电源和加工装置的功能，提高脉冲利用率，使微细加工获得较高的速度。

在压电陶瓷两端加载一定的电压后，将产生微量的变形，电压越大，变形量越大。将多片压电陶瓷堆叠在一起，在一定电压的作用下，可以产生最大数微米的变形量，这种器件称为电致伸缩器件。例如一种材料为 PZT 晶体的压电陶瓷，多片堆叠成厚 45mm 的电致伸缩器件后，在 300V 外加电压下，变形量为 $20\mu m$，分辨率可以达到 $0.08\mu m/V$。将这种器件与步进电动机进给系统结合，形成的进给机构具有微步距分辨率高、传动链短、系统刚度高、响应快的特点，可显著提高微细电火花加工伺服系统的控制性能。

电致伸缩微进给机构如图 3.14 所示，由两层工作台构成。下层工作台进给由步进电动机直接驱动，只做大步距的进给或回退运动，它的运动范围是整个加工行程。安装在下层工作台上面的是装有电致伸缩器件的弹性工作台，它是执行微步距伺服控制的元件，弹性工作台也可以装在主轴头上，其工作原理与装在下面一样。

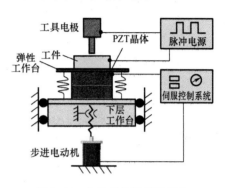

图 3.14　电致伸缩微进给机构

微进给机构的工作原理如下：将电火花微细加工的总工作行程分为几个小行程（$20\mu m$），在每个小行程内由电致伸缩器件构成的执行件（微进给部件）做微步距伺服进给运动，在它的输出总位移达到 $20\mu m$ 的满量程后，快速回退到起始位置。然后由步进电动机驱动下层工作台做一相同距离的大步距进给，到位后，由微进给部件做伺服进给运动，整个加工行程由两种进给方式交替进行。微进给机构的进给控制次序如图 3.15 所示。

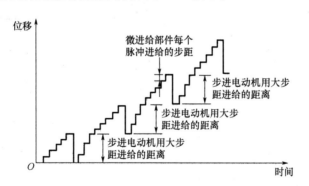

图 3.15　微进给机构的进给控制次序

采用这种方法后，微进给部件换到步进电动机驱动下层工作台进给时有较大的回退动作，这在电火花微细孔加工时很有利。因为电火花微细孔加工放电间隙小，工作区工作液循环困难，间隙状态恶劣，所以在伺服进给中经常出现上述的回退动作，相当于常规电火花成形加工中的抬刀作用，可以抽吸放电区域的工作液，促进排屑循环，改善间隙状态。

3.3 微细电火花铣削加工技术

由于复杂形状微小成型电极极难制作，甚至无法制作，并且加工过程中存在严重损耗，因此使用成型电极无法进行高精度的微细三维型面加工。对于微细加工而言，20 世纪 90 年代后，随着微细电极的成功制作，人们开始探索使用简单形状的微细电极（如棒状电极），借鉴数控铣削的方法进行微细三维结构的电火花加工。微细电火花铣削加工可以解决传统成形加工困难甚至无法加工的任务，如由复杂圆弧直线组成的又长又深的窄槽，这是传统成形加工难以完成的。

与传统电火花成形加工相比，微细电火花铣削加工具有如下优点。

（1）微细电火花铣削加工可有效地解决由采用复杂形状成型电极造成的电极损耗不均匀及加工间隙中工作液流场不稳定等问题，并大大简化了电极损耗的补偿策略。

（2）在微细电火花铣削加工中，电极高速旋转及相对放电位置的不断改变等都可以改善放电条件，从而使得加工稳定，可以有效地避免电弧放电和短路现象的产生。

（3）在传统电火花成形加工中，随着加工面积的增大，受电容效应的作用，很难获得较高的表面质量。而采用简单电极的微细电火花铣削加工，可在保持相对较小加工面积的状态下进行加工，能有效地减小电容效应，获得更好的表面质量。

（4）传统电火花成形加工三维型腔很困难，但是利用简单的棒状电极，借鉴数控铣削的方法，边扫描边加工，使三维型腔加工成为可能。特别是将其与线电极电火花磨削结合，能加工出拐角锐利的三维微细型腔，如图 3.16 所示。

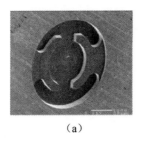 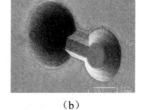 

(a)　　　　　　　　　(b)　　　　　　　　　(c)

图 3.16　三维微细型腔

图 3.17　微型汽车模具

模具制造是电火花加工最大的应用领域，随着部分模具的微细化，应用微细电火花加工是必然趋势。以往与微细加工相关的多数为孔或狭缝加工，现在已扩大到三维型腔及凸形零件加工，以及用于加工微细凸透镜及表面装饰用铸模、压印模等模具的加工，如图 3.17 所示的微型汽车模具。

3.4 电火花加工微小孔

电火花加工微小孔有两种方法，即电火花穿孔加工和电火花小孔高速加工。而所加工的微小孔分为圆孔、型孔、阵列孔、倒锥形孔等。与其他加工方法相比，电火花加工微小孔的优势如下。

（1）可以加工任意导电材料，不受工件材料强度和硬度的限制。

（2）可在斜面上加工盲孔、深孔、斜孔及异形孔等。

（3）在加工过程中切削力很小，对工具强度和刚度的要求较低，可加工直径小于 $\phi 10 \mu m$ 的微小孔。

1. 微细电火花穿孔加工

微细电火花穿孔加工存在较多技术难题。加工微小孔时，大多为盲孔加工，且深径比较大，排屑困难，加工不稳定，加工效率较低，加工质量较差，加工深度受到限制。如进行微孔钻时，会由于蚀除产物在一侧的堆积形成椭圆微孔，如图 3.18 所示。

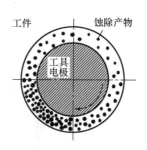

（a）形成椭圆微孔的微观过程 　　（b）椭圆微孔实物

图 3.18　因蚀除产物堆积形成的椭圆微孔

利用线电极电火花磨削加工的微细电极，还可以加工三角形、方形、五边形及其他剖面形状的微细孔，如图 3.19 所示。目前微细电极应用范围如下：可加工圆孔直径为 $\phi 5.0 \mu m$ 左右，方孔单边为 $10.0 \mu m$ 左右；可加工材料有金属、合金、导电性陶瓷等；在加工深度上，可以加工出微孔深度超过直径 2 倍的深孔，在直径大于 $\phi 50 \mu m$ 时，可以加工出孔深达到直径 5 倍的深孔。

 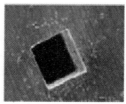  

（a）三角形孔　　　　（b）方形孔　　　　（c）五边形孔　　　　（d）六边形孔

图 3.19　各种截面细微孔

在生物医学器件、喷墨喷嘴和液体喷射部件上广泛采用微孔阵列零件，而电火花加工是目前普遍采用的加工方式。图 3.20 所示为不锈钢微孔阵列加工示意图，采用直径 $\phi 20\mu m$ 的细电极丝，加工出宽 $21\mu m$、高 $700\mu m$、间距 $21\mu m$ 的 10×10 阵列微电极，然后用其进行微孔阵列的加工。

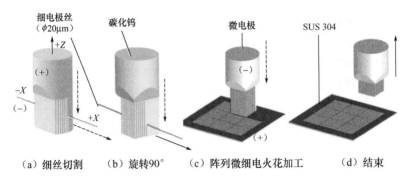

（a）细丝切割　　（b）旋转90°　（c）阵列微细电火花加工　　（d）结束

图 3.20　不锈钢微孔阵列加工示意图

为改善微孔加工的排屑状况，提高加工稳定性，也可以采用倒置加工（阵列微电极固定，工件倒置运动的方式），如图 3.21 所示。细电极丝切割的阵列微电极及其加工的阵列孔如图 3.22 所示。

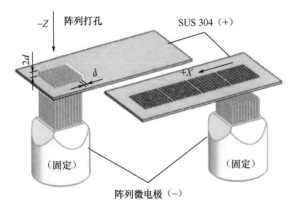

图 3.21　用于批量生产的向上微细电火花加工（倒置加工）示意图

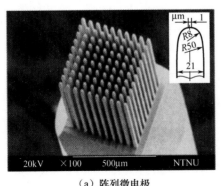

（a）阵列微电极

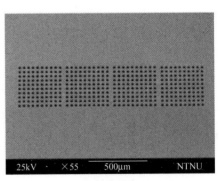

（b）阵列孔

图 3.22　细电极丝切割的阵列微电极及其加工的阵列孔

2. 电火花小孔高速加工

20 世纪 80 年代，为了解决电火花线切割穿丝预孔的加工难题，采用了旋转的空心铜管作为加工小孔的电极，在铜管内通以高压、高速流动的工作液，实现了深小孔的高速电火花加工。

电火花小孔高速加工主要加工直径为 $\phi 0.3 \sim \phi 3mm$、深径比大于 300：1 的小孔，目前也用于加工直径小于 $\phi 0.15mm$、深径比大于 50：1 的微小孔。

电火花小孔高速加工有别于一般电火花加工方法，其主要特点如下。

（1）采用中空管状电极。

（2）管状电极中通以高压工作液，可以强制冲走蚀除产物，还可以提高管状电极的刚性。

（3）在加工过程中电极需做旋转运动，以使管状电极的端面损耗均匀，不致受到放电及高压工作液的反作用力而产生振动移位，并且使流动的高压工作液以类似液体静压轴承的原理通过小孔的侧壁，并按螺旋线的轨迹排出小孔，从而使管状电极与夹头旋转轴线保持一致，不易产生短路故障，可以加工出直线度和圆柱度较好的深小孔。

电火花小孔高速加工原理如图 3.23（a）所示，加工区域微观示意如图 3.23（b）所示。

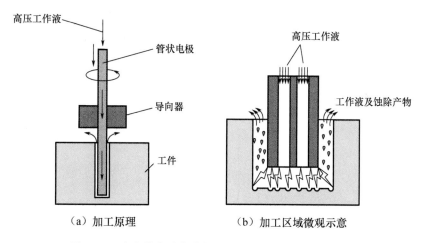

（a）加工原理　　　　（b）加工区域微观示意

图 3.23　电火花小孔高速加工原理及加工区域微观示意

由于高压工作液能强制排出放电蚀除产物，而且能强化电火花放电的蚀除作用，因此这种加工方法的最大特点是加工速度快。一般电火花小孔高速加工的加工速度为 30～60mm/min，比机械加工钻削小孔快。

用一般空心管状电极加工小孔，即使电极旋转也容易在工件上留下料芯，料芯会阻碍工作液的高速流通，且料芯过长过细时会产生歪斜，引起短路。因此，电火花小孔高速加工时通常采用特殊冷拔的双孔、三孔甚至四孔的管状电极，其截面上有多个月形孔，如图 3.24所示。这样在电极转动时，工件上不会留下料芯。

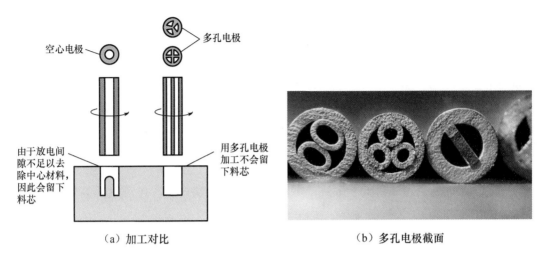

空心电极

多孔电极

由于放电间
隙不足以去
除中心材料，
因此会留下
料芯

用多孔电极
加工不会留
下料芯

（a）加工对比

（b）多孔电极截面

图 3.24　空心电极与多孔电极加工对比及多孔电极截面

3. 微细倒锥形孔加工

在传统的电火花小孔高速加工中，蚀除产物与孔壁的侧面会形成二次放电，加工出的小孔一般呈入口大、出口小的"正锥形"孔径形状。而现实生产中有需要进行"倒锥形"微孔加工的需求，如汽车发动机喷油嘴上喷油孔的加工，如图 3.25 所示。

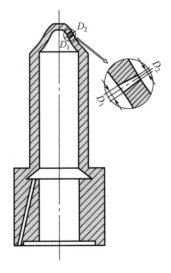

图 3.25　喷油嘴上喷油孔倒锥示意图（$D_1 > D_2$）

为实现微细倒锥形孔加工，解决倒锥角度高分辨率连续可调的问题，科研人员研究设计了一种微细倒锥形孔电火花加工电极丝锥角推摆机构模块，其加工原理如图 3.26 所示。在锥角顶点的确定距离上采用电极丝偏心量连续可调方法，精确调控微细倒锥角大小；通过控制微细电极丝绕偏心圆轨迹的摇摆运动形成加工倒锥孔包络面。该功能实现的前提是机床的主轴系统具有很高的制造精度及装配精度。

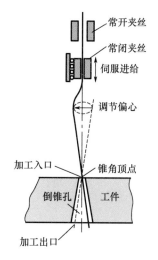

图 3.26　倒锥形孔加工原理

　　还可以采用在线调节电参数的方式实现倒锥形孔的电火花加工，如图 3.27 所示。先以恒定电参数向下进行孔加工，孔即将贯穿时，通过在线调节电参数增大放电能量，由于蚀除产物积累在孔底部，因此孔底部位置优先放电，孔径扩大。孔贯穿后，电极自动伺服快速进给，电极损耗较小、直径较大的部分快速进给至孔出口处，此时出口处的蚀除产物还未完全排出，出口处优先放电，电极直径增大、放电能量增大使出口处孔径进一步扩大，而前段已有的倒锥形趋势也得到保持，这样加工得到的孔为倒锥形孔。为了更好地利用底部蚀除产物，可以在倒锥形孔的出口处涂覆石蜡，倒锥形孔加工完成后再去除。

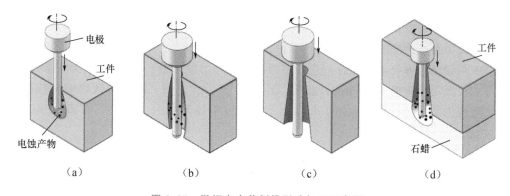

（a）　　　　　　（b）　　　　　　（c）　　　　　　（d）

图 3.27　微细电火花倒锥形孔加工示意图

3.5　基于 LIGA 的微细电火花加工

　　目前，采用微小成形电极进行传统拷贝式加工仍是微细电火花加工的一种工艺方法，但一直面临着复杂形状的微电极制造困难的问题。LIGA 技术为微电极制造提供了制备手段（LIGA 技术原理将在 3.9.6 节阐述）。图 3.28 展示了采用 LIGA 和微细电火花加工组合制造微小零件的外轮廓和内型腔的工艺步骤。

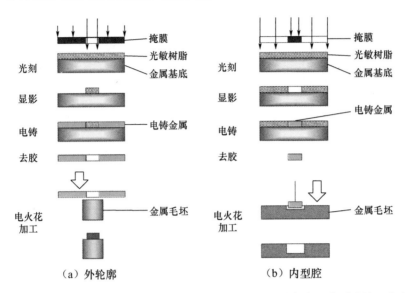

图 3.28　采用 LIGA 与微细电火花加工组合制造微小零件外轮廓和内型腔的工艺步骤

　　采用 LIGA 虽然可以制作出具有高深宽比的金属微构件，但受制于微电铸工艺，构件所采用的材料一般局限于镍和铜。因此直接采用 LIGA 制造金属微构件，并不能满足某些微构件对材料的性能要求，直接采用 LIGA 制造还存在构件深径比限制及设备成本等问题。因此可以先采用 LIGA 或准 LIGA 制造出铜微构件，并作为微细电火花加工的电极，发挥电火花可以加工任意导电材料的优点，就能制作出材料综合性能更好的微结构或器件。同时，如果电极损耗得到很好的控制，就可以加工出更高深宽比的微构件，从而实现准 LIGA 和微细电火花加工的整合，为微机电系统设计和制造开创新思路。采用 LIGA 或准 LIGA 与微细电火花加工组合，在加工群孔时优势更加突出。图 3.29 所示为采用LIGA制备群电极及用群电极加工列阵示意图。图 3.30 所示为采用 LIGA 和微细电火花加工进行组合实现加工实例，其中采用 LIGA 制造的铜群电极阵列为 20×20，直径 $\phi 20 \mu m$，高度为 $300 \mu m$。

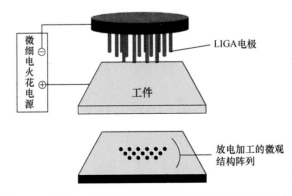

图 3.29　采用 LIGA 制备群电极及用群电极加工阵列示意图

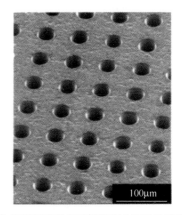

(a) 采用LIGA制造的铜群电极   (b) 用铜群电极在不锈钢板上加工的通孔

图3.30　采用 LIGA 和微细电火花加工进行组合实现加工实例

3.6　微细电火花线切割

随着微型机械对制造技术的需要，近年来微细电火花线切割（细丝切割）技术发展迅速，在国防、医疗、化学、仪器仪表等领域发挥了重要的作用。例如，对微小零件（微小齿轮、微小花键和微小连接器、传感器）及贵重金属特殊复杂零件的加工均需要借助微细电火花线切割。目前，微细电火花线切割领域几乎被低速单向走丝电火花线切割垄断。

微细电火花线切割是指加工过程中采用钨合金或其他材料的微细电极丝（直径为 $\phi 10 \sim \phi 50 \mu m$）进行切割，主要用于加工轮廓尺寸为 $0.1 \sim 1mm$ 的工件。由于微细电火花线切割属于非接触式加工，加工过程中不存在切削力，因此能够保证加工过程的一致性。

在微细电火花线切割中，随着电极丝直径减小，将产生一系列工艺问题，如电极丝的电流承载能力变差，所能承受的张力变小，加工中电极丝容易发生损耗、断丝等。因此，针对电极丝的微细化，深入研究相关的微细电火花线切割加工装备与工艺技术已经成为推进该技术实用化的关键。

微细电火花线切割与常规电火花线切割的最大区别在于能量控制方式的不同，故能够提供能量精确可控的脉冲电源也是实现微细电火花线切割的关键之一。

此外，决定微细电火花线切割加工微细化的关键技术还有许多，如对机床结构的设计，要求机床结构利于加工时热量的散发，避免加工中精密部件的热变形对机床使用寿命及加工工艺指标造成影响。微细电火花线切割对工作环境的要求也非常严格，加工过程需要在无尘、恒温的条件下进行，并且必须对机床进行隔振处理。

微细电火花线切割加工成本相对低、切割速度较高和加工精度较好，特别适用于微细电火花加工用阵列微电极（图3.31）、微小零件窄槽、窄缝的加工。微细电火花线切割中，轴向移动的微细电极丝可补偿电极丝损耗，因此可以获得很高的加工精度，广泛应用于微小齿轮、微小花键、微小异形孔及半导体模具、钟表模具等具有复杂形状的二维微小零件的加工。图 3.32 所示为微细电火花线切割加工的典型零件。

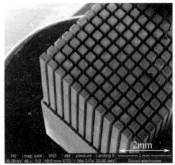

（a）5mm高直体阵列

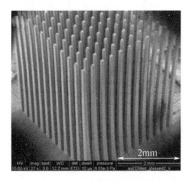

（b）5mm高斜柱阵列

图 3.31　微细电火花线加工用阵列微电极

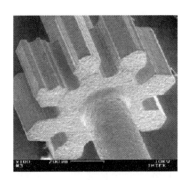

（a）微型齿轮轴

（b）大长径比零件

图 3.32　微细电火花线切割加工的典型零件

　　细电极丝是实现微细电火花线切割加工的关键工艺条件，随着细电极丝张力控制系统的不断改进，微细电火花线切割使用的电极丝直径不断减小。利用磁力控制的电极丝张力控制系统，采用最小直径仅为 $\phi 13\mu m$ 钨电极丝，实现了 $15\mu m$ 窄缝的切割加工，如图 3.33（a）所示。采用直径为 $\phi 30\mu m$ 的电极丝，可加工出节圆直径为 $\phi 350\mu m$ 的微小齿轮，如图 3.33（b）所示。

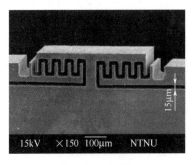

（a）15μm窄缝

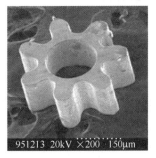

（b）微小齿轮

图 3.33　微细电火花线切割加工微结构

高灵活性、多自由度是微细电火花线切割的发展方向，桌面式高精度、多功能微细电火花线切割机床成为加工复杂微小三维零件的一种实用工具。该机床可以调整电极丝和工件的相对位置，能方便、灵活地实现平行切割、垂直切割甚至斜面切割，如图 3.34（a）所示。利用该机床在铝合金材料上可以加工出具有复杂三维形状的微型宝塔，如图 3.34（b）所示。可见，对复杂微小零件的加工，微细电火花线切割加工表现出高精度、高切割速度和高灵活性的特点。但是，微细电火花线切割仅能加工准三维零件，无法加工具有自由曲面的微小零件。此外，细电极丝直径不可能无限制地减小，也会在加工工件上出现切割圆角，这些缺点限制了微细电火花线切割的应用。

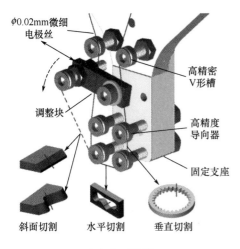

（a）加工原理

（b）微型宝塔

图 3.34　微细电火花线切割复杂零件加工原理及切割的微型宝塔

高速往复走丝电火花线切割的走丝速度较快，电极丝获得的冷却更加及时，其切割的持久性、稳定性及切割速度和性价比等指标在某些加工范围（如电极丝直径 $\phi 0.05 \sim \phi 0.10$mm）大大高于低速单向走丝电火花线切割。

常规高速往复走丝电火花线切割的电极丝通常为直径 $\phi 0.18$mm 的钼丝，而低速单向走丝电火花线切割一般使用直径 $\phi 0.05 \sim \phi 0.08$mm 的细钼丝。根据钼丝电阻率及电阻的计算公式可知，直径 $\phi 0.05$mm 的钼丝电阻是 $\phi 0.18$mm 钼丝的 12.96 倍，因此，对高速往复走丝电火花线切割而言，随着电极丝直径的减小，电极丝电阻大大增大，由此带来的对放电特性、取样及伺服控制的影响不可忽略；同时，由于存在较大电阻，放电加工中的电极丝不再是等势体，而具有了半导体特性。因此，与低速单向走丝电火花线切割相比，高速往复走丝电火花线切割在脉冲电源及能量控制、伺服控制、走丝系统等方面均有所差异。

近年来，通过对现有高速往复走丝电火花线切割机床系统改进，以及对脉冲电源、伺服控制、走丝系统及张力控制、断丝控制等方面的深入研究，已经实现了直径 $\phi 0.05$mm 电极丝的高厚径比工件的连续稳定切割。图 3.35 所示为用 $\phi 0.05$mm 电极丝切割的小齿轮，其厚度为 20mm，齿数为 10，齿顶圆直径为 2mm，加工用时 19min。

（a）小齿轮　　　　　　　　　　（b）小齿轮截面

图 3.35　用 φ0.05mm 电极丝切割的小齿轮

3.7　电火花沉积表面膜

在电火花加工过程中，放电点附近可形成上万摄氏度的局部高温，故适当控制加工条件，并选择合适的工作液和电极材料，就可以在加工表面上形成抗磨损和抗氧化性能良好的表面膜。

电火花沉积表面膜（electrical discharge coating，EDC）是利用类似 TiC、WC（硬质合金）这样的碳化物或钛在油中电火花放电时容易被碳化的特性，将其压结（或烧结）成形后作为电极，在工件和电极之间加脉冲电压，在煤油工作液中对钢等金属工件表面进行放电，进而在工件表面形成高硬度、高耐磨性的表面膜。图 3.36 所示为电火花沉积表面膜原理。沉积过程中煤油工作液受热分解生成的碳与电极的金属成分反应生成金属碳化物，并在工件表面堆积而形成极硬的表面覆盖膜，极大地提高了表面的抗腐蚀性和耐磨损性。

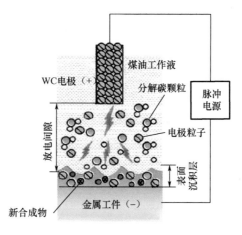

图 3.36　电火花沉积表面膜原理

电火花沉积表面膜技术主要应用于模具、刀具刃口的表面强化。与化学气相沉积、物理气相沉积、热喷涂等表面涂层技术相比，电火花沉积表面膜技术无须专用设备，可以方便地实现局部强化，可直接应用于工具、模具车间现场环境。

电火花沉积表面膜的方式是多样的，除了采用碳化物或钛之类的特殊电极材料，还可以采用纯铜电极，并在介质中添加能在工件表面形成强化层的颗粒，如 B_4C、Ti、TiC、TiB_2 等，如图 3.37 所示。

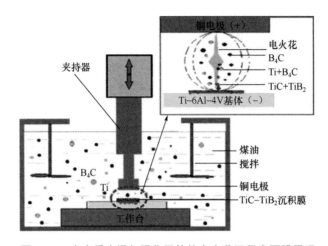

图 3.37　在介质中添加强化颗粒的电火花沉积表面膜原理

电火花沉积表面膜时，还可以将多个材料交替叠加（图 3.38），然后用夹具紧固。

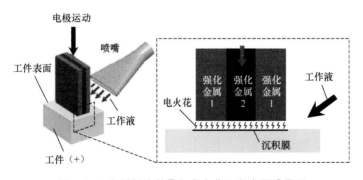

图 3.38　多材料交替叠加电火花沉积表面膜原理

电火花沉积表面膜还可以在某些气体环境下进行，如图 3.39 所示，采用钛电极和钛颗粒在金属表面放电，形成表面强化膜，称其为干式电火花沉积表面膜。在气体（如氩气或氮气）作为工作介质条件下放电，可以降低使用煤油工作液的成本，并减少环境污染。

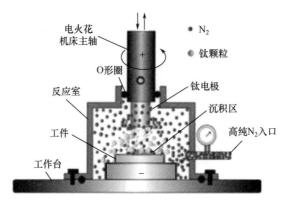

图 3.39 干式电火花沉积表面膜原理

3.8 微弧氧化技术

1. 微弧氧化表面处理原理

微弧氧化（micro-arc oxidation，MAO）又称等离子体电解氧化（plasma electrolytic oxidation，PEO）、微等离子体氧化（micro-plasma oxidation，MPO）等，是基于电火花（短电弧）放电和电化学、化学等综合作用，通过电解液与相应电参数的组合，在铝、镁、钛等金属及其合金表面依靠弧光放电产生的瞬时高温高压作用，原位生长出以基体金属氧化物为主的陶瓷膜层。

微弧氧化技术是在普通阳极氧化基础上发展起来的一种表面处理技术，可以在金属表面原位生成陶瓷层。微弧氧化技术原理如图 3.40 所示。加工开始时，在 $10\sim50\text{V}$ 直流低电压和工作液的作用下，正极铝合金表面产生有一定电阻率的阳极氧化薄膜，随着氧化膜的增厚，为保持一定的电流密度，直流脉冲电源的电压相应不断地提高，直至升高至 300V 以上，此时氧化膜成为电阻率更高的绝缘膜。当电压继续升高至 400V 左右时，铝

微弧氧化

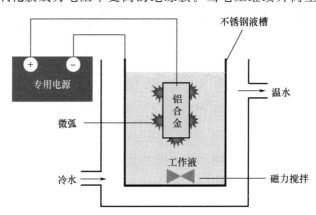

图 3.40 微弧氧化技术原理

合金表面产生的绝缘膜被击穿形成微电弧（电火花）放电，可以看到表面有很多红白色的细小火花亮点，此起彼伏，连续、交替并转移放电。当电压继续升高到 500V 或更高时，微电弧放电的亮点成为蓝白色，并且更大、更粗，同时伴有连续的"噼啪"放电声。此时微电弧放电通道 3000℃ 以上的高温使铝合金表面熔融的铝原子与工作液中的氧原子，以及电解时阳极上的铝离子（Al^{3+}）与工作液中的氧离子（O^{2-}）发生电反应、物理反应、化学反应结合形成 Al_2O_3 层，达到工件表面强化的目的。实际过程还处在不断研究和深化认识中。

2. 微弧氧化技术在铝、镁、钛等合金中的应用

微弧氧化技术所形成的陶瓷膜具有良好的功能和性能。铝合金经过微弧氧化处理形成的 Al_2O_3 层厚度可达 $100\sim300\mu m$，性能和陶瓷类似，显微硬度可达 $1000\sim1500HV$，具有很好的耐磨性、耐高温性能、耐酸碱腐蚀性能及很高的绝缘电阻等，因此广泛应用于航空航天和其他民用工业中的铝合金表面处理。此外，镁合金和钛合金比铝合金具有更好的性能，故镁合金、钛合金表面的微弧氧化技术也必将在航空航天及高档装饰业中获得更加广泛地应用。

3.9 微细电化学加工

3.9.1 电化学加工的基本概念

电化学加工（electrochemical machining，ECM）是指基于电化学作用原理去除材料（阳极溶解）或增加材料（阴极沉积）的加工技术。

如图 3.41 所示，将两个铜片作为电极，接上 10V 直流电，并浸入 $CuCl_2$ 的水溶液中（此水溶液中含有 OH^- 和 Cl^- 负离子及 H^+ 和 Cu^{2+} 正离子），形成电化学反应通路，导线和溶液中均有电流通过。溶液中的离子将做定向移动，Cu^{2+} 移向阴极，在阴极上得到电子而还原成铜原子沉积在阴极表面。在阳极表面，铜原子不断失去电子而成为 Cu^{2+} 进入溶液。溶液中正、负离子的定向移动称为电荷迁移。在阴、阳极表面发生的得失电子的化学反应称为电化学反应（elec-

电化学加工原理

电解加工原理

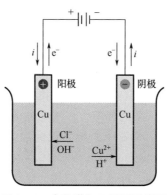

图 3.41 电化学加工原理示意图

trochemical reaction），利用电化学反应对金属进行加工的方法即电化学加工。将任何两种金属放入任何导电的水溶液，在电场作用下，都会有类似反应发生。阳极表面失去电子（氧化反应）产生阳极溶解、蚀除，称为电解；在阴极得到电子（还原反应）的金属离子还原成为原子并沉积在阴极表面，称为电镀或电铸。

电化学加工技术无论是基于阳极溶解原理的减材制造技术（如电解加工等），还是基于阴极沉积原理的增材制造技术（如精密电铸等），都有一个共同点——无论材料减少还是增加，加工过程都以离子形式进行。由于离子的尺寸非常小，因此电化学加工技术在微细制造领域，以至于纳米制造领域具有很大的发展潜能。

微细电化学加工包括微细电解加工（electrochemical micro-machining，ECMM）和微细电铸加工（electrochemical micro-forming，ECMF）。

微细电解加工是指在微细加工范围（$1\mu m\sim 1mm$）内应用电解加工得到高精度、微小尺寸零件的加工方法。在微细电解加工中，工件材料以离子的形式被蚀除，理论上可达到微米级甚至纳米级加工精度，因此微细电解加工在微机电系统和先进制造领域非常有发展前景。除具有电解加工的优点，微细电解加工还具有对装备要求高、加工间隙小、加工效率低等特点。虽然微细电解加工技术已成功应用于医疗、电子、航空航天等领域，但其发展仍面临着许多新的挑战。

在微细电解加工过程中，阴、阳极电位差在间隙电解液中形成的电场会对工件造成杂散腐蚀，这在很大程度上影响了电解加工的精度。约束电场、改善流场是提高电解加工蚀除能力和加工精度的基本技术途径。因此，在微细电解加工中，通常通过以下途径来提高加工精度：选择合适的电解液、控制极间间隙电场、合理设计电极结构和流场。另外，加工精度的提高可以通过对电解液流场分布的修整来实现。微细电解加工材料去除量微小，加工精度要求很高，因此微细电解加工必须在低电位、微电流密度下进行。

常见的微细电解加工有脉冲微细电解加工、微细电解线切割、电液束流电解加工三类。

从原理上讲，微细电铸加工的复制精度可以达到纳米级。目前，微细电铸加工已经在微细制造领域中得到重要的应用，其中 LIGA 中微细电铸是一个不可替代的组成部分，在 LIGA 加工过程中，微细电铸所具有的微细复制能力得到了充分发挥。

3.9.2 脉冲微细电解加工

脉冲微细电解加工（pulse electrochemical micro-machining，PECMM）是一种采用脉冲电流代替传统连续直流电流的电解加工技术。高频的脉冲电流相对于低频脉冲电流而言，加工过程更加稳定。因为在加工过程中，不仅有电化学作用，高频脉冲电流形成的压力波还会对电解液起到搅拌作用，使电解液能及时得到更新和补充，加工产物也可以更好地被清理出加工间隙，从而解决了在小加工间隙下排热、排屑不好等问题。

超短（纳秒）脉冲电源与低浓度电解液、加工间隙的实时检测及调整等结合后，加工间隙可缩小到几微米，从而可以实现亚微米级精度的加工。图 3.42 所示为脉冲微细电解加工的微细结构。

脉冲微细电解加工可有效控制工件材料的定域蚀除，脉冲电源的脉冲宽度达到纳秒级甚至皮秒级，加工峰值电压小于 10V，且加工间隙较小，电解液也采用浓度较低的钝化性

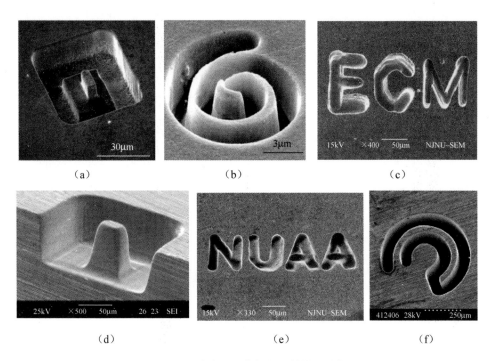

（a） （b） （c）

（d） （e） （f）

图 3.42　脉冲微细电解加工的微细结构

溶液。此外，脉冲微细电解加工是利用电极反应的暂态过程加工，而传统电解加工主要是利用电极进入超纯化状态的电化学反应实现工件材料的去除加工。

　　微细电极是脉冲微细电解加工的前提和基础，目前常用的微细电极加工方法有电化学腐蚀法、机械磨削法、电火花加工法等。微细电极的尺寸、形状是影响脉冲微细电解加工精度、加工效率、加工稳定性的重要因素。研究人员主要通过研制直径更加微小的工具电极、多种形状工具电极、侧壁绝缘工具电极等，促进电解产物的排出和电解液的更新循环，以提高微细电解加工精度。如图 3.43 所示的螺旋形电极，利用其"微螺杆泵"效应大大提高了脉冲微细电解加工性能，在材料去除率、加工过程稳定性和加工精度方面均有所改善。

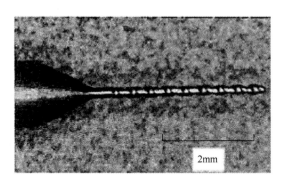

图 3.43　螺旋形电极

3.9.3 微细电解线切割

微细电解线切割（图 3.44）是用线状阴极切割工件的一种加工方法。它不但继承了微细电解加工的优点，而且具有自身的特点：采用简单的阴极线，结合二维平面运动，能够简单地实现复杂微结构的加工；加工状态可以用较简单的数学模型来描述，间隙的实时控制比普通微细电解加工容易；不用制造复杂的成形阴极，加工准备时间短，成本低。由于微细电解线切割的工具电极为阴极线，因此更容易加工出普通加工方法很难加工的高深宽比结构。采用在线制作钨线阴极的方法，可切割出图 3.45 所示的群缝及微五角星。

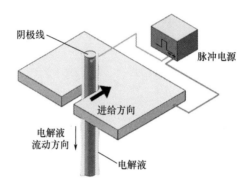

图 3.44　微细电解线切割原理

（a）群缝　　　　　　　　　（b）微五角星（缝宽20μm）

图 3.45　微细电解线切割实物

在微细电解线切割中，要求电解液的流速增大以排除极间的电解产物，提高加工稳定性，因此需要适当增大极间间隙，但切割精度提高的要求需要减小极间间隙。针对这两种互相矛盾的要求，目前可以采用两种方法进行协调：第一种方法，采用阴极线沿轴向做微小振动的方法使阴极线和工件相对运动，从而改善微尺度间隙的流场，进而提高加工的稳定性；第二种方法，将传统的圆柱状电极改变为各种有利于极间电解液搅动和排屑的其他形式电极。目前使用的特殊截面的阴极电极有削边电极、肋状电极、螺旋电极等，如图 3.46 所示。图 3.47 所示为螺旋电极实物，图 3.48 所示为采用螺旋电极切割的工件。

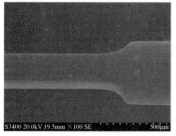（a）削边电极

（b）肋状电极

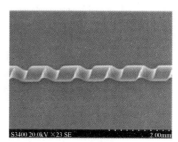（c）螺旋电极

图 3.46 特殊截面的阴极电极

图 3.47 螺旋电极实物

（a）

（b）

图 3.48 采用螺旋电极切割的工件

阴极电极截面形式的改变，对微细电解线切割精度的提高起着积极的作用。采用圆柱电极和削边电极及不同供电方式对切缝的影响见表 3-1。从表中可以看到用削边电极并采用断续给电的电解线切割方式，可以获得很高的轮廓精度。

表 3-1 采用圆柱电极和削边电极及不同供电方式对切缝的影响

电极形式	圆柱电极	圆柱电极	削边电极
供电方式	持续给电	断续给电	断续给电
切缝形状			
切割轮廓精度	低	较高	高

当采用管状电极，并在上面打孔以进一步改善极间电解液的流程时，还可以对高长径比的工件进行切割。微细电解线切割管状电极如图 3.49 所示，切割的工件如图 3.50 所示。

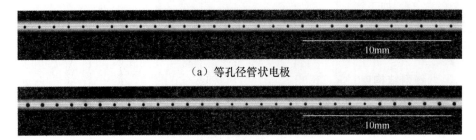

（a）等孔径管状电极

（b）变孔径管状电极

图 3.49　微细电解线切割管状电极

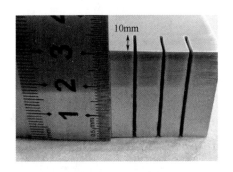

图 3.50　微细电解线切割管状电极切割的工件

3.9.4　微细电解加工倒锥孔

微细电解加工倒锥孔原理如图 3.51 所示。预先采用电火花等高效加工方法加工出直孔作为底孔，此时形状一般为入口略大于出口的正锥形。在微细电解加工中，采用高频脉冲电源，侧壁绝缘阴极，将加工区域约束在阴极端面附近。将工具阴极置于底孔中心轴线上，在工具阴极与底孔间注入电解液，以工件作为阳极，控制工具阴极沿底孔做轴线运动，同时控制改变电源电压、脉冲宽度、阴极进给速度等加工参数，以控制改变工具阴极的加工范围，进而得到孔径沿轴线变化的微倒锥孔。

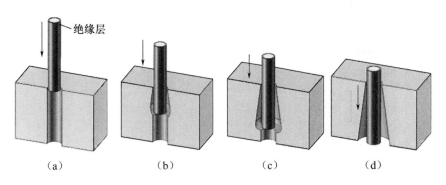

图 3.51　微细电解加工倒锥孔原理

采用微细电解加工倒锥孔，只需使工具阴极直线进给，不需要复杂的运动机构，可获得较高的表面质量，无须进一步抛光。此外，由于前道工序加工的底孔为通孔，因此再采用微细电解加工，加工产物易流动和排出，有望获得较高的加工速度。这种加工方法理论上不限于加工倒锥孔，还可加工孔径沿轴向呈不同形式变化的微细孔，因此与电火花加工、激光加工方法相比，这种加工方法更加灵活。

3.9.5 微小阵列结构电解加工

在航空航天、电子、仪器、纺织、印刷、医疗器械、图像显示器、汽车等领域，以微细阵列孔为关键结构的零部件越来越多（如航空发动机轮盘、叶片上多种小孔及深小孔、光纤连接器、化纤喷丝板、打印机喷墨孔、电子显微光栅、微喷嘴、过滤板等），其深径比越来越大，孔径越来越小，精度要求越来越高。因此，对微细孔及孔阵列加工的研究提出了越来越高的要求，研究出微细孔及孔阵列的高质量、低成本、批量化加工的工艺和装备成为现代制造加工技术迫切需要解决的问题。

目前，加工微细孔及孔阵列的电解加工方法主要有成形管电解加工法、毛细管电解法、光刻电解加工法、阵列微细成形阴极加工法等。

1. 成形管电解加工法（shaped tube electrochemical machining，STEM）

成形管电解加工法加工群孔原理及现场如图 3.52 所示。当加工孔径很小或深径比很大时，为避免电解液中的电解产物或杂质堵塞加工间隙，需要采用酸性电解液，选用耐酸蚀的钛合金管制造工具阴极，并在外表面均匀涂覆绝缘层，随着阴极的伺服进给，阳极离子不断溶解，从而实现加工群孔。该方法大幅度降低了杂散腐蚀和电解产物堵塞的影响，提高了加工过程的稳定性。其加工微孔的深径比高达 300：1，孔径精度可控制在 $\pm 0.025 \sim \pm 0.05$mm，表面粗糙度为 $Ra0.32 \sim Ra0.63\mu$m。该方法已应用于镍、钴、钛、奥氏体不锈钢等高强度合金航空发动机轮盘、叶片上多种类型的小孔加工（如平行孔、斜孔），还可同时加工多个深小孔。将该方法用于群孔加工时效率高、成本低，可用于加工航空发动机燃烧室和涡轮叶片上的近万个微细孔。

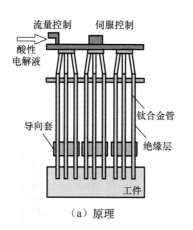

成形管电解加工法

（a）原理　　　　（b）加工现场

图 3.52　成形管电解加工法加工群孔原理及现场

2. 毛细管电解法（capillary drilling）

毛细管电解法又称电液束打孔（electro-stream drilling，ESD）或小孔电液束加工（electro-stream machining，ESM），是一种电解加工小孔的方法。该方法是基于电化学阳极溶解原理，利用"负极化"电解液作为工具，工件作为阳极，在阴、阳极之间施加高电压，使工件材料产生溶解去除的加工方法，其加工过程如图 3.53 所示。在加工过程中，在收敛状绝缘玻璃管喷嘴中设置金属丝以连接电源负极，电解液经导电密封装置进入玻璃管，并通过高压电场射向工件加工部位，高速流动的电解液经高电压作用，在玻璃管和工件间产生"辉光现象"。

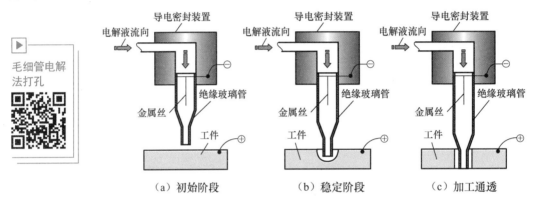

毛细管电解
法打孔

图 3.53 毛细管电解法加工过程

毛细管电解法具有加工表面完整性好和深径比大等特点，可以加工其他工艺难以加工（位置特殊、表面质量要求高、无重铸层）的深小孔，因此可用于加工航空工业中的各种小孔结构，满足高质量发动机的需要，对航空发动机使用寿命的延长、性能的提高具有重要意义。与传统电解加工不同，毛细管电解法用的电源是高压电源（电压高达 300~1000V），但总电流不大，一般不大于 4A，而电流密度每平方厘米高达数百安培。电解液一般采用酸性电解液，常用浓度约为 10% 的 H_2SO_4 或者 HCl 水溶液。由于毛细管非常细，因此该加工方法能加工出比成形管电解加工法加工的孔径更小的微细孔，加工的最小孔径为 $\phi0.2mm$，最大深径比为 100:1，用于群孔加工的孔径精度为 ±0.03mm。图 3.54 所示为采用毛细管电解法在镍基高温合金 263A 上加工的小孔。工具电极是石英玻璃管，其毛细段长度为 25mm、直径仅为 $\phi0.36mm$，电解液是 $NaNO_3$ 和 H_2SO_4 的混合水溶液。

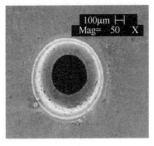
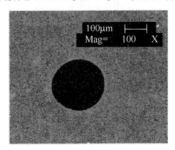

（a）入口　　　　　　　（b）出口

图 3.54 采用毛细管电解法在镍基高温合金 263A 上加工的小孔

3. 光刻电解加工法

光刻电解加工法是一种群孔电解加工的新方法，可应用于厚度小于 0.5mm 的薄壁零件的海量群孔加工。光刻电解加工法原理如图 3.55 所示，在工件表面覆盖掩膜版，使工件上形成具有特定图案的裸露表面，然后利用掩膜版使电流集中于加工区域进行电解加工，以得到所需形状，而非加工区域被掩膜版屏蔽而不产生电化学腐蚀。掩膜版的绝缘层是具有特定镂空图案的绝缘材料薄板，与工件相互独立，两者可分离，因此不存在去胶问题。该加工方法通过掩膜版限制工件蚀除区域，在工件上加工出与掩膜版图案相应的结构，是一种简单易行、低成本的金属微结构制造方法。加工时，将具有群孔结构的掩膜版紧贴工件表面，使掩膜版与工件之间无缝隙，掩膜版的导电层（阴极）与绝缘板保持一定间隙，电解液从间隙中高速流动以排出电解产物并带走加工过程中产生的热量。由于金属在沿孔的轴线方向溶解的同时还会形成沿孔径方向的溶解，因此为了提高加工速度和加工精度，可以进行双面光刻微细电解加工，在工件两面都覆盖一层图案完全相同的掩膜版，从两边同时溶解，以提高加工厚度，降低孔的出口斜度。

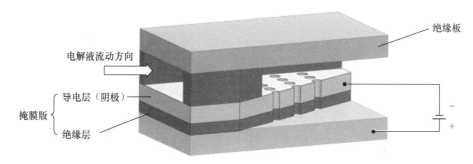

图 3.55　光刻电解加工法原理

图 3.56（a）所示为采用光刻电解加工法单面加工的微细结构，图 3.56（b）所示为采用光刻电解加工法双面加工的微细结构。

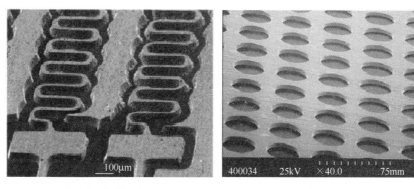

（a）单面加工　　　　　　　　　　　　（b）双面加工

图 3.56　采用光刻电解加工法加工的微细结构

4. 阵列微细成形阴极加工法

阵列微细成形阴极可以采用 LIGA 或线切割制备（图 3.57），用以对金属合金材料进行电解蚀除加工，如图 3.58 所示。阴极侧壁覆上绝缘薄膜，有利于减小电解加工中杂散电场的不利影响，适用于高深宽比的阵列微细型孔加工。阵列阴极侧壁绝缘工艺如图 3.59 所示，阵列阴极基体制作完成后，利用气相沉积技术在微细阴极表面沉积一层绝缘薄膜，然后向阵列阴极空隙部分填充光刻胶，凝固后磨平阴极端面，露出微细阴极端面金属，最后去掉光刻胶，完成阵列阴极侧壁绝缘。在加工过程中，阵列阴极沿垂直于工件待加工表面的方向做进给运动，通过微小间隙检测装置实时测量加工间隙，并通过微动工作台自动保持微小加工间隙，以提高形状复制精度。加工时只需浸液，不需要冲液，对电解液的供液系统要求较低，但需要辅以脉冲电源技术、微小间隙检测和控制技术，以实现稳定加工。在加工过程中，工具阴极没有损耗，可反复使用，故成本低，可重复性好。加工完成后，微细结构没有毛刺、表面光滑、无内应力和裂纹等缺陷。采用该方法加工的阵列微细型孔的尺寸一致性好，适合批量生产。侧壁未绝缘及侧壁绝缘的阵列微细成形阴极加工实物对比如图 3.60 所示。

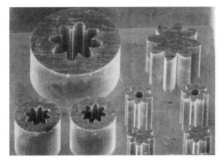

（a）LIGA制备　　　　　　　　　　　（b）线切割制备

图 3.57　阵列微细成形阴极

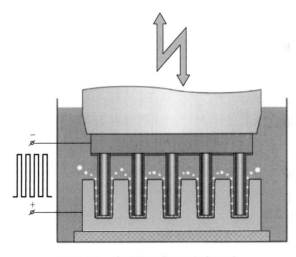

图 3.58　阵列微细成形阴极加工法

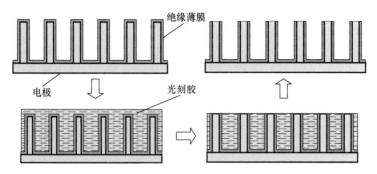

图 3.59　阵列阴极侧壁绝缘工艺

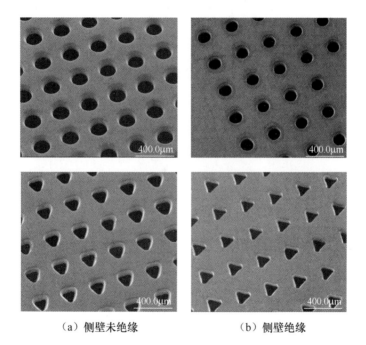

（a）侧壁未绝缘　　　　　（b）侧壁绝缘

图 3.60　侧壁未绝缘及侧壁绝缘的阵列微细成形阴极加工实物对比

3.9.6　微细电铸与 LIGA 技术

微细电铸是以离子形式进行的电化学沉积，由于离子的尺寸达到亚纳米级，因此微细电铸应用于多种微细零部件的制造，在精密微细制造领域发挥了重要应用。在 LIGA 技术中，微细电铸是不可替代的组成部分，它所具有的高复制精度和高重复精度得到了充分发挥。

1. 微细电铸

微细电铸的主要优点是具有极高的复制精度。近年来，制造技术向微米尺度、纳米尺度不断发展，对微细电铸的需求日益增加。另外，随着研究的深入和相关领域学科技术的进步，微细电铸工艺精密、微细的能力不断提高。微细电铸技术在微机电系统制造领域的成功应用是近年来微细电铸技术发展的重要成果。除此之外，微细电铸也应用于多种微细零部件的制造。下面通过两个应用实例说明微细电铸的应用。

化纤喷丝板可以看成多孔网板，但其厚度可达数毫米，型孔往往需要有一定锥度，为此，可以采用先制造型芯再组合装配成整体铸模的方法加工。首先用机械加工的方法制造出与喷丝板内孔几何形状相同的塑料型芯；然后将塑料型芯装配在金属基板上，并将其放入电铸槽进行电沉积，使得金属在金属基底上逐渐"堆积"，达到足够厚度后，将塑料型芯加热溶解或采用化学法去除，原来镶有塑料型芯的部位就会留下需要的内孔，内孔形状完全取决于铸模的外轮廓形状，如图 3.61 所示；最后采用磨削的方法去除上平面，获得需要的喷丝板。

电铸复制艺术品

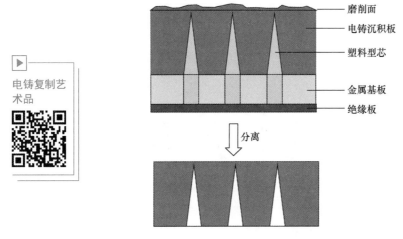

图 3.61　微细电铸制造化纤喷丝板

在一般情况下，微细电铸需要通过复制铸模形状来制取金属制品，而微细铸模的制造往往需要较复杂的工艺过程，对于单件或少量生产的微小零件，将导致生产准备周期较长，生产成本较高。因此，一些微细电铸的研究致力于发展无预成形铸模的微细电铸技术，如图 3.62 所示，阳极为由不溶性材料制成的针状金属棒，计算机控制微细针状电极在空间按指定轨迹缓慢移动，诱导金属离子按指定方向沉积生长，形成空间三维微细结构。该方法称为定域电化学沉积法（localized electrochemical deposition，LECD）。定域电化学沉积的微细结构如图 3.63 所示。

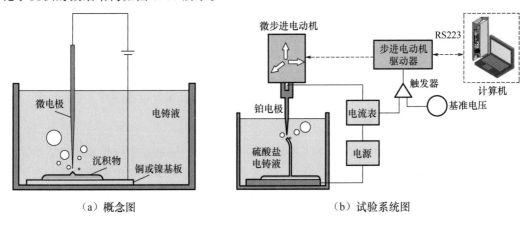

（a）概念图　　　　　　　　　　　　（b）试验系统图

图 3.62　无预成形铸模的微细电铸技术

（a）镍微弹簧　　　　　　　　　（b）铜微圆柱

图 3.63　定域电化学沉积的微细结构

扫描隧道显微镜使得用探针针尖在材料表面构造纳米级的结构和进行原子搬迁成为可能。一般直径为纳米级的扫描隧道显微镜针尖也是通过很小的电流和很低浓度的电解液电化学刻蚀得到的。电化学加工是以离子形式进行的电化学溶解和沉积，由于离子的尺寸达到亚纳米级，因此可以采用电化学沉积的方法在指定位置沉积出纳米级金属簇，从而构成电化学扫描隧道显微镜的针尖。电化学扫描隧道显微镜的工作原理如图 3.64 所示。

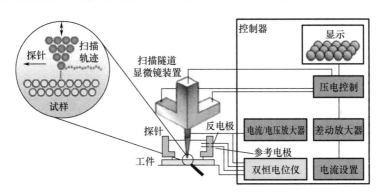

图 3.64　电化学扫描隧道显微镜的工作原理

探针是用铂丝经电化学刻蚀制成的，并用蜡包裹，只露出很小的电极尖，减小与电化学溶液的接触面积，以限制微小反应空间的范围。

通过编程及各种参数控制，可以实现对材料原子（如铜原子）的堆积和搬迁。如果把铜簇放得很近，使得铜簇彼此相连，就可构成长为几百纳米的导电纳米线。如果能在半导体材料上制作导电纳米线，那么必将对微电子技术带来深刻的影响。电化学扫描隧道显微镜技术代表着目前微细电化学加工的最高水平，具有很重要的研究价值和应用潜力。

2. LIGA 技术原理

LIGA 是德文 lithographie（光刻）、galvanoformung（电铸）和 abformung（注塑）的缩写。LIGA 技术是一种基于 X 射线光刻技术的微机电系统加工技术。由于 X 射线具有非常高的平行度、极强的辐射强度和连续的光谱，因此 LIGA 技术能够制造出深宽比为

500:1、厚度大于1500μm、结构侧壁光滑且平行度偏差在亚微米范围内的三维立体结构。利用 LIGA 技术，不仅可以制造微纳米尺度结构，而且可以加工微观尺度的结构（尺寸为毫米级的结构）。因此，LIGA 技术被视为微纳米制造技术中最有生命力、最有前途的加工技术。

LIGA 利用 X 射线进行光刻，能够制作出形状复杂的大深宽比微结构，可加工的材料也比较广泛（包括金属及其合金、陶瓷、塑料、聚合物等），是非硅微细加工技术的首选方法。利用 LIGA 技术可以制作各种微器件、微结构和微装置，如微传感器、微电机、微执行器、微机械零件、集成光学和微光学元件、微波元件、真空电子元件、微型医疗器械和装置、流体技术微元件、纳米技术元件及系统、各种层状和片状微结构等。

LIGA 由多道工序组成，可以进行三维微器件的大批量生产，主要工序包括溅射隔离层、涂光刻胶、同步辐射 X 射线曝光、显影、微电铸、清除光刻胶、去除隔离层、制造微塑铸模具、微塑铸和第二次微电铸等。**LIGA 的工艺流程**如图 3.65 所示。

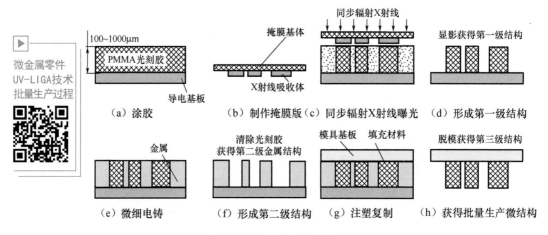

图 3.65　LIGA 的工艺流程

(1) 涂胶。在金属衬底的导电基板上聚合一层 PMMA（聚甲基丙烯酸甲酯）光刻胶，厚度为 $100\sim1000\mu m$。

(2) 制作掩膜版。LIGA 掩膜版必须有选择地透过和阻挡同步辐射 X 射线。

(3) 同步辐射 X 射线曝光。该工艺需采用平行的 X 射线光源，由于需要曝光的光刻胶厚度达上百微米，因此需要采用设备昂贵的同步辐射 X 射线光源（波长为 $0.2\sim0.5nm$），以达到穿透厚光刻胶并缩短曝光时间的目的。

(4) 形成第一级结构。对受同步辐射 X 射线照射的 PMMA 光刻胶进行显影，将曝光部分溶解而形成第一级结构。

(5) 微细电铸。对显影后的样件进行微细电铸，获得由金属组成的微结构。由于微细电铸是离子的沉积，因此作为阴极的金属表面有一层光刻胶图形时，金属离子能沉积到光刻胶的空隙中，形成与光刻胶相对应的精细金属微结构。

(6) 形成第二级结构。清除光刻胶，得到一个全金属的第二级结构。

(7) 注塑复制。将填充材料注入第二级结构中进行模塑，可以选择的材料有金属及其合金、陶瓷、塑料、聚合物等。

（8）**获得批量生产微结构**。从金属模具中抽出模塑物形成第三级结构，形成批量生产的微结构。

与其他微细加工方法相比，**LIGA** 具有以下**特点**。

（1）可制作任意截面形状结构，加工精度高；可制造深宽比 500∶1 以上的微细结构，其厚度可达到几百微米，并且侧壁陡峭、表面光滑。

（2）通过注塑工艺形成的第三级结构，可以选择不同的材料形成金属及其合金、陶瓷、塑料等微细结构。

（3）第二级和第三级结构通过微细电铸和注塑工艺可以重复复制，符合工业化大批量生产要求，制造成本相对较低。

（4）LIGA 工艺与牺牲层技术相结合，可在一个工艺步骤中同时加工出固定的和活动的金属微结构，省去了调整和装配的步骤，特别适合制作电容式微加速度传感器这类带有活动结构的三维金属微器件。

采用 LIGA 技术生产的零件如图 3.66 所示。

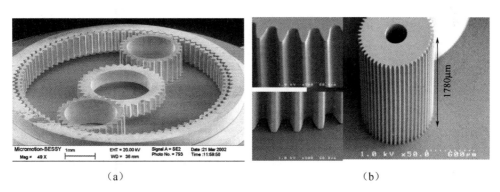

（a）　　　　　　　　　　　　（b）

图 3.66　采用 LIGA 技术生产的零件

3. 准 LIGA 技术

利用 LIGA 技术可加工出具有较大高宽比和很高精度的微结构产品，并且加工温度较低，故 LIGA 技术在微传感器、微执行器、微光学器件及其他微结构产品的加工中显示出突出的优点。然而，LIGA 技术需要用的高能量同步辐射 X 射线来自同步回旋加速器（参见图 4.53），这一昂贵的设施和复杂的掩膜版制造工艺限制了它的广泛应用。为此，人们研究了便于推广的准 LIGA 技术。

准 LIGA 技术是利用常规光刻机上的深紫外线对厚胶或光敏聚酰亚胺光刻胶，形成电铸模，结合电沉积、化学镀或牺牲层技术，获得固定的或可转动的金属微结构。LIGA 技术与准 LIGA 技术的对比如图 3.67 所示。准 LIGA 技术不需要昂贵设备，制作方便，是微结构加工的一项重要技术。研究准 LIGA 技术的目的是降低微结构器件的生产成本和缩短器件生产周期。目前，利用准 LIGA 技术可制造微齿轮、微线圈、光反射镜、磁传感器、加速度传感器、射流元件、微陀螺、微电机等多种微结构。图 3.68 所示为利用准 LIGA技术制造的劈齿组结构和指针。

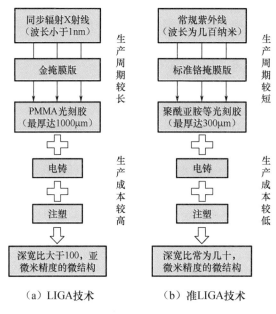

（a）LIGA技术   （b）准LIGA技术

图 3.67　LIGA 技术与准 LIGA 技术的对比

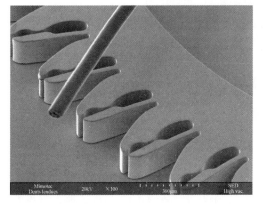

（a）劈齿组结构（图中细线为头发）   （b）指针

图 3.68　利用准 LIGA 技术制造的劈齿组结构和指针

3.10　放电辅助化学雕刻

放电辅助化学雕刻（spark assisted chemical engraving，SACE）是一种主要应用于玻璃材料微型结构加工的技术。其加工机理与电解电火花放电复合加工绝缘材料类似，因此也称电化学放电加工、电火花辅助刻蚀。

放电辅助化学雕刻的加工原理如图 3.69 所示。工件浸没在电解液（一般为 KOH 溶液）中，在工具电极（阴极）和辅助电极（阳极）间加直流电源。辅助电极呈片状，表面积远大于工具电极。当施加的电压小于临界电压（25V）时，极间出现电解现象，在工具电极（阴极）表面出现大量的氢气泡，而在辅助电极（阳极）表面出现氧气泡。随着电压的继续增大，电流密度迅速上升，气泡不断出现，体积不断增大，最终在工具电极表面形成一层紧密的气膜，随后工具电极与电解液间的气膜被击穿而发生火花放电。由于辅助电极的表面积大，形成的气泡比较疏散，因此不会形成一层紧密的气膜，也不会形成击穿气膜的放电。当工具电极和工件间距很小（一般小于 $25\mu m$）时，依靠火花放电的加热催化作用，玻璃材料（SiO_2）在强碱的作用下，转化为离子态的 SiO_3^{2-} 并溶解于水中，从而实现玻璃材料的去除加工。其化学反应式如下。

$$SiO_2 + 2K^+ + 2OH^- \xrightarrow{pH=14} 2K^+ + SiO_3^{2-} + H_2O$$

$$2H_2O + 2e^- \longrightarrow 2OH^- + H_2 \uparrow$$

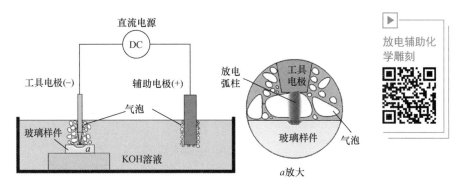

图 3.69　放电辅助化学雕刻的加工原理

放电辅助化学雕刻加工过程是多学科交叉问题，涉及微观放电、流体动力、临界现象、化学、电化学、材料科学等领域的知识。

放电辅助化学雕刻加工中电解液的特性、温度及浓度对击穿电压均有一定影响，其中电解液浓度对击穿电压的影响最大。

放电辅助化学雕刻可以应用于玻璃材料的微细钻削、微细铣削及微细切削，加工样件细节如图 3.70 所示。

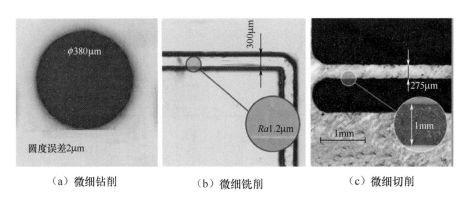

（a）微细钻削　　　　　　（b）微细铣削　　　　　　（c）微细切削

图 3.70　放电辅助化学雕刻加工样件细节

放电辅助化学雕刻加工简单、灵活，易获得光滑的加工表面，但其加工重复性受到产生放电击穿气膜不稳定的影响，一方面气膜是加工的必要条件，另一方面气膜的状态会影响加工性能。气膜的形成过程决定了最终的气膜厚度，而气膜的厚度会影响加工深度，从而影响重复加工的一致性。

放电辅助化学雕刻目前主要应用在玻璃基电路、微流体装置、光电装置、可视化 PCB 通孔钻削及增材制造等领域，其加工的产品如图 3.71 所示。

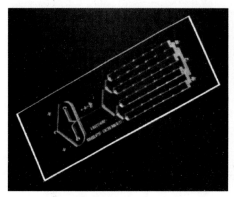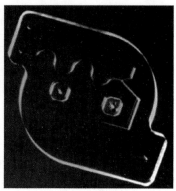

（a）用于癌症研究的芯片级实验室　　　　（b）多层微细混合结构

图 3.71　放电辅助化学雕刻加工的产品

3.11　光化学加工

光化学加工（optical chemical machining，OCM）一般指光化学腐蚀，是光学照相制版和光刻相结合的一种精密加工技术。光化学腐蚀用照相感光确定工件表面需要蚀除的图形、线条，因此可以加工出十分精细的文字图案及零件。光化学腐蚀常用于在薄片金属基底上批量生产高精度的薄片金属零件，尤其在电子工业及精密机械领域，如进行各种筛片、电动机的定子片和转子片、电子构件的系统载体、特种簧片、发动机的装饰栅片和保护栅片等的加工。

光化学腐蚀的工艺流程如图 3.72 所示。光化学腐蚀加工的产品如图 3.73 所示。

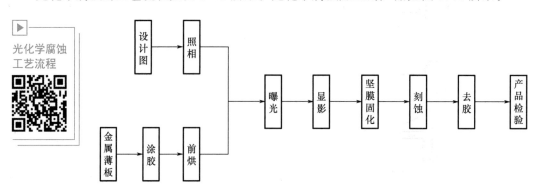

图 3.72　光化学腐蚀的工艺流程

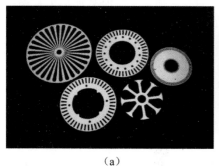 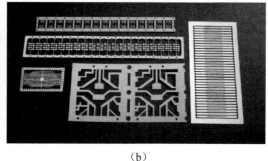

（a）   （b）

图 3.73　光化学腐蚀加工的产品

光化学腐蚀在半导体器件和集成电路制造领域称为光刻，即运用曝光的方法将精细的图形转移到光刻胶上，是该领域极为关键的工艺。在微电子方面，光刻主要用于集成电路的 PN 结、二极管、晶体管、整流器、电容器等元器件的制造，并将它们连接在一起构成集成电路。

光化学腐蚀批量加工薄片金属零件

3.12　超声加工及复合加工

3.12.1　超声加工的原理

声波是人耳能感受的一种纵波，人耳能感受的频率为 20Hz～20kHz，频率超过 20kHz 的称为超声波。超声波和普通声波一样，可以在气体、液体和固体介质中传播。由于超声波频率高、波长短、能量大，因此传播时反射、折射、共振及损耗等现象更显著。

超声加工（ultrasonic machining，USM）是利用工具端面做超声频振动，通过悬浮液加工硬脆材料的一种加工方法。超声加工示意图如图 3.74 所示。加工时，在工具与工件

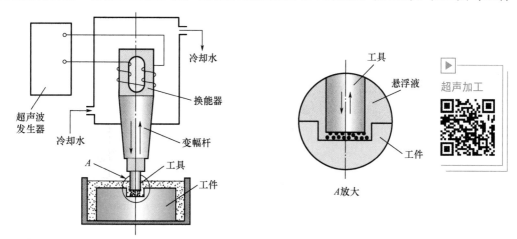

图 3.74　超声加工示意图

之间加入液体与磨料混合的悬浮液，并在工具头振动方向加上一个不大的压力，超声波发生器产生的超声频电振荡通过换能器转变为超声频的机械振动，变幅杆将振幅增大到 0.01～0.15mm，再传给工具，并驱动工具端面做超声振动，迫使悬浮液中的悬浮磨料在工具头的超声振动下以很大速度不断撞击、抛磨加工表面，把加工区域的材料粉碎成很细的微粒，从工件表面打击下来。虽然每次打击下来的材料不多，但由于每秒打击 20000 次以上，因此仍具有一定的加工速度。与此同时，悬浮液受工具端部的超声振动作用而产生液压冲击和空化现象，促使液体钻入加工材料的裂隙，加速了对材料的破坏作用，而液压冲击也强迫悬浮液在加工间隙中循环，使变钝的磨料及时得到更新。

超声加工成形

由此可见，超声加工去除材料的机理如下：①在工具超声振动的作用下，磨料对工件表面直接撞击；②高速磨料对工件表面抛磨；③悬浮液的空化作用对工件表面侵蚀。其中磨料的撞击作用是主要的。

目前，超声加工主要用于加工硬脆材料圆孔、型腔、异形孔、套料、微细孔等，如图 3.75 所示。

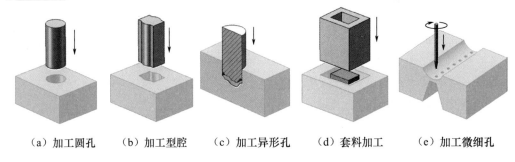

（a）加工圆孔　　（b）加工型腔　　（c）加工异形孔　　（d）套料加工　　（e）加工微细孔

图 3.75　常见超声加工方式

3.12.2　超声加工的特点

（1）适合加工各种硬脆材料，特别是不导电非金属材料，如玻璃、陶瓷、石英、石墨、玛瑙、宝石、金刚石等。

（2）由于工具可用较软的材料做成复杂的形状，不需要使工具和工件做比较复杂的相对运动，因此机床结构简单。

（3）由于去除加工材料是靠磨料瞬时局部撞击的作用，工件表面的宏观切削力很小，切削应力、切削热也很小，因此不会引起工件的热变形和烧伤，加工出的表面质量好。

超声加工的精度，除受机床、夹具精度影响外，还与磨料粒度、工具精度及其磨损情况、工具横向振幅、加工深度、被加工材料性质等有关。一般加工孔的尺寸精度为 ± 0.02～± 0.05mm。

1. 孔的加工范围

在通常加工速度下，一般超声加工的孔径范围为 $\phi 0.1$～$\phi 90$mm，深度为直径的 10～20 倍以上。

2. 加工孔的尺寸精度

当工具尺寸一定时，加工出孔的尺寸将比工具尺寸大，加工出孔的最小直径 D_{min} 约等于工具直径 D_t 加所用磨料磨粒平均直径 d_s 的两倍，即 $D_{min} = D_t + 2d_s$。

加工圆形孔时，形状误差主要有椭圆度和锥度。椭圆度与工具横向振幅和工具沿圆周磨损情况有关，锥度与工具磨损量有关。如果采用工具或工件旋转的方法，就可以提高孔的圆度和生产率。

3.12.3 常见超声复合加工

1. 超声-电火花加工

超声-电火花加工是将超声部件固定在电火花机床主轴头下部，电火花加工用的方波脉冲电源（或 RC 脉冲电源）加在电极和工件上（精加工时，工件接正极），加工时，主轴做伺服进给，工具端面做超声振动。微细加工时，如果仅利用电火花对小孔、窄缝进行加工，当蚀除产物逐渐增加时，极间间隙状态变得十分恶劣，极间会出现搭桥、短路等现象，进给系统将一直处于"进给—回退"的非正常振荡状态，加工不能正常进行。因此，及时排出加工区的蚀除产物成为保障电火花微细加工能顺利进行的关键所在。此时在工具上引入超声振动（图 3.76），利用其对极间工作介质的冲击及空化作用，使加工间隙状况得到改善，有利于火花放电蚀除产物的排出和材料去除率的提高。引入超声振动后，有效放电脉冲比率将由 5% 增大到 50% 甚至更高，从而达到提高材料去除率的目的。

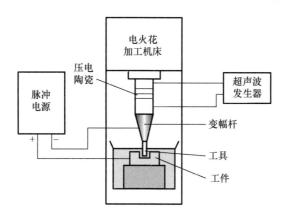

图 3.76 超声-电火花加工装置

2. 超声-电火花抛光

超声抛光是以高频率、小振幅振动的工具，配以适当压力与工件接触，使磨料在超声振动作用下抛磨加工表面，达到抛光的目的。这种方法特别适用于电火花加工表面的抛光，因为电火花加工表面重铸层非常坚硬。

超声-电火花抛光依靠超声抛磨和火花放电的综合效应达到光整工件表面的目的。抛光时，工件接电源正极，工具接电源负极，在工具和工件之间通入工作液，在抛光过程中，工具对工件表面的抛磨和放电腐蚀是连续交替进行的。超声抛光的空化作用使工件表面软化并加速分离剥落；与此同时，促使电火花放电的分散性大大提高，其结果是进一步加快工件表面的均匀蚀除。此外，空化作用还会增强介质液体的搅动作用，及时排除抛光产物，从而减少蚀除产物二次放电的机会，提高放电能量的利用率。图 3.77 所示为超声-电火花抛光工作原理。

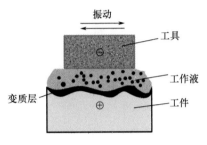

图 3.77　超声-电火花抛光工作原理

3. 超声-电火花线切割

超声-电火花线切割示意图如图 3.78 所示。超声波发生器产生超声脉冲电压并传输给压电陶瓷（换能器），换能器把电能转化为超声频的机械伸缩振动并传递给变幅杆，通过变幅杆的放大作用，振动装置输出满足加工所需的振幅，并最终由变幅杆传输给电极丝，在电极丝上产生高频受迫振动，电极丝振动形态的改变必然对极间放电状态产生影响，使得放电形式发生变化，同时，超声振动在工作液中产生空化作用，影响极间放电蚀除产物的排出和切缝中工作液的循环状态，并最终改变放电加工状态，提高电火花线切割速度。

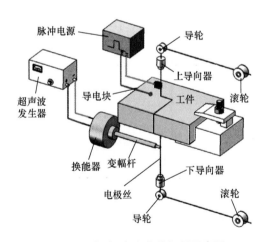

图 3.78　超声-电火花线切割示意图

4. 超声-电解加工

超声-电解加工是同时利用超声振动磨粒的机械作用和金属在电解液中的阳极溶解作用的加工，与单纯的超声加工相比具有更高的材料去除率，并且工具损耗明显降低。超声-电解加工适用于加工导电材料，如超硬合金、耐热工具钢等。

超声-电解加工原理如图 3.79 所示。工件接电解电源的正极，工具（图中为小孔加工工具，用银丝、钨丝或铜丝做成）接负极，工作液由电解液和一定比例的磨料混合而成。加工时，工件的被加工表面在电解作用下，阳极溶解而生成阳极薄膜，此薄膜随即在超声振动的工具及磨料作用下被刮除，露出新的材料表面并继续发生溶解。超声振动引起的空化作用不仅加速了薄膜的破坏和工作液的循环更新，还加速了阳极溶解过程，从而大大提高了材料去除率和表面质量。

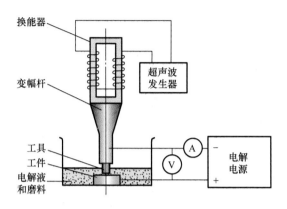

图 3.79　超声-电解加工原理

在超声-电解加工间隙内，由于磨料同时对工具产生撞击和抛磨，因此工具不会像单一电解加工那样理论上没有损耗，随着加工工件的增加或加工深度的增大，工具损耗增加。例如，加工硬质合金时，工具的最大体积损耗为 15% ～20%；加工钢时，工具的最大体积损耗为 5% ～10%。但是，超声-电解加工的工具损耗要比单一超声加工的工具损耗低得多。

5. 超声-电解抛光

超声-电解抛光是超声加工和电解加工组成的另一种复合加工方法。它可以获得优于靠单一电解或单一超声抛光的材料去除率和表面质量。超声-电解抛光工作原理如图 3.80 所示。抛光时，工件连接电解电源正极，工具连接电解电源负极，工件与工具间通入钝化性电解液。高速流动的电解液不断在工件待加工表面生成钝化膜，工具以极高的频率振动，通过磨料不断将工件表面凸起部位的钝化膜磨掉。在被去掉钝化膜的表面迅速产生阳极溶解，溶解下来的产物不断地被电解液带走。而工具抛磨不到工件凹下部位的钝化膜，因此不溶解。这个过程一直持续到将工件表面平整为止。

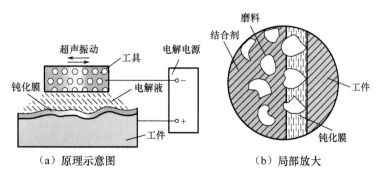

（a）原理示意图　　　　　（b）局部放大

图 3.80　超声-电解抛光工作原理

在超声振动下，不但能迅速去除工件的钝化膜，而且在加工区域产生的空化作用可增强电化学反应，进一步提高工件表面凸起部位金属的溶解速度。

6. 超声振动切割

用普通机械方法切割硬脆的半导体材料是十分困难的，采用超声切割则较有效。图 3.81 所示为超声振动切割单晶硅片。用锡焊或铜焊将工具（薄钢片或磷青铜片）焊接在变幅杆的端部。加工时，喷注磨料液，一次可以切割 10～20 片。

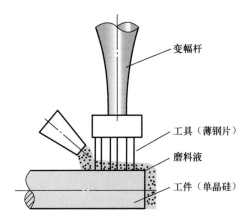

图 3.81　超声振动切割单晶硅片

图 3.82（a）所示为成批切槽（块）刀具。该刀具是一种多刃刀具，包括一组厚度为 0.127mm 的软钢刃刀片，间隔 1.14mm，铆合在一起，然后焊接在变幅杆上。刀片伸出的长度应足够在磨损后做多次重磨。最外边的刀片应高出其他刀片，切割时插入坯料的导槽，起定位作用。加工时喷注磨料液，先将坯料片切割成宽的长条，再将刀具转过 90°，使导向片插入另一导槽，进行第二次切割，以完成模块的切割加工。图 3.82（b）所示为切割后的陶瓷模块。

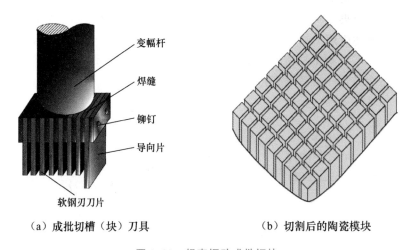

（a）成批切槽（块）刀具　　　　　　　（b）切割后的陶瓷模块

图 3.82　超声振动成批切块

7. 超声振动切削

超声振动切削是指刀具以 20～50kHz 的频率、沿切削方向高速振动的一种特种切削技术。超声振动切削从微观上看是一种脉冲切削，在一个振动周期中，刀具的有效切削时间很短，在大多数时间里刀具与工件、切屑完全分离。由于刀具与工件、切屑断续接触，因此刀具受到的摩擦力减小，产生的热量也大大减少，切削力显著下降，避免出现普通切削时的"让刀"现象，并且不产生积屑瘤。利用超声振动切削，在普通机床上就可以进行精密加工。与高速硬切削相比，超声振动切削不需要高的机床刚性，并且不破坏工件表面金相组织，在曲线轮廓零件的精加工中，可以借助数控车床、加工中心等进行仿形加工。图 3.83 所示为超声振动切削原理。

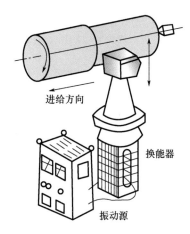

图 3.83 超声振动切削原理

为进一步全方位改善刀具和工件的切割条件，日本学者于 20 世纪 90 年代提出了超声椭圆振动切削技术，切削原理如图 3.84 所示。与普通超声波振动切削仅沿切削直线方向振动不同，超声椭圆振动切削将椭圆振动附加于刀具上，使切削过程发生实质性变化，达到更加优良的切削效果。在此基础上，日本学者于 2005 年进一步提出了三维椭圆超声振动加工方法，并成功应用于三维球形零件的镜面加工（图 3.85）。

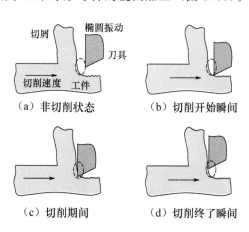

图 3.84 超声椭圆振动切削原理

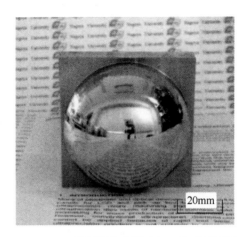

图 3.85　三维椭圆超声振动加工的球形镜面

虽然超声加工的生产率比电火花、电解加工等低，但其加工精度和表面质量更好，而且能加工半导体、非导体等硬脆材料，如玻璃、石英、宝石、锗、硅，甚至金刚石等。电火花加工后的一些淬火钢、硬质合金冲模、拉丝模、塑料模具常用超声抛磨进行光整加工。

3.13　激光微细加工技术

激光技术是 20 世纪 60 年代初发展起来的一门新兴技术，激光的应用领域非常广泛（如工业领域、医学领域、军事领域、通信领域等），但到目前为止，应用最多的还是工业领域的材料加工，已逐步形成一种新的加工方法——激光加工（laser beam machining，LBM）。激光加工是利用光的能量，经过透镜聚焦后在焦点上达到很高的能量密度，依靠光热效应来加工各种材料的加工方法。近年来，随着激光光源性能的提高，激光微细加工技术得到了迅速发展，广泛应用于加工金属、陶瓷、玻璃、半导体等材料的具有微米级尺寸的微型零件或装置。

3.13.1　激光产生的原理

激光产生的物理学基础源自自发辐射（spontaneous emission）与受激辐射（stimulated emission）概念，如图 3.86 所示。一个原子自发地从高能级 E_2 向低能级 E_1 跃迁产生光子的过程称为自发辐射，而当原子在一定频率的辐射场（激励）作用下发生跃迁并释放光子时，称为受激辐射。受激辐射和外界辐射场（激励）具有相同的频率、相位、波矢和偏振。激光就是利用受激辐射原理产生的，创造受激辐射过程是激光产生的前提。

为了得到激光，需要使处在高能级 E_2 的粒子数大于处在低能级 E_1 的粒子数。这种分布正好与平衡态时的粒子分布相反，称为粒子数反转分布，简称粒子数反转（population inversion）。具体而言，就是为了得到激光，必须使高能级 E_2 上的原子数大于低能级 E_1 上的原子数，因为 E_2 上的原子多时，会发生受激辐射，使光增强（一般称光放大）。为了达

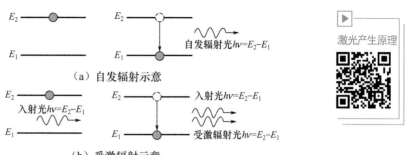

图 3.86　自发辐射与受激辐射示意

到这个目的，必须设法把处于基态 E_1 的大量原子激发到亚稳态 E_2，这样就在 E_2 和 E_1 之间实现粒子数反转。

物质在热平衡状态下，高能级粒子数恒小于低能级粒子数，此时物质只能吸收光子，如果要实现光放大，必须由外界向物质提供能量（这一过程称为泵浦，如同泵把水从低势能处抽往高势能处，外部能量通常会以光或电流的形式输入产生激光的物质，把处于基态的电子激励到较高的能级），创造粒子数反转条件，进而实现光放大，这样的器件通常称为光放大器，可以利用光放大器把弱激光逐级放大。但是在更多的场合下，激光器可以利用自激振荡实现光放大，通常所说的激光器都是指激光自激振荡器。

此外，如果需要获得在某些特定模式的强相干光源，还需要创造一种条件，能使某些模式不断得到增强。

激光器的基本组成如图 3.87 所示。一台激光器必须包括三部分才能产生激光：首先，需要有工作物质，只有实现能级跃迁产生粒子数反转的物质才能作为激光器的工作物质；其次，需要激励能源，给工作物质以能量输入，将处于基态的光子激励到较高的能级；最后，需要有光学谐振腔，使工作物质的受激辐射连续进行，不断给光子加速，并限制激光输出的方向。最简单的光学谐振腔是由放置在激光器两端的两个相互平行的反射镜组成的，一块为全反射镜，另一块为部分反射镜，被反射回到工作介质的光，继续诱发新的受激辐射，光被放大。光在谐振腔中来回振荡，造成连锁反应，雪崩似的获得放大，从而产生强烈的激光，从部分反射镜一端输出。激光英文 LASER 的全称是 light amplification by stimulated emission of radiation，反映了受激辐射光波在一定模式下放大这一物理本质。

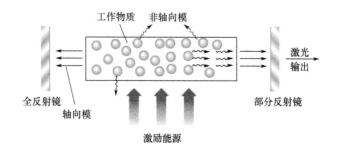

图 3.87　激光器的基本组成

3.13.2 激光加工的特点

激光的光发射是利用受激辐射产生的，各个发光中心发出的光波具有相同的频率、方向、偏振态和严格的相位关系。因此，激光具有强度或亮度高、单色性好、相干性好和方向性好这四方面突出优点。激光加工主要有以下特点。

（1）加工精度高。激光束光斑直径可达 $\phi 1\mu m$ 以下，可进行超微细加工；激光加工是非接触式加工，无明显机械作用力，加工变形小，易保证较高的加工精度。

（2）加工材料范围广泛。激光加工的对象包括各种金属和非金属材料，对陶瓷、玻璃、宝石、金刚石、硬质合金、石英等难加工材料的加工效果非常好。

（3）加工性能好。激光加工对加工场合和工作环境要求不高，不需要真空环境；激光加工还可透过玻璃等透明材料进行，可以方便地在某些特殊工况下进行加工，如在真空管内部进行焊接加工等。

（4）加工速度快、热影响区小、效率高。

虽然激光加工具有上述优点，但由于影响激光加工的因素较多，因此其精密微细加工精度（尤其是重复精度和表面粗糙度）不易保证。加工时只有反复试验，选择合理参数，才能达到加工要求。

3.13.3 激光加工的基本设备

1. 激光加工设备的基本组成

激光加工设备的基本组成包括激光器、电源、光学系统及机械系统四大部分。

（1）激光器是激光加工的重要设备，它把电能转换为光能，产生激光束。

（2）电源为激光器提供所需要的能量及控制功能。

（3）光学系统包括激光聚焦系统和观察瞄准系统等，前者作用是聚焦激光，将激光器发出的光束聚集在一个很小的焦点上，对加工对象进行加工；后者能观察和调整激光束的焦点。

（4）机械系统主要包括床身、工作台及机电控制系统等。

2. 激光器

目前，常用的激光器按激光工作物质的物理状态，可分为固体激光器和气体激光器；按激光器的工作方式，可分为连续激光器和脉冲激光器。用于激光加工的固体激光器通常是红宝石激光器、钕玻璃激光器和掺钕钇铝石榴石激光器（简称 Nd：YAG 激光器）等，气体激光器通常是 CO_2 激光器、氩离子激光器和准分子激光器。表 3-2 列出了激光加工常用激光器的主要性能特点。

（1）固体激光器。

固体激光器一般采用光激励，能量转换环节较多。因为光的激励能量大部分转换为热能，所以效率低。为了避免固体介质过热，固体激光器多采用脉冲工作方式，并用合适的冷却装置，较少采用连续工作方式。由于晶体缺陷和温度会引起光学不均匀性，因此固体激光器不易获得单模而倾向于多模输出。

表 3-2 激光加工常用激光器的主要性能特点

种类	工作物质	激光波长/μm	输出方式	输出能量或功率	主要用途
固体激光器	红宝石 (Al_2O_3，Cr^{3+})	0.69（红光）	脉冲	几焦耳至十焦耳	打孔、焊接
	钕玻璃（Nd^{3+}）	1.06（红外光）	脉冲	几焦耳至几十焦耳	打孔、切割、焊接
	掺钕钇铝石榴石 YAG（$Y_3Al_5O_{12}$，Nd^{3+}）	1.06（红外光）	脉冲	几焦耳至几十焦耳	打孔、切割、焊接、微调
			连续	100～1000W	
气体激光器	二氧化碳（CO_2）	10.6（红外光）	脉冲	几焦耳	切割、焊接、热处理、微调
			连续	几十瓦至几万瓦	
	氩（Ar^+）	0.5145（绿光） 0.4880（蓝光）	连续	几瓦至几十瓦	激光显示、信息处理、医学治疗
	准分子	0.157～0.353	脉冲	属于冷激光，无热效应	医学上屈光不正的治疗

由于固体激光器的工作物质尺寸比较小，因此其结构比较紧凑。固体激光器光激励能源的方式有多种，常见的是气体放电灯激励方式。气体放电灯激励激光器结构示意图如图 3.88 所示，灯泵将电能转换为光能，聚光器将光能聚集到工作物质，产生受激辐射，发出激光。

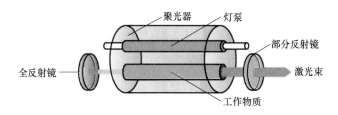

图 3.88　气体放电灯激励激光器结构示意图

用于激光热加工的固体激光器主要有三种，即红宝石激光器、钕玻璃激光器和 Nd:YAG 激光器。

（2）气体激光器。

气体激光器一般采用电激励，因其效率高、使用寿命长、连续输出功率大，故广泛用于切割、焊接、热处理等。常用于材料加工的气体激光器有 CO_2 激光器、氩离子激光器和准分子激光器等。

CO_2 激光器是以 CO_2 气体为工作物质的激光器，连续输出功率可达上万瓦，是目前连续输出功率最高的气体激光器，它发出的谱线在 10.6μm 附近的红外区，输出最强的激光波长为 10.6μm。

图 3.89 所示为封离型 CO_2 激光器结构示意图，放电管通常由玻璃或石英材料制成，里面充以 CO_2 气体和其他辅助气体（主要是 He 和 N_2，一般还有少量的 H_2 或 Xe），电极

一般是镍制空心圆筒。谐振腔一般采用平凹腔，全反射镜是一块球面镜，由玻璃制成，表面镀金，反射率在98%以上，部分反射镜用锗或砷化镓磨制而成（作为激光器的输出窗口）。当在电极上加高电压时，放电管中产生辉光放电，部分反射镜一端有激光输出。

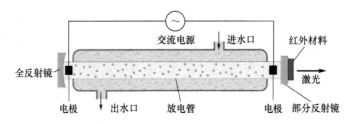

图 3.89　封离型 CO_2 激光器结构示意图

氩离子激光器是惰性气体氩（Ar）通过气体放电，使氩原子电离并激发，实现离子数反转而产生激光，其工作原理如图 3.90 所示。氩离子激光器发出的谱线很多，最强的是波长为 $0.5145\mu m$ 的绿光和波长为 $0.4880\mu m$ 的蓝光。因为氩气工作能级离基态较远，所以能量转换效率低。由于氩离子激光器产生的激光波长短，发散角小，因此可用于精密微细加工，如用于激光存储光盘基板蚀刻制造等。

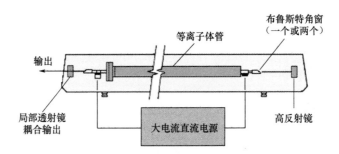

图 3.90　氩离子激光器工作原理

准分子激光（excimer laser）是指受到电子束激发的惰性气体和卤素气体结合的混合气体形成的分子向其基态跃迁时发射所产生的激光。准分子激光器工作原理如图 3.91 所示。准分子激光属于冷激光，无热效应，是方向性强、波长纯度高、输出功率大的脉冲激光，光子能量波长为 $157\sim353nm$，属于紫外光，在微细加工方面极具发展潜力。

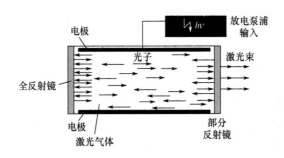

图 3.91　准分子激光器工作原理

准分子激光器广泛应用在临床医学及科学研究与工业应用方面,如钻孔、标记表面处理、激光化学气相沉积、物理气相沉积、磁头与光学镜片和硅晶圆的清洁等方面及与微机电系统相关的微制造方面。准分子激光器在医学上主要用于屈光不正的治疗,是目前临床上应用比较普遍、安全、快捷、有效、稳定的屈光不正治疗方法。

3.13.4 激光微细加工技术的应用

1. 激光热微细加工

激光热微细加工就是使材料局部受热,进行非接触加工,它适用于各种材料的微细加工。

(1) 激光打孔。

激光打孔 (laser drilling) 是最早达到实用化的激光加工技术,也是激光加工的主要应用领域。激光打孔的原理是将高功率密度 ($10^5 \sim 10^{15}\,\mathrm{W/cm^2}$) 的聚焦激光束射向工件,将其指定范围"烧穿"。利用激光几乎可以在任何材料上加工微细孔。随着近代工业技术的发展,硬度大、熔点高的材料使用越来越多,并且常要求在这些材料上打出又小又深的孔,而传统的加工方法已不能满足这些工艺要求。例如,在高熔点金属钼板上加工微米级孔径的孔;在高硬度红宝石、蓝宝石、金刚石上加工几百微米的深孔或拉丝模具;加工火箭或柴油发动机中的燃料喷嘴群孔。还有微电子领域,如在集成电路的芯片上或靠近芯片处打小孔等。这类加工任务用常规的机械加工方法很难完成,有的甚至不可能完成,而用激光打孔比较容易实现。

激光打孔按照被加工材料受辐照后的相变情况分为热熔打孔 (melt drilling) 和气化打孔 (sublimation drilling)。图 3.92 (a) 所示为纳秒级脉冲或连续激光热熔打孔示意及孔形貌,图 3.92 (b) 所示为飞秒级脉冲激光气化打孔示意及孔形貌。

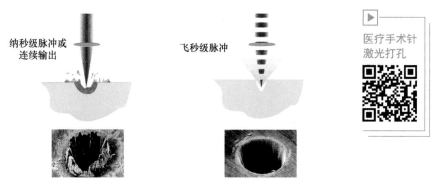

(a) 热熔打孔示意及孔形貌　　　　(b) 气化打孔示意及孔形貌

图 3.92　激光打孔

热熔打孔是一种具有较高去除率的打孔工艺,但其加工的孔精度稍差。气化打孔主要是利用高功率密度的短脉冲激光去除材料,能实现高精度加工。例如,气化打孔可以加工出直径小于 $\phi100\,\mu\mathrm{m}$ 的小孔,当然材料去除率也会显著降低。

随着科技的发展,激光打孔应用范围越来越广泛,人们根据孔径、孔深、加工材料、加工精度等提出不同的打孔细分工艺。如根据打孔圆度和打孔时间划分出四种加工工艺:

脉冲打孔（single pulse drilling）、冲击打孔（percussion drilling）、环切打孔（trepanning drilling）和螺旋打孔（helical drilling），如图 3.93 所示。脉冲打孔通常应用于大批量小孔加工，孔直径一般小于 $\phi 1\mathrm{mm}$，深度低于 3mm，每个激光脉冲的辐照持续时间都为 $100\mu\mathrm{s}\sim20\mathrm{ms}$，能在短时间内加工大量的孔。冲击打孔适用于直径小于 $\phi 1\mathrm{mm}$ 的大深度（小于 20mm）小孔加工，受长时间的持续激光辐照作用，加工参数对孔质量及基材的热影响非常显著，适合加工小且深的孔。环切打孔是将脉冲打孔或者冲击打孔与光束的运动结合起来，通过光束与工件间的相对运动获得具有不同形状或者轮廓的孔，适合加工大尺寸孔。螺旋打孔同样是光束相对于工件做特定运动的一种加工工艺，通过光束旋转可以避免在底部形成大熔池，配合纳秒级的脉冲辐照时间，可以获得非常精密的小孔，能加工大且深的孔。图 3.94 所示为激光打孔的典型样件。

（a）脉冲打孔　　（b）冲击打孔　　（c）环切打孔　　（d）螺旋打孔

图 3.93　激光打孔工艺细分

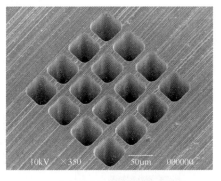

（a）在 SiN 上加工的 50μm 方孔

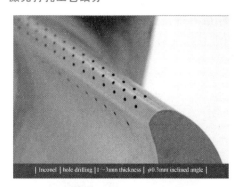

（b）在高温合金上加工的高深径比斜孔

（c）在不锈钢上加工的群孔

（d）在玻璃上加工的群孔

图 3.94　激光打孔的典型样件

（2）激光切割。

激光切割（laser cutting） 是利用经聚焦的高功率密度激光束（CO_2连续激光、固体激光及光纤激光）照射工件，光束能量及其与辅助气体之间产生的化学反应所形成的热能被材料吸收，引起照射点材料温度急剧上升，达到沸点后，材料开始气化，形成孔洞。随着光束与工件的相对移动，材料上形成切缝，切缝处熔渣被一定压力的辅助气体吹走。激光切割原理如图3.95所示。激光切割大多采用重复频率较高的脉冲激光器或连续输出的激光器，但连续输出的激光束会因热传导而使切割速度降低，同时热影响层较深。因此，在精密机械加工中，一般采用高重复频率的脉冲激光器。图3.96所示为光纤激光切割机切割的金属板样品。

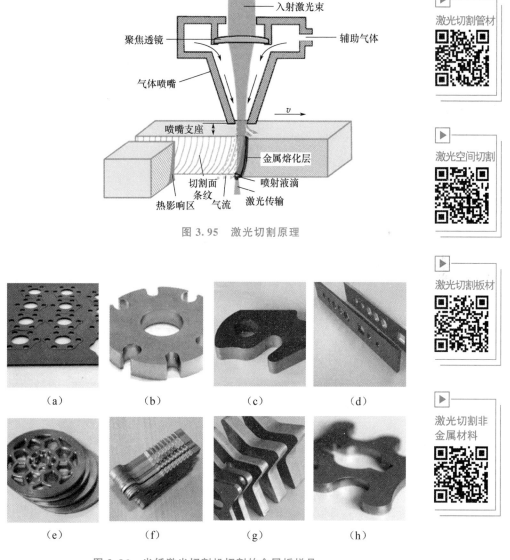

图 3.95　激光切割原理

激光切割管材

激光空间切割

激光切割板材

激光切割非金属材料

（a）　（b）　（c）　（d）

（e）　（f）　（g）　（h）

图 3.96　光纤激光切割机切割的金属板样品

激光切割的特点是高效率、高质量，具体可以概括如下：切缝窄，节省切割材料；切割速度高，热影响区小，可以用来切割硬且脆的玻璃、陶瓷等材料；割缝边缘垂直度好，切边光滑；切边无机械应力，几乎没有切割残渣。激光切割是非接触式加工，可以切割金属、合金、半导体、塑料、木材、纸张、橡胶、皮革、纤维及复合材料等，也可切割多层层叠纤维织物。由于激光束能以极小的惯性快速偏转，因此可实现高速切割，而且便于自动控制，故更适合对细小部件进行各种精密切削。

从切割各类材料的不同物理形式来看，激光切割大致可分为气化切割（sublimation cutting）、熔化切割（fusion cutting）、氧助熔化切割（laser-assisted oxygen cutting），其切割机理如图 3.97 所示。此外，还有激光应力切割（control fracture cutting）。随着激光切割技术的发展，目前有两个趋势值得关注：一个是高速激光切割（high speed laser cutting），另一个是激光精密切割（laser fine cutting）。

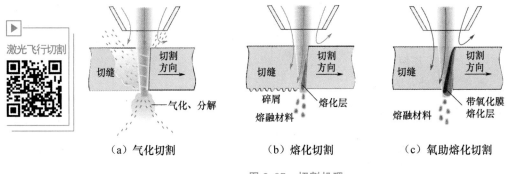

图 3.97　切割机理

① 气化切割。在激光束的加热下，工件温度升高至沸点以上，部分材料化作蒸气逸去，部分作为喷出物从切缝底部吹走。气化切割的激光功率密度是熔化切割的 10 倍。

② 熔化切割。激光束功率密度超过一定值时，会将工件内部材料蒸发，形成孔洞。形成小孔后，它将作为黑体吸收所有的入射光束能量。小孔被熔化金属壁包围，与光束同轴的辅助气流将小孔周围的熔融材料去除、吹走。随着工件的移动，小孔按切割方向同步横移形成一条切缝，激光束沿着这条切缝的前沿照射，熔化材料持续或脉动地从缝内被吹走。

熔化切割使用的辅助气体通常为氮气或惰性气体，其不参与辅助燃烧，主要用于吹走部分熔体，因此使用的辅助气体压力比较大，一般为 0.5～2MPa，故熔化切割也称高压切割，同时，辅助气体可以使切割边缘不被空气氧化。

③ 氧助熔化切割。如果用氧气或其他活性气体代替熔化切割所用的氮气或惰性气体，则材料在激光束的照射下被点燃，金属材料燃烧释放出大量的化学能，并与激光能量共同作用，进行氧助熔化切割。氧助熔化切割充分利用了金属材料氧化反应释放出的大量能量，故与氮气或惰性气体下的切割相比，使用氧气作为辅助气体可获得更高的切割速度和更大的切割厚度。

④激光应力切割。激光应力切割是通过激光束加热，高速、可控地切断易受热破坏的脆性材料。激光应力切割利用激光束加热脆性材料小块区域，在该区域引起大的热梯度和严重的机械变形，导致材料形成裂缝。

⑤ 高速激光切割。高速激光切割具有极高的材料去除率，如切割1mm厚的不锈钢板，切割速度最高为100m/min。高速激光切割主要应用于薄板材的切割，是将高质量且高功率的激光束聚焦到很小的直径后作用在材料上的一种非常规切割工艺。聚焦的光斑直径通常小于 $\phi 100\mu m$，因此对激光器的要求非常高，通常采用高质量的 CO_2 激光器、光纤激光器或者盘形固体激光器。高速激光切割的基本原理是利用高功率密度激光产生一个小孔，在局部形成高的蒸气压，小孔周围的熔化金属被喷出。而常规激光切割主要依靠熔体对流和热传导将能量传递到切割前缘，再被辅助气体向下带出。因为要在瞬间形成具有高蒸气压的小孔，所以要求光束直径小且能量密度很高，切割的板材也不能太厚。

⑥ 激光精密切割。目前，激光精密切割在精密机械、医疗器械、芯片等行业获得越来越多的应用。通常将切割材料厚度、切割结构尺寸在几百微米的加工称为激光精密切割。切割使用的激光器主要是超短脉冲激光器，如皮秒激光器或飞秒激光器（脉冲宽度为皮秒级甚至飞秒级，$1ps=10^{-12}s$，$1fs=10^{-15}s$）。当脉冲宽度小于100ps时，激光的峰值强度迅速上升，以至于足以剥离原子的外层电子，进而实现材料的去除。在这种材料去除模式下，热传导的作用明显减弱，激光切割对材料的热影响作用显著降低，从而减少了对基体材料的损伤。长短脉冲对加工区域热影响区的影响如图3.98所示，加工情况对比如图3.99所示。此外，为了实现精密切割，还需将激光束聚焦成极小的光斑，利用超短脉冲激光对材料进行脉冲式加工。利用超短脉冲激光产生非连续的材料去除，类似许多独立的单脉冲打孔重叠连接在一起，一般要求重叠率达到50%～90%。因为激光精密切割过程是非连续的且具有很高的重叠率，所以激光精密切割的切割速度比较低，通常不超过每分钟几百毫米。由此可见，利用超短脉冲激光器实现精密切割需要两个重要因素：极高的功率密度和极短的相互作用时间。基于此，超短脉冲激光器加工过程为冷加工过程，并可极大地提高加工精度。

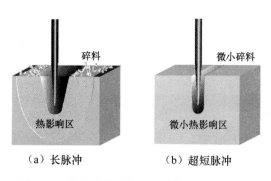

（a）长脉冲　　　（b）超短脉冲

图3.98　长短脉冲对加工区域热影响区的影响

在生物医疗领域，超短脉冲激光器具有的冷加工、能量消耗低、损伤小、准确度高、三维空间上严格定位的优点，极大地满足了生物医疗的特殊要求。图3.100所示的飞秒激光切割的心血管支架就是其典型应用。将直径为 $\phi 1.6\sim\phi 2mm$ 的不锈钢细管按设计的轨迹进行激光精密切割，可以获得图中的弹性支撑架。

目前，利用超短脉冲激光器的精密切割已广泛应用于近视的治疗中。准分子激光原位角膜磨镶术（laser in situ keratomileusis，LASIK）将飞秒激光用于制作角膜瓣，使人类第一次在角膜手术上离开了金属手术刀，手术安全性和视觉质量更佳，也将原位角膜磨镶术

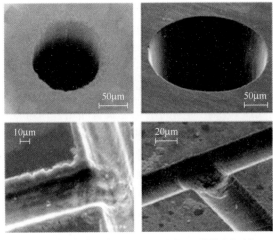

（a）纳秒激光切割　　　　　（b）飞秒激光切割

图 3.99　长短脉冲加工情况对比

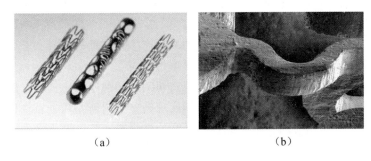

（a）　　　　　　　　　　　　　（b）

图 3.100　飞秒激光切割的心血管支架

推向了更准确、更安全、更可靠的新高度。准分子激光原位角膜磨镶术过程如图 3.101
所示。

飞秒激光准
分子激光原
位角膜磨镶术

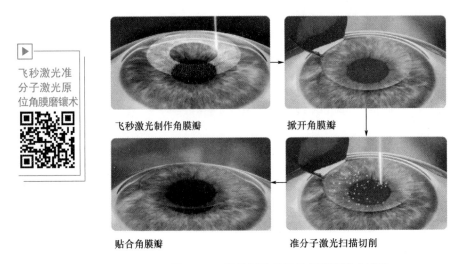

飞秒激光制作角膜瓣　　　　　　　掀开角膜瓣

贴合角膜瓣　　　　　　　　准分子激光扫描切削

图 3.101　准分子激光原位角膜磨镶术过程

在工业应用中，超短脉冲激光精密切割广泛应用于工件表面织构、工件表面微铣削、精密切割、精密打孔等方面，如图 3.102 所示。

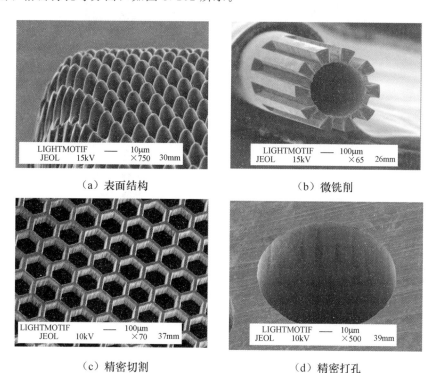

（a）表面结构　　　　　　　　　　　（b）微铣削

（c）精密切割　　　　　　　　　　　（d）精密打孔

图 3.102　超短脉冲激光精密切割应用

激光精密切割还可应用于非金属材料的精确切割加工。陶瓷、玻璃、单晶体、陶瓷基复合材料、纤维增强材料及柔性高聚物等非金属材料除了在光能吸收、作用及导热机制等共性问题上有别于金属材料，在显微结构相组成、吸收光子能量的热扩散均匀性等方面也与金属材料存在显著差异。其中，陶瓷、玻璃、单晶体等高硬脆非金属材料在激光切割后形成的裂纹一直是激光加工在该类材料应用的主要障碍，而木材、皮革及一些纤维增强材料等在激光切割时极易出现碳化效应，也影响了激光加工在非金属材料的应用。超短脉冲激光器有效解决了上述问题，由于超短脉冲激光器的加工过程为冷加工过程，材料受热冲击少，热影响区极小，无裂纹损伤，精窄缝宽，单个零件间的间隔减小到几百微米以下，有效提高了材料的利用率。图 3.103 所示为超短脉冲激光切割在非金属材料的应用。

激光精密切割

（3）激光焊接。

激光焊接（laser welding）是将激光束直接照射到材料表面，通过激光与材料相互作用，使材料内部局部熔化（这一点与激光打孔、激光切割时的蒸发不同）而实现焊接。

激光焊接按激光光束的输出方式，分为脉冲激光焊接和连续激光焊接（图 3.104）等；按焊接机理，分为**激光热传导焊接**和**激光深熔焊接**（图 3.105）。

（a）切割火柴头

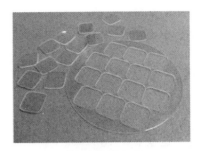
（b）切割蓝宝石

图 3.103　超短脉冲激光切割在非金属材料的应用

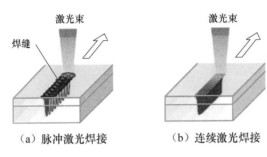
（a）脉冲激光焊接　　　　　（b）连续激光焊接

图 3.104　脉冲激光焊接与连续激光焊接示意图

激光焊接

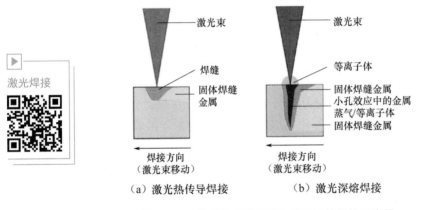
（a）激光热传导焊接　　　　　（b）激光深熔焊接

图 3.105　激光热传导焊接与激光深熔焊接示意图

激光热传导焊接是将高强度激光束直接辐射至材料表面，激光与材料相互作用，使材料局部熔化实现焊接。激光热传导焊接主要有激光点焊、激光缝焊等工艺。

激光深熔焊接焊缝横截面的形成并不取决于简单的热传输机制。激光深熔焊接的机理主要有小孔效应、等离子体屏蔽作用及纯化作用。

激光深熔焊接所用的激光功率密度比激光热传导焊接高，材料吸收的光能转换为热能，工件迅速熔化乃至气化，产生较高的蒸气压力。在这种高压作用下，熔融的金属迅速从光束的周围排开，在激光照射处呈现出一个小的孔眼。随着照射时间的增加，孔眼不断向下延伸，称为小孔效应。一旦激光照射停止，孔眼四周的熔融金属（或其他熔物）就立即填充孔眼，这些熔融物冷却后，便形成了牢固的平齐焊缝。激光深熔焊接焊缝两侧热影响区的宽度要比实际的焊接深度窄得多，其深宽比高达 12∶1。

在激光深熔焊接过程中，被焊工件表面过度蒸发会形成等离子云，对入射光束起到了等离子体屏蔽作用，从而影响焊接过程继续向材料深部进行，因此惰性气体一般被用作吹散金属蒸气的保护气体，用以抑制等离子云的有害作用。

此外，激光深熔焊接时，激光束通过小孔，在小孔边界处与光滑的熔融金属表面间发生反复反射作用。在这个过程中，若激光束遇到非金属夹杂（如氧化物或硅酸盐），则被优先吸收。因此，这些非金属夹杂被选择性地加热和蒸发并逸出焊区，使焊缝金属获得纯化。

2. 激光化学微细加工

由于激光对气相或液相物质具有良好的透光性，因此强聚焦的紫外光或可见光激光束能够穿透稠密的、化学性质活泼的基片表面的气体或液体，并有选择地对气体或液体进行激发，受激发的气体或液体可与衬底进行微观化学反应，达到刻蚀、沉积、掺杂等微细加工的目的。

激光化学微细加工是近年来发展起来的新技术。它对光刻掩膜的修复，以及对各种薄膜或基片进行的局部沉积、刻蚀和掺杂，对实现微结构的添加或删除等加工工艺的发展起了很大的作用。

（1）激光辅助化学气相沉积。

激光辅助化学气相沉积（laser aided CVD，LCVD）是以光能代替热能的成膜技术，其原理如图 3.106 所示。激光辅助化学气相沉积具有低温成膜、选择性激发及空间局部沉积的特点。在微电子和光电子等领域，激光辅助化学气相沉积可用于解决器件研制中常规沉积难以解决的一些特殊复杂问题，尤其是准分子激光技术的发展及其在微细加工中的应用更为激光辅助化学气相沉积技术带来了新的生机。

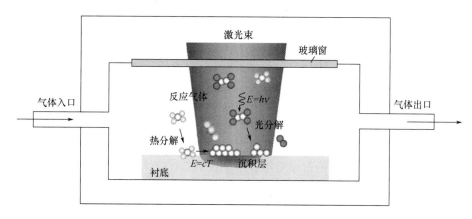

图 3.106　激光辅助化学气相沉积原理

（2）脉冲激光沉积。

脉冲激光沉积（pulsed laser deposition，PLD）是一种制备各种材料薄膜的方法，属于物理气相沉积，在实施过程中，大功率脉冲激光束聚焦在真空室内的靶材上，从而形成等离子体气化形态，并以薄膜的形式沉积在衬底上。该过程一般在高真空环境下进行，也可以在含有氧气等背景气体的环境中进行，在氧气背景中进行时，通常用于形成氧化物沉积。图 3.107 所示为脉冲激光沉积原理，图 3.108 所示为脉冲激光沉积形成薄膜示意图。

脉冲激光沉积

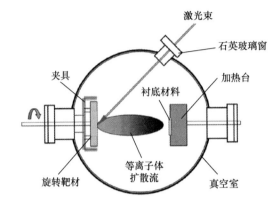

图 3.107　脉冲激光沉积原理

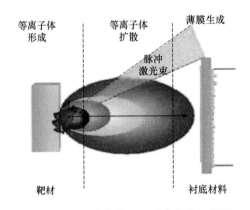

图 3.108　脉冲激光沉积形成薄膜示意图

（3）准分子激光直写。

直写（direct writing）是相对于利用曝光原理的微细加工而言的。准分子激光直写原理如图 3.109 所示。凡应用曝光原理的微细加工技术，均涉及"掩膜—抗蚀剂—图形转印"等过程，而不是在工件材料上直接得到所需的图形和结构。准分子激光直写是利用激光等高能束流，直接在工件上制造微型图形与结构的技术，大大简化了整个生产过程。将准分子激光技术、CAD/CAM 技术、数控技术、新材料技术及微细加工技术等有机结合，可以直接在硅等基片材料上刻蚀出微细图形和微结构，具有柔性好、效率高、成本低等特点。准分子激光直写是当前微细加工领域的重要研究方向。

（4）激光掺杂。

激光表面处理重要的应用之一是激光掺杂。对激光掺杂的研究开始于 20 世纪 60 年代末，进入 20 世纪 80 年代以后，随着激光器尤其是准分子激光器制作技术及激光辅助半导体工艺的迅速发展，激光诱导化学掺杂以其独特的优点，受到微电子和光电子专家们的广泛关注和研究，从工艺探索到实际应用都获得了长足的进展。激光掺杂已成功地应用于太

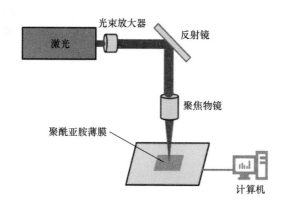

图 3.109　准分子激光直写原理

阳能电池和 MOS 器件的制备，取得了令人满意的结果。

激光掺杂主要利用了激光束功率密度高、输出功率和脉冲重复频率易控制、可强聚焦等优点。激光掺杂是一个多步骤的联合过程，包括衬底熔化、杂质的形成与扩散及重新结晶等。在掺杂过程中，激光起两个作用：一部分激光能量用于源物质的光热分解或光化学分解，使之释放出杂质原子；另一部分激光能量由衬底吸收，使衬底的表面层温度升高，甚至转变为熔融状态，使得光分解生成的掺杂原子通过固相扩散或液相扩散进入衬底。因短波长激光具有较小的吸收长度，故紫外波段的准分子激光能实现极浅的表面掺杂深度，并具有陡峭的杂质浓度分布前沿。

图 3.110 所示为激光掺杂在硅太阳能电池上的应用，掺杂源由覆盖在制绒表面的溅射磷沉积层组成，通过 Nd:YAG 脉冲激光器激光的逐层扫描，制绒表面局部熔化，磷原子扩散到硅表面，达到掺杂的目的。图 3.111 所示为硅太阳能电池激光掺杂前后的表面对比，说明经脉冲激光照射后，制绒后的金字塔的顶部和边缘熔化产生了变形。

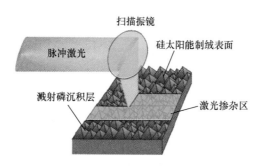

图 3.110　激光掺杂在硅太阳能电池上的应用

（5）激光曝光。

有关激光曝光部分，将在第 5 章详细阐述。曝光技术的主要标志是分辨率，而远紫外波段激光是一种比较理想的光源。准分子激光主要集中于这个波段，因此，准分子激光曝光具有单色性好，可缓和光学系统色差；方向性强，可满足强曝光要求；功率密度高，可完成高效、无显影光刻；等等优点，是近年来发展极快且实用性较强的曝光技术。而且就系统造价和工作效率而言，准分子激光曝光具有极好的经济性。

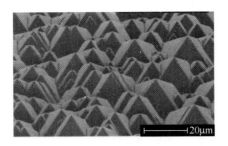 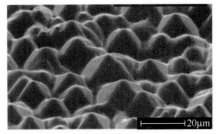

（a）太阳能电池原表面　　　　　　　　（b）激光掺杂后表面

图 3.111　硅太阳能电池激光掺杂前后的表面对比

　　准分子激光曝光可分为接触式曝光和投影式曝光两种，其中投影式曝光又可分为反射式曝光和透射式曝光。接触式曝光所获得的图形尺寸与模版图形是相同的，相比之下，投影式曝光特别是透射式投影曝光可以使掩膜图形缩小至原来的 $\frac{1}{10} \sim \frac{1}{5}$，这在高分辨率曝光技术中是非常有利的。准分子激光曝光在超大规模集成电路的生产中得到广泛应用。据报道，准分子激光曝光系统刻蚀的线宽已达 30nm。

　　（6）激光退火。

　　激光退火是激光技术在半导体微细加工领域的一项重要应用。激光退火是用功率密度很高的激光束照射半导体表面，使其损伤区（如离子注入掺杂时造成的损伤）达到合适的温度，从而实现消除损伤的目的。

　　用脉冲激光对注入离子的薄膜多晶硅进行激光退火，可以按要求精确控制杂质扩散；用激光退火处理离子注入的砷化镓不需要任何表面保护膜，就可以实现很好的单晶再生长；利用常规的真空沉积设备，在单晶硅基片上做成非晶硅沉积膜，然后用激光退火就可使非晶硅再生长转变成为单晶硅的外延膜，如图 3.112 所示。

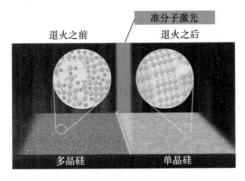

图 3.112　激光退火处理硅材料由多晶形成单晶外延膜

3.13.5　水导激光切割

　　水导激光切割（water-jet guided laser cutting）是一项以水射流引导激光束对待加工工件进行切割的加工技术，其原理如图 3.113 所示。由于水和空气的折射率不同，当激光束以一定角度照射在水与空气交界面时，如果入射角小于全反射临界角，则水射流中的激光束在水的内表面会发生类似于在光纤中的全反射,因此水射流可称为"长度可变的液体纤维",使激光能量始终被限制在水射流中,从而使激光沿水射流的方向传播,激光能量利用率较高。

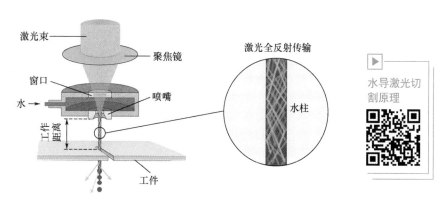

水导激光切割原理

图 3.113　水导激光切割原理

传统激光切割与水导激光切割热影响区及光束形状对比如图 3.114 所示,切割工件截面对比如图 3.115 所示。

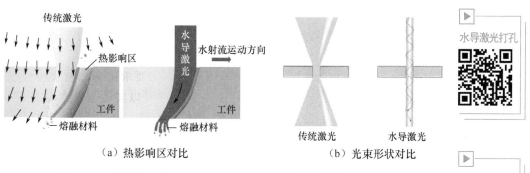

水导激光打孔

（a）热影响区对比　　　　　（b）光束形状对比

图 3.114　传统激光切割与水导激光切割热影响区及光束形状对比

水导激光切割

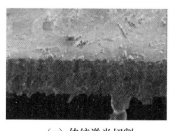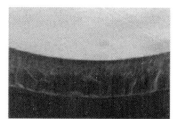

水导激光切割与传统激光切割比较

（a）传统激光切割　　　　　（b）水导激光切割

图 3.115　传统激光切割与水导激光切割工件截面对比

相对于传统激光切割,水导激光切割具有以下优点。

（1）受水射流的冷却作用,热影响区窄、热残余应力小、微裂纹少。

（2）因为水导激光呈圆柱状，所以不用考虑对焦且加工深度长，可在工件材料中引导激光或将激光引导至工件的下方，可切割复杂表面材料和多层材料，切缝无锥度；而传统激光呈圆锥形，切缝有锥度。

（3）由于冲刷作用减少了熔融产物堆积形成的毛刺，降低了加工表面粗糙度。

（4）水导激光切割生成的产物大多随水射流流入回收装置，对环境污染很小；而传统激光切割采用的辅助气体和加工产生的气体很多，对环境造成污染。

（5）改善了加工区域的激光能量分布，水射流截面内能量均匀分布，而不是高斯分布。

（6）水射流作用区域很小，与气体辅助激光切割相比，对工件作用力很小。

（7）除了具有优异的切割加工性能，还具有较好的切盲槽和三维加工能力。

（8）传统激光切割时，火花会经常打坏保护镜片，而水导激光切割不存在这种问题。

水导激光切割非常适用于微细结构的加工，如硅片的切割、医疗器械和电子产品中微结构的加工、微机电系统中的微结构和微零件的加工等，相比于传统激光切割显示出明显的技术优势。

3.14　电子束微细加工技术

电子束加工（electron beam machining，EBM）是近年来得到较快发展的一种特种微细加工技术。电子束加工主要用于打孔、焊接等热加工和电子束光刻化学加工。电子束加工在精密微细加工方面，尤其是在微电子学领域得到较多的应用，在近年来发展起来的亚微米加工和纳米加工技术中，电子束加工成为不可缺少的重要加工技术。

3.14.1　电子束加工的分类、结构及原理

1. 电子束加工的分类

电子束加工是利用高能电子束流轰击材料，使其产生热效应或辐照化学效应和物理效应，以达到预定的工艺目的。

根据功率密度和能量注入时间的不同，电子束加工可用于打孔、切割、蚀刻、焊接、热处理和光刻加工等。因此电子束加工应用分为两大类：电子束热加工和电子束化学加工，如图3.116所示。

2. 电子束加工装置的结构及原理

图3.117所示为电子束加工装置结构原理。发射阴极一般用钨或钽制成，在加热状态下发射大量电子。电子束加工装置的控制系统通过磁透镜和偏转线圈控制束流的聚焦及位置。真空室保证在电子束加工时维持真空度。因为只有在高真空中，电子才能高速运动。此外，加工时的金属蒸气会影响电子发射，产生不稳定现象，因此需要通过真空泵不断地抽出加工中产生的金属蒸气。由于电子束的偏转距离只能在数毫米之内，过大将增加像差和影响线性，因此在大面积加工时需要用伺服电动机控制工作台移动，并与电子束的偏转相配合。

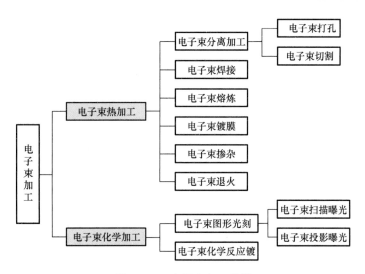

图 3.116 电子束加工分类

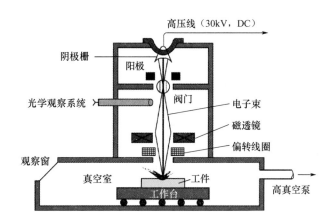

图 3.117 电子束加工装置结构原理

聚焦的电子束冲击工件表面时,电子的动能瞬间大部分转换为热能。由于束斑直径极小(可达微米级或亚微米级)而获得极高的功率密度,可使材料的被冲击部位在几分之一微秒内,温度升高到几千摄氏度,局部材料快速气化、蒸发,从而达到加工的目的。这种利用电子束热效应的加工方法称为电子束热加工。

电子束化学加工利用电子束的非热效应,如图 3.118 所示。利用功率密度比较低的电子束和电子胶(又称电子抗蚀剂,由高分子材料组成)相互作用,产生辐射化学效应或物理效应。当用电子束照射电子胶时,由于入射电子和高分子碰撞,电子胶的分子链被切断或重新聚合而引起分子量的变化,实现电子束曝光。电子束曝光包括电子束扫描曝光和电子束投影曝光。

电子束曝光后,经过显影,形成满足一定要求的图形,然后通过离子注入、金属淀积或腐蚀等不同的后置工艺处理,达到加工要求。其槽线尺寸可达微纳米级。该类工艺广泛应用于集成电路、微电子器件、集成光学器件、表面声波器件的制作,也适用于某些精密机械零件的制造。

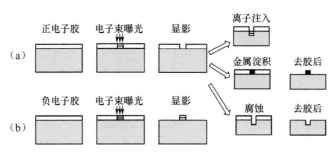

图 3.118　电子束化学加工示意图

3. 电子束加工的特点

电子束在微细加工中得到广泛应用，是由电子束加工所具有的如下特点决定的。

（1）**束斑极小**。束斑直径可达几十分之一微米至一毫米，适用于精微加工集成电路和微机电系统中的光刻技术，即可用电子束曝光达到亚微米级线宽。

（2）**能量密度高**。在极微小的束斑上功率密度能达到 $10^5 \sim 10^9 \, \text{W/cm}^2$，足以使任何材料熔化或气化，易对钨、钼或其他难熔金属及合金进行加工，而且可以对石英、陶瓷等熔点高、导热性差的材料进行加工。

（3）**工件变形小**。电子束加工作为热能加工方法，瞬时作用面积微小，因此加工部位的热影响区很小，在加工过程中无机械力作用，工件很少产生应力和变形，加工精度高、表面质量好。

（4）**生产率高**。由于电子束的能量密度高，而且能量利用率在 90% 以上，因此电子束加工的生产率极高。例如，电子束每秒可在 2.5mm 厚的钢板上加工 50 个直径为 $\phi 0.4\text{mm}$ 的孔；可以 4mm/s 的速度一次焊接厚度为 200mm 的钢板，这是目前其他加工方法无法实现的。

（5）**可控性好**。电子束能量和工作状态均可方便、精确地调节和控制，位置控制精度能准确到 $0.1\mu\text{m}$ 左右，强度和束斑尺寸也容易达到误差小于 1% 的控制精度。电子质量极小，其运动几乎无惯性，通过磁场或电场可使电子束以任意快的速度偏转和扫描，易对电子束实行数控。

（6）**无污染**。电子束加工在真空室中进行，不会对工件及环境造成污染，加工点能防止空气氧化产生的杂质，保持高纯度，因此适用于加工易氧化材料或合金材料，特别是纯度要求极高的半导体材料。

但是，电子束加工需要专用设备，加工成本较高。

3.14.2　电子束加工的应用

随着电子信息与数控技术的快速发展，电子束加工及应用得到了广泛的拓展，电子束加工可用于打孔、切割、焊接、热处理、光刻等热加工及辐射、曝光等化学加工，但是生产中应用较多的是打孔、焊接和光刻。

1. 电子束打孔

电子束打孔（electron beam drilling）是利用功率密度为 $10^7 \sim 10^8 \, \text{W/cm}^2$ 的聚焦电子束轰击材料，使其气化而实现打孔。电子束打孔过程示意图如图 3.107 所示。首先，电子束轰击材料表面层，使其熔化并进而气化［图 3.119（a）］；其次，随着表面材料的蒸发，电子束进入材料内部，材料气化形成蒸气气泡，气泡破裂后，蒸气逸出，形成空穴，电子束进一步深入，使空穴一直扩展至材料贯通［图 3.119（b）～图 3.19（d）］；最后，电子束进入工件下面的辅助材料，使其急剧蒸发，产生喷射，将孔穴周围存留的熔化材料吹出，打孔完成［图 3.119（e）、图 3.119（f）］。被打孔材料应贴在辅助材料的上面，当电子束穿透金属材料到达辅助材料时，辅助材料应能急速气化，将熔化金属从束孔通道中喷出，形成小孔。电子束打孔典型样件如图 3.120 所示。该零件是用于制造玻璃纤维的喷丝头，孔径 $\phi 0.55\text{mm}$，孔数为 25600。

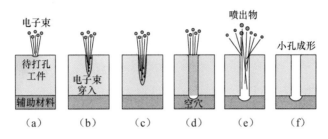

图 3.119　电子束打孔过程示意图

图 3.120　电子束打孔典型样件

2. 加工型孔及特殊表面

图 3.121 所示为电子束加工的喷丝头异形孔截面。出丝口的窄缝宽度为 $0.03\sim 0.07\text{mm}$，长度为 0.8mm，喷丝板厚度为 0.6mm。为了使人造纤维具有光泽、松软有弹性、透气性好，喷丝头的异形孔都是特殊形状的。

电子束不仅可以加工各种直的型孔和型面，而且可以加工弯孔和曲面。利用电子束在磁场中偏转的原理，使电子束在工件内部偏转。控制电子速度和磁场强度，即可控制曲率半径，加工出弯孔。如果同时改变电子束和工件的相对位置，就可切割和开槽。

图 3.122（a）所示为对长方形工件施加磁场之后，若一边用电子束轰击，一边依箭头方向移动工件，则可获得如实线所示的曲面。经图 3.122（a）所示的加工后，改变磁场极性再加工，就可获得图 3.122（b）所示的工件。同理，可加工出图 3.122（c）所示的弯

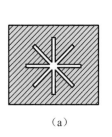 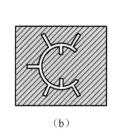 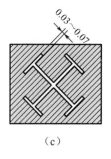 

（a）　　　　　（b）　　　　　（c）　　　　　（d）

图 3.121　电子束加工的喷丝头异形孔截面

缝。如果工件不移动，只改变磁场的极性加工，则可获得图 3.122（d）所示的入口有一个、出口有两个的弯孔。

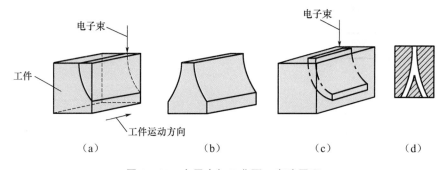

（a）　　　　　（b）　　　　　（c）　　　　　（d）

图 3.122　电子束加工曲面、弯孔原理

3. 电子束焊接

电子束焊接（electron beam welding）是电子束加工技术应用较广泛的一种，其示意图如图 3.123 所示。以电子束为高能量密度热源的电子束焊接，比传统焊接工艺优越得多，具有焊缝深宽比大、焊接速度高、工件热变形小、焊缝物理性能好、可焊材料范围广、可进行异种材料焊接（如图 3.124 所示的金属与有色金属焊接）等特点。电子束焊接时有类似激光深熔焊接加工中的小孔效应，如图 3.125（a）所示，深熔焊接焊缝截面实物如图 3.125（b）所示。

电子束焊接原理

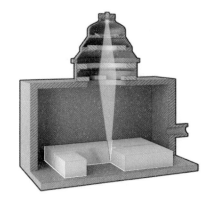

图 3.123　电子束焊接示意图

焊接界面

图 3.124 异种材料电子束焊接

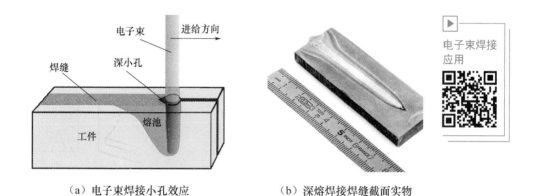

（a）电子束焊接小孔效应 　　　　（b）深熔焊接焊缝截面实物

图 3.125 电子束焊接小孔效应及深熔焊接焊缝截面实物

　　航空航天及核工业领域的各类零件焊接，甚至包含数十吨零件的焊接基本上都使用电子束焊接，以确保焊接质量。图 3.126 所示为电子束焊接的发动机部件。国际热核聚变实验反应堆中，巨大反应堆容器（图 3.127）就是由独立的部件通过电子束焊接而完成的。

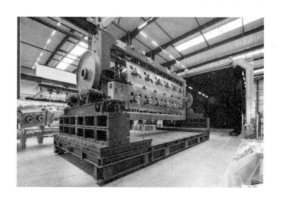

图 3.126 电子束焊接的发动机部件 　　　　图 3.127 电子束焊接应用于核聚变反应堆容器

4. 电子束热处理

　　电子束热处理是将电子束作为热源，控制电子束的功率密度，使金属表面加热不熔化，达到热处理的目的。电子束热处理的加热速度和冷却速度都很高，在相变过程中，奥氏体化时间很短，只有几分之一秒，甚至千分之一秒，奥氏体晶粒来不及长大，因而能得到一种超细晶粒组织，使工件获得用常规热处理不能达到的硬度，硬化深度为 0.3～0.8mm。发动机曲轴表面电子束淬火及表面硬化层如图 3.128 所示。电子束热处理与激光热处理类似，但电子束的电热转换效率高，可达 90%，而激光的转换效率低于 30%。表面合金化工艺同样适用电子束表面处理，如向铝合金、钛合金添加元素后能获得更好的表面耐磨性能。

（a）发动机曲轴表面电子束淬火　　　（b）表面硬化层

图 3.128　发动机曲轴表面电子束淬火及表面硬化层

5. 电子束光刻制造微小零件

电子束光刻适合制造精细的具有纳米尺寸结构特征的各种微小型器件，如横向分辨率为 10nm，位置精度为 1nm，整个图形长度为 1mm。电子束光刻制造的微小零件如图 3.129 所示。

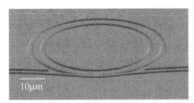 

（a）微型谐振器　　　　　　　　（b）微细金属阵列

 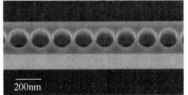

（c）单光子源的微腔　　　　　　（d）测量及传导的晶体

图 3.129　电子束光刻制造的微小零件

3.15　离子束微细加工技术

离子束加工（ion beam machining，IBM）是近年来得到较大发展的一种特种微细加工技术，其加工尺度可达分子级或原子级，是现代纳米加工技术的基础工艺。它首先在微电子器件制造中获得应用，是目前微细加工和精密加工领域极有发展前途的加工技术，且必将成为未来微细加工、亚微米加工甚至纳米加工的主流技术。

3.15.1　离子束加工的原理及装置、分类、特点

1. 离子束加工的原理及装置

离子束加工的原理与电子束加工基本类似，在真空条件下，使低压惰性气体离子化。将离子源产生的离子束经过加速聚焦，撞击到工件表面，将工件表面的原子逐个剥离，以实现分子级或原子级的微精加工。离子束加工示意图如图 3.130 所示。离子束加工装置如图 3.131 所示。与电子束加工不同的是，在离子束加工中，离子带正电荷，其质量是电子质量的数千数万倍（如氩离子的质量是电子质量的 7.2 万倍），一旦离子加速到较高速度，离子束就比电子束具有更大的撞击动能，它是靠微观的机械撞击能量，而不是靠动能转换为热能来加工的。

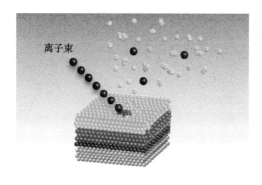

图 3.130　离子束加工示意图

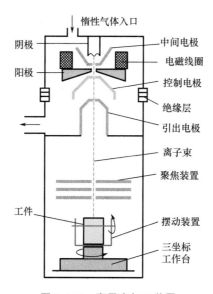

图 3.131　离子束加工装置

离子束加工原理

119

离子束加工的装置包括离子源（离子枪）、真空系统、控制系统和电源系统。离子源用于产生离子束流，其基本原理是使原子电离。具体方法是把电离的气态原子（如氩气等惰性气体或金属蒸气）注入电离室，经高频放电、电弧放电、等离子体放电或电子轰击，使气态原子电离为等离子体，然后用一个相对于等离子体为负电位的电极（吸极），从等离子体中吸出正离子束流。根据离子束产生的方式和用途，离子源有很多形式，常用的有考夫曼型离子源、高频放电离子源、霍尔离子源及双等离子管型离子源等。

2. 离子束加工的分类

离子束加工的物理基础是离子束射到材料表面时发生的撞击效应、溅射效应和注入效应。基于不同效应，离子束加工发展出多种应用，常见的有离子束刻蚀、溅射镀膜、离子镀及离子注入等，如图 3.132 所示。具有一定动能的离子斜射到工件材料（或靶材）表面时，可以将表面的原子撞击出来，这就是离子的撞击效应和溅射效应。如果将工件直接作为离子轰击的靶材，工件表面就会受到离子束刻蚀（也称离子铣削）。如果将工件放置在靶材附近，靶材原子就会溅射到工件表面而被溅射沉积吸附，使工件表面镀上一层靶材原子的薄膜。如果离子能量足够大并垂直于工件表面撞击，离子就会钻进工件表面，这就是离子的注入效应。

离子束加工
分类

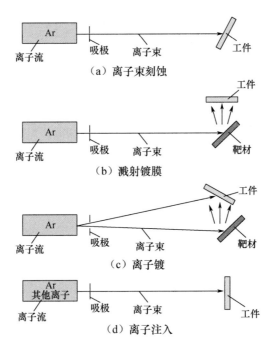

图 3.132 离子束加工分类

3. 离子束加工的特点

作为一种微细加工手段，离子束加工是制造技术的一个补充。随着微电子工业和微机械的发展，离子束加工获得成功应用，显示出独特的优点。

（1）容易精确控制。通过光学系统对离子束的聚焦扫描，可以精确控制离子束加工的尺寸范围。在同一加速电压下，离子的波长比电子的短（如电子的波长为 0.053Å，则离子的波长小于 0.001Å），因此散射小，加工精度高。溅射加工时，可以精确控制离子束流密度及离子的能量，将工件表面的原子逐个剥离，从而加工出极为光整的表面，实现微精加工。注入加工时，能精确地控制离子注入的深度和浓度。

（2）加工产生的污染少。离子的质量远比电子的大，转换给物质的能量多，穿透深度比电子束的小，反向散射能量比电子束的小，因此完成同样加工，离子束所需能量比电子束小，并且主要是无热过程。在真空环境中进行离子束加工，特别适合加工易氧化的金属、合金及半导体材料。

（3）加工应力小，变形极小，对材料的适应性强。离子束加工是一种分子级或原子级的微细加工，其宏观作用力很小，可以加工脆性材料、极薄的材料、半导体材料、高分子材料，而且表面质量好。

（4）离子束加工设备费用高，成本高，生产率低，故应用范围受到一定限制。

3.15.2　离子束微细加工的应用

离子束加工首先在微电子器件制造中获得应用，而且其应用范围正在日益扩大、不断创新。目前，常用的离子束微细加工技术主要有离子束曝光、离子束刻蚀、离子束镀膜（包括离子溅射镀膜、离子镀、离子束辅助镀膜）、离子注入等。

1. 离子束曝光

离子束曝光又称离子束光刻，在微细加工领域应用极为广泛。与电子束曝光相似，离子束曝光将原子被电离后形成的离子束流作为光源，对抗蚀剂进行曝光，从而获得微细线条的图形。曝光机理是离子束照射抗蚀剂并在其中沉积能量，使抗蚀剂发生降解或交联反应，形成良溶胶或非溶凝胶，通过显影获得溶与非溶的对比图形。离子束曝光示意图如图 3.133 所示。

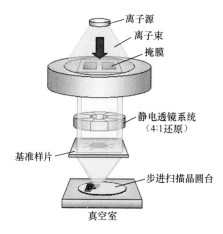

图 3.133　离子束曝光示意图

2. 离子束刻蚀

因为光刻之后一般要靠刻蚀得到基体上的微细图形或结构，所以刻蚀技术经常与光刻技术配对出现。微细加工中的刻蚀技术分为两类：一类是湿法刻蚀技术，包括湿法化学刻蚀和湿法电解刻蚀；另一类是干法刻蚀技术，其利用高能束对基体进行去除材料的加工，包括以物理作用为主的离子束溅射刻蚀。图 3.134 所示为采用 UV 光刻后，通过离子束刻蚀金膜的过程。图 3.135 所示为离子束刻蚀的图形。

离子束硅表面铣削头像

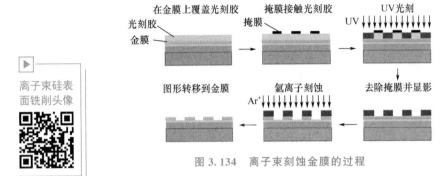

图 3.134　离子束刻蚀金膜的过程

图 3.135　离子束刻蚀的图形

　　将工件直接作为离子束轰击的靶材，工件表面会受到离子束刻蚀。图 3.136 所示为用聚焦的镓离子束直接轰击硅衬底进行离子束刻蚀获得的图形。图 3.137 所示为离子束刻蚀获得的微型切削刀具。

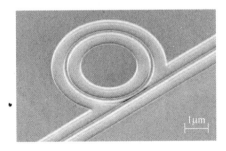

图 3.136　用聚焦的镓离子束直接轰击硅衬底进行离子束刻蚀获得的图形

图 3.137　离子束刻蚀获得的微型切削刀具

3. 离子溅射镀膜

离子溅射镀膜的原理是使真空室内的剩余气体电离。电离后的离子在电场作用下向阴极溅射靶加速运动，入靶离子将靶材的原子或分子溅射出靶表面，被溅射出的原子或分子沉积在待镀零件（阳极）上形成薄膜，如图3.138所示。离子溅射镀膜产品如图3.139所示。

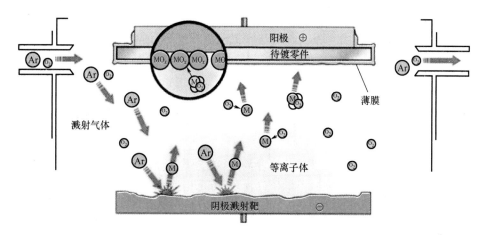

图 3.138　离子溅射镀膜示意图

图 3.139　离子溅射镀膜产品

4. 离子镀

离子镀是在真空镀膜和溅射镀膜的基础上发展起来的一种镀膜技术。离子镀时，工件不仅接受靶材溅射来的原子，还受到离子的轰击，这使离子镀具有许多独特的优点。离子镀的方法有多种，图3.140所示为阴极放电（钛镁合金）离子镀。

在离子镀过程中，阴极放电枪产生电子并将其加速轰击到位于坩埚中的钛（Ti）中。钛受到电子轰击，达到高温而发生熔化，然后在真空腔中产生蒸发、电离并与输入的气体进行反应，从而对在通过自转和公转的多个待镀零件架上的零件沉积钛离子，并通过加入的活性气体离子得到钛化合物薄膜。在不同碳氮比的活性气体气氛下，可以制备不同类型的薄膜，如 TiN、TiC 和 TiCN。

离子镀的绕射性好，对工件镀膜时，基板的所有暴露表面均能被镀覆，而且镀膜附着力强，膜层不易脱落。

离子镀的可镀材料广泛，可在金属或非金属表面镀制金属或非金属材料、各种合金、

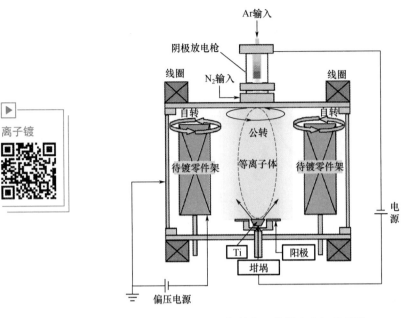

离子镀

图 3.140 阴极放电（钛镁合金）离子镀

化合物、某些合成材料、半导体材料、高熔点材料。离子镀被用于镀制润滑膜、耐热膜、耐蚀膜、耐磨膜、装饰膜和电气膜等。将离子镀装饰膜用于首饰、景泰蓝，以及金笔套、餐具等的修饰上，其膜厚仅为 $1.5 \sim 2\mu m$。图 3.141 所示为离子镀后的首饰制品。

图 3.141 离子镀后的首饰制品

5. 离子束辅助镀膜

离子束辅助镀膜（ion beam aided coating，IAC）原理如图 3.142 所示。在真空室中，将离子源产生的离子引出，并在电场中加速，形成几十电子伏到几万电子伏能量的离子束。在电子束蒸发沉积薄膜的同时（也可以是其他形式的沉积，如离子束溅射沉积、离子束直接沉积等），用离子束进行轰击（也可先镀膜后轰击），利用沉积原子和轰击离子之间一系列的物理化学作用，在常温下合成各种优质薄膜。

在离子束辅助镀膜中，精确控制工艺参数，保障工件表面的沉积原子数与轰击原子数达到一定的比例，对镀膜层的性能和质量至关重要。

由于离子束辅助镀膜增强膜层与基体的结合力不是靠提高基体的温度，而是靠离子轰击膜层的能量，因此它能在基体接近室温的条件下，获得致密的、结合力很强的、应力极小的高质量膜层。故离子束辅助镀膜可用在温度不允许很高的基体上，制备出结合力很强

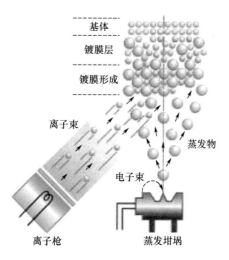

图 3.142 离子束辅助镀膜原理

的具有各种特殊要求的镀膜层，如 ZrN、ZiC、BN、TiO_2 和类金刚石碳膜等。离子束辅助镀膜被用于切削刀具、飞机燃料系统的零件和燃气轮机叶片的镀覆。

6. 离子注入

离子注入是将工件放在离子注入机的真空靶中，在几万伏至几十万伏的电压下，把所需元素的离子直接注入工件表面。它不受热力学限制，可以注入任何离子，且可以精确控制注入量。注入的离子被固溶在工件材料中，质量分数为 $10\%\sim40\%$，注入深度可达 $1\mu m$ 甚至更大。离子注入原理如图 3.143 所示。

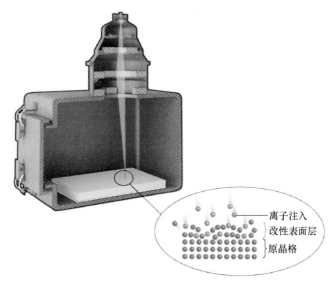

图 3.143 离子注入原理

离子注入的实际应用很多，如离子注入掺杂、离子注入成膜等。

离子注入掺杂是将作为掺杂元素的原子转变为离子，并将其加速到一定能量后，注入

半导体晶片表面，以改变晶片表面的物理化学性质。离子注入掺杂广泛应用于半导体制造，它是将硼、磷等"杂质"离子注入半导体，用以改变导电型式（P型或N型）和制造PN结，以及制造一些通常用热扩散难以获得的各种特殊要求的半导体器件。由于可以精确控制离子注入的数量、PN结的含量、注入的区域，因此离子注入掺杂成为制作半导体器件和大面积集成电路生产中的重要手段。

离子注入成膜是在离子注入掺杂的基础上发展起来的一种薄膜制备技术。当注入固体的离子浓度很大以致接近基片物质的原子密度时，受基片物质本身固溶度的限制，将有过剩的原子析出来，注入离子将与基片物质元素发生化学反应，形成化合物薄膜。离子注入成膜已应用在微电子技术等领域。

思 考 题

3-1 简述微细电火花加工的特点及微细电火花加工电极的制备方法。

3-2 微细电化学加工有什么特点？主要有哪些常用方法？

3-3 LIGA由哪些主要工艺组成？阐述其技术的工艺流程。

3-4 简述放电辅助化学雕刻加工原理及工艺特点。

3-5 什么是超声加工？其主要适用于哪些材料的加工？超声复合加工主要有哪些形式？

3-6 激光加工的基本原理和特点分别是什么？

3-7 激光产生的基本条件有哪些？

3-8 激光器重要的三个组成部分是什么？分别起到什么作用？

3-9 激光打孔有哪几种方式？

3-10 激光精密加工需要选择什么激光器？为什么？

3-11 水导激光切割原理是什么？具有什么优点？

3-12 激光束、电子束、离子束的能量载体有何不同？

3-13 电子束加工与离子束加工的常用加工方法有哪些？

第4章
硅材料的制备及加工

硅是用来制造半导体芯片和太阳能电池的主要材料，也是半导体产业中极重要的材料。硅是极为常见的一种元素，然而它极少以单质的形式在自然界出现，而是以复杂的硅酸盐或二氧化硅的形式广泛存在于岩石、砂砾、尘土之中。在地壳中，硅是第二丰富的元素，约占地壳总质量的27％。硅太阳能电池用的原生多晶硅的纯度为99.9999％，半导体芯片用的硅纯度为99.9999999％。两种硅生产的工艺流程是类似的，都必须将天然硅石提炼成非常纯净的硅材料，将硅原子级的微缺陷降到最少，然后将其制成带有想要的晶向、适量掺杂浓度和制备硅太阳能电池及晶圆所需物理尺寸的硅片，但具体的设备和原料要求是不同的。

4.1 半导体和硅晶体

1. 半导体类型

在自然界中，根据流经材料电流的不同将材料分为三类：导体、绝缘体和半导体。可以通过固体能带理论，对三种物质的导电性能进行解释，如图4.1所示。

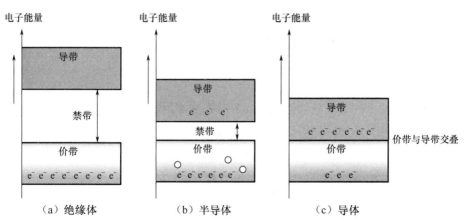

图 4.1 能带宽度对比图

在某些材料中，当禁带宽度具有能量很高的能级而产生一个禁带时（通常大于 2eV），电子从价带移动到导带很困难，不具有束缚松散的电子，这类材料称为绝缘体，日常生活中的绝缘体有橡胶、塑料、玻璃和陶瓷等；当价带与导带交叠时，在原子的最外层通常有一些束缚松散的价电子且容易失去（一般金属具有这种价电子层结构），电子从价带移动到导带只需要很小的能量，这类材料称为导体；当材料的禁带能量级别介于绝缘体和导体之间时，其禁带宽度处于中等程度（如硅的禁带宽度为 1.12eV），允许电子在获得能量时从价带跃迁到导带，这种行为在材料被加热时发生，因而其导电性随温度的升高而提高，这类材料称为半导体。

最开始使用的半导体材料是锗，但很快被硅所替代，目前使用最广泛的半导体材料是硅。选择硅为半导体材料的主要原因如下：①硅是地球上第二丰富的元素；②经合理加工，硅能够提纯到半导体制造所需的足够高的纯度且成本较低，硅的熔点（1410℃）远高于锗的熔点（938.3℃），使得硅可以承受高温工艺；③用硅制造的半导体件可以用于比锗宽的温度范围，提高了半导体的应用范围和可靠性；④硅表面能自然生长氧化硅（SiO_2），SiO_2 是一种高质量、稳定的电绝缘材料，而且能充当优质的化学阻挡层以保护硅不沾污。

硅是一种半导体材料，在自然界中找不到纯硅，必须通过提炼和提纯使硅成为半导体制造中需要的纯硅。硅通常存在于硅土和其他硅酸盐中。硅土呈砂粒状，是玻璃的主要成分。硅是一种质硬的脆性材料，若变形则很容易破碎，这与玻璃相似。硅可以抛光得像镜面一样平整。硅表现出许多与金属一样的性质，同时具有非金属的性质。

纯硅是指没有杂质或者受其他物质污染的本征硅。纯硅的原子通过共价键共享电子结合在一起，并使价电子层完全填充，如图 4.2 所示。由于纯硅中所有价电子层都被共价键完全填充，因此纯硅不能作为半导体使用。

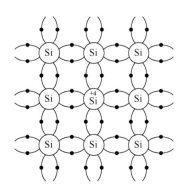

图 4.2 纯硅的共价键形式

可以通过掺杂的方式改变硅的性能，以显著提高其导电性。掺杂是将少量的杂质掺进硅晶体以明显提高半导体导电性的过程。掺杂时加入的元素称为掺杂剂或杂质，掺杂剂或杂质越多，电导率越高（或者说电阻率越低）。掺杂硅又称非本征硅。掺杂的杂质分为如下两种类型。

（1）N 型。当将五价掺杂剂加入纯硅时，得到的材料称为 N 型硅。五价掺杂剂称为施主（它们贡献一个额外的可移动电子），最常见的施主元素是磷。磷包含五个外层电子，因此，当掺入硅晶格时，空间会不够。第五个电子没有可以结合的电子，成为自由运动的电子。只需要很小一部分的杂质就可以产生足够的自由电子，使电流通过硅晶体。"N"表示负电，取自英文 negative 的首字母。在这类半导体中，参与导电的主要是带负电的电子，这些电子来自半导体中的施主。掺磷 N 型硅如图 4.3 所示。

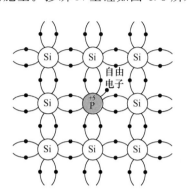

硅半导体导电机理

图 4.3　掺磷 N 型硅

（2）P 型。当将三价掺杂剂加入纯硅时，得到的材料称为 **P 型硅**。三价掺杂剂称为受主（它们得到一个额外的可移动电子），最常见的受主元素是硼。由于硼只有三个外层电子，掺入硅晶格后，由于一个硅电子没有可以结合的电子，因此在晶格中会形成空穴（电子的空缺），这些空穴可以导电。空穴可以从周围接收电子，把空穴推向别处。P 型硅是一种很好的导体。掺硼 P 型硅如图 4.4 所示。

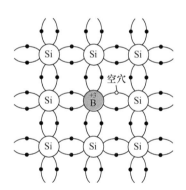

图 4.4　掺硼 P 型硅

通过添加少量的 N 型或 P 型杂质，就可以把硅晶体由性能优良的绝缘体转变为有效的（但导电性不是很强）导体，"半导体"就是因此得名的。

掺杂硅仍旧是电中性的。 对于 N 型硅而言，因为每个磷原子都有相同的质子数和电子数，硅原子也是如此，所以半导体中电子和质子的总量仍然相等，净电荷为零。而导带电子（多数载流子）的数目远大于价带空穴（少数载流子）的数目。

对于 P 型硅而言，硼原子与相邻的四个硅原子形成共价键。硼原子因缺乏第四个电子而产生一个电子的空缺。价电子层中存在过量的空穴。价带空穴多于导带电子，故空穴是 P 型硅中主要的载流子，称为**多数载流子**，而电子称为**少数载流子**。如果对 P 型硅施加一个直流电压，则大量的空穴将吸引电子从电流源的负端流向正端，如图 4.5 所示。这就是 P 型硅中的电流。由于每次一个电子流入一个空穴，因此将在此空穴右面的位置产生一个新空穴，看上去就好像空穴在向右移动，即空穴看起来沿着与电子相反的方向移动。

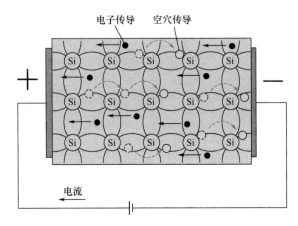

图 4.5 P 型硅电流流向示意图

向硅晶体中引入杂质，实现了对掺杂硅电阻率的精确控制。杂质原子在硅中的浓度决定了硅材料的导电能力。要使硅成为有用的导体，只需要很少（0.000001%～0.1%）的杂质量。因此在半导体制造期间，必须小心控制硅中的杂质量（或者浓度），以获得精确的电阻率。

2. 多晶和单晶结构

半导体级硅不仅需要有超高的纯度，而且要有近乎完美的晶体结构。

晶体可以认为是内部粒子（原子、离子、分子）在空间按一定规律做重复排列构成的固体物质，如食盐、干冰、金刚石等；而非晶体是内部原子或分子的排列呈杂乱无章的分布状态的固体物质，如橡胶、玻璃、松香等。

由于晶体各个方向排列的质点的距离不同，因此晶体各个方向的性质不一样。对于晶体来说，许多物理性质（如硬度、导热性、光学性质等）因研究角度不同而产生差异，称为各向异性。由于非晶体在各个方向上的物理性质和化学性质相同，因此体现出各向同性的特性。

加热晶体，当温度达到晶体熔点时开始熔化，在没有完全熔化之前继续加热，温度不会升高，完全熔化后，温度才会升高，即晶体具有固定的熔点；加热非晶体，当温度达到一定程度时开始软化，流动性很强，最后变为液体，从软化到熔化，中间经过一段很长的温度范围，即非晶体没有固定的熔点。

晶体中重复出现的最基本的结构单元称为晶胞。整块晶体可看作由数量巨大的晶胞"无隙并置"而成。无隙是指相邻晶胞之间没有任何间隙。并置是指所有晶胞都是平行排列的，取向相同。

三种典型立方晶体结构如图 4.6 所示。

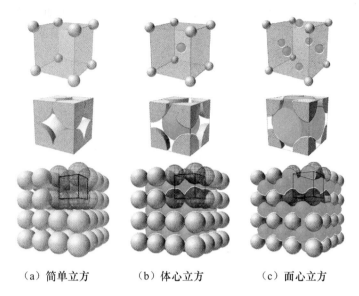

（a）简单立方　　　　　（b）体心立方　　　　　（c）面心立方

图 4.6　三种典型立方晶体结构

如果晶胞在三维方向上整齐地重复排列，那么这种材料称为单晶（monocrystal，另一种表达方式是 single crystal）材料。如果晶胞不是有规律地排列，那么这种材料称为多晶（polycrystal）材料。如果晶胞是无序排列的，那么这种材料称为非晶材料。晶胞排列方式如图 4.7 所示。

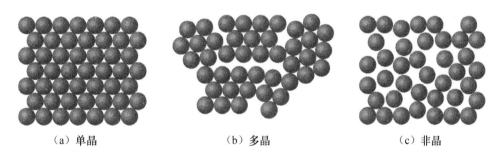

（a）单晶　　　　　　　（b）多晶　　　　　　　（c）非晶

图 4.7　晶胞排列方式

3. 晶面

晶胞在晶体中的方向称为晶向。晶向决定了硅片中晶体结构的物理排列，不同晶向硅片的化学性质、电学性质和机械性质不同，影响最终的器件性能。

在晶体中建立坐标系，如图 4.8 所示，坐标的交点设为 O，沿每个坐标轴任意等距离的单位设为 1，称为单位值。如果晶体是单晶结构，那么所有的晶胞都会沿着这个坐标轴重复地排列。

由于单晶体由原子（分子、离子）周期、规则排列组

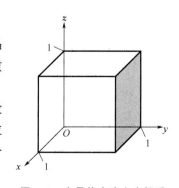

图 4.8　在晶体中建立坐标系

成，因此在单晶体中可以划分出一系列彼此平行的平面，这些平面称为晶面。晶面的方位不止一种，为了加以区别，用晶面指数来表示某一方位的晶面。晶面指数代表的不是某一晶面，而是一组相互平行的晶面。

硅片中最常用的晶面是（100）（110）和（111），如图 4.9 所示。它们在硅晶体中通过在晶体生长过程中保持对晶向的精确控制而获得。

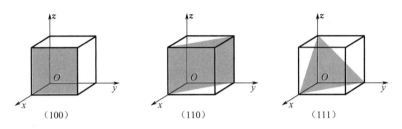

图 4.9 三种常用的晶面

4.2 多晶硅原料的制备

1. 冶金级硅或金属硅的制备

在自然界中，硅主要以氧化物和硅酸盐的形态存在。工业硅通常是指把含硅的矿物（硅石或石英等）在矿热炉内经碳物质（木炭、石油焦、煤等）还原而成的产物，还原的产物称为冶金级硅或金属硅。

在工业硅实际生产中，硅石还原比较复杂，但主要反应是在 1820℃ 时硅石被还原，反应式为

$$SiO_2 + 2C \longrightarrow Si + 2CO$$

冶金级硅制备反应过程如图 4.10 所示。

图 4.10 冶金级硅制备反应过程

在反应式右边的冶金级硅的纯度为 98％。由于沾污程度相当高，因此冶金级硅只是一种原料。

2. 高纯多晶硅原料的制备

目前，普遍采用三氯氢硅还原法制备高纯多晶硅，其最早由西门子公司研制成功，因此又称西门子法，其生产流程如图 4.11 所示。

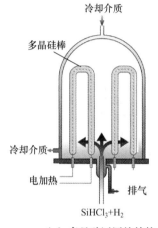

（a）多晶硅还原炉结构　　（b）产出的柱状多晶硅　　（c）破碎的多晶硅原料

图 4.11　三氯氢硅还原法制备高纯多晶硅生产流程

首先，将冶金级硅压碎并通过化学反应生成含硅的三氯硅烷气体。其反应式为

$$Si(s)+3HCl(g) \longrightarrow SiHCl_3(g)+H_2(g)$$

多晶硅的生产

其次，将含硅的三氯硅烷气体经过一次化学过程，用氢气作为还原剂还原已被提纯到高纯度的三氯氢硅，使高纯硅沉积在 $1100 \sim 1200℃$ 的载体上。载体常用细的高纯硅棒（直径 $\phi 5 \sim \phi 10mm$，长度为 $1.5 \sim 2m$），通大电流以达到所需温度。生长的高纯硅棒，其直径可达到 $\phi 150 \sim \phi 200mm$。其化学反应式为

$$SiHCl_3(g)+H_2(g) \longrightarrow Si(s)+3HCl(g)$$

最后，将高纯硅棒破碎并包装成生产铸造多晶硅和拉制单晶硅的原料。

4.3　铸造多晶硅的制备

多晶硅锭的铸造技术主要有铸锭浇注法（ingot casting）、定向凝固法及电磁感应加热连续铸造法等。

1. 铸锭浇注法

铸锭浇注法的原理是将硅料置于熔炼坩埚中加热熔化，然后利用翻转机械将其注入预先准备好的模具内进行结晶凝固，从而得到等轴多晶硅，如图 4.12 所示。

铸锭浇注法工艺成熟、设备简单、易操作控制，并且能实现半连续化生产，其熔化、结晶、冷却分别位于不同的地方，有利于生产效率的提高和能耗的降低；然而，其熔炼与

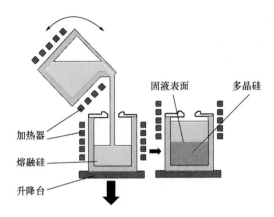

图 4.12　铸锭浇注法

结晶成形在不同的坩埚中进行，容易造成熔体二次污染，同时受熔炼坩埚及翻转机械的限制，炉产量较小，而且生产的多晶硅通常为等轴状，受晶界、亚晶界的不利影响，生产的多晶硅电池转换效率较低。

2. 定向凝固法

定向凝固法的原理是在同一个坩埚中熔炼，然后通过控制熔体热流方向，使坩埚中熔体达到一定的温度梯度，从而进行定向凝固得到柱状晶，如图 4.13 所示。

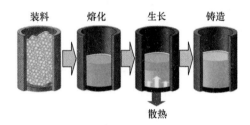

图 4.13　定向凝固法

全自动多晶硅铸锭炉（图 4.14）主要由抽真空系统、加热系统、测温系统、保温层升降系统、压力控制系统及其他辅助系统组成。

图 4.14　全自动多晶硅铸锭炉

（1）抽真空系统。抽真空系统保持硅锭在真空下进行一系列反应，在不同状态下，将炉内真空压力控制在一定范围内，以保证硅锭在生长过程中处于良好的气氛中。

（2）加热系统。加热系统是保持工艺要求的关键，中央控制器控制发热体，保证恒定温场内温度可按设定值变化，并控制温度在一定精度范围内，以完成硅锭在长晶过程中对温度的精确要求。

（3）测温系统。测温系统检测炉内硅锭在长晶过程中的温度变化，为参数调整提供依据，使长晶处于良好状态。

（4）保温层升降系统。保温层升降系统保证硅锭在长晶过程中保持良好的长晶速度，通过精密机械升降系统，并配备精确的位置、速度控制系统，保证硅锭晶核形成的优良性及制作成太阳能电池光电转换的高效性。

（5）压力控制系统。压力控制系统保证炉内硅锭在生长过程中的特定时间段内，炉内压力根据工艺要求保持在一定压力下，根据长晶状况实时分析判断以进行控制。

（6）其他辅助系统。熔化及长晶结束自动判断系统：通过测量装置检测硅料状态，自动判断硅料的状态，为控制系统提供数据，实时判断、控制长晶。系统故障诊断及报警系统：为了保证系统长时间可靠运行，提供系统故障自诊断功能，为设备安全可靠运行提供保障。

3. 电磁感应加热连续铸造法

电磁感应加热连续铸造法的原理是颗粒硅料经加料器以一定的速度连续进入坩埚熔体，通过熔体预热及线圈感应加热熔化，随下部硅锭一起向下抽拉凝固，从而实现过程的连续操作。

4.4 单晶硅的制备

无论是铸造多晶硅的生产还是单晶硅的制备，都以高纯多晶硅为原料。由于单晶硅太阳能电池及集成电路使用的硅片前身都是单晶硅棒，因此从高纯多晶硅转变为单晶硅对于单晶硅太阳能电池的生产和微电子工业而言都是极其关键的一步。高纯多晶硅的生产主要是典型的精细化生产过程，而单晶硅制备，则是要实现由多晶到单晶的转变，即原子由液相的随机排列直接转变为固相有序阵列，由不对称结构转变为对称结构。但这种转变不是整体效应，而是通过固液界面的移动逐渐完成的。为实现上述转变过程，多晶硅要经过由固态硅到熔融态硅，再到固态晶体硅的转变。这就是从熔体硅中生长单晶硅所遵循的途径。目前应用广泛的从熔体中生长单晶硅的方法主要有两种：直拉法（有坩埚）和悬浮区熔法（无坩埚）。由这两种方法得到的单晶硅分别称为 CZ 硅和 FZ 硅。

4.4.1 直拉法

直拉法又称丘克拉斯基法，它是在 1917 年由丘克拉斯基（Czochralski）建立起来的一种晶体生长方法，**简称 CZ 法**。该法的原理是在直拉单晶炉内，向盛有熔硅的坩埚中引入籽晶作为非均匀晶核，然后控制热场，旋转籽晶并缓慢向上提拉，单晶便在籽晶下按照籽晶的方向长大。拉出的液体固化为单晶,调节加热功率就可以得到所需的单晶棒的直径。直拉法的优点是晶体被拉出液面,不与器壁接触,不受容器限制,因此晶体中应力小,同时能防止器壁玷污或接触可能引起的杂乱晶核而形成多晶。由于直拉法以定向的籽晶为生长晶核,因此可以得到有一定晶向生长的单晶。

直拉法制成的单晶完整性好,直径和长度都可以很大,生长速率也高,所用坩埚必须由不污染熔体的材料制成。故一些化学性活泼或熔点极高的材料,由于没有合适的坩埚而不能用此法制备单晶体,而要改用悬浮区熔法或其他方法。直拉法比悬浮区熔法投料多,生产的单晶硅直径大,设备自动化程度高,工艺比较简单,生产效率高。直拉法生产的单晶硅占世界单晶硅总量的80%以上。

1. 直拉法制备单晶硅的原理及工艺流程

直拉法制备单晶的原理是把高纯多晶硅块放入石英坩埚,在单晶炉中加热熔化,再将一根直径只有 $\phi10mm$ 的棒状晶种(即籽晶)浸入熔液。在合适的温度下,熔液中的硅原子会顺着籽晶的硅原子排列结构在固液交界面上形成规则的结晶,称为单晶体。把籽晶微微旋转向上提升,熔液中的硅原子会在前面形成的单晶体上继续结晶,并延续其规则的原子排列结构。若整个结晶环境稳定,则可以周而复始地形成结晶,最后形成一根圆柱形的原子排列整齐的硅单晶晶体,即硅单晶锭。当结晶加快时,晶体直径变大,提高升速可以使直径减小,增加温度能抑制结晶速度。反之,当结晶变慢时,晶体直径变小,则通过降低升速和降温控制。拉晶开始,先引出直径为 $\phi3\sim\phi5mm$ 的细颈,以消除结晶位错,这个过程称为引晶。再放大单晶体直径至工艺要求,进入等径阶段,直至大部分硅熔液都结晶成单晶锭,只余下少量剩料。控制直径,保证晶体等径生长是单晶制造的重要环节。硅的熔点约为1410℃,拉晶过程始终保持在高温负压的环境中进行。直径检测必须隔着观察窗在直拉硅单晶炉体外部非接触式进行。在拉晶过程中,固态晶体与液态熔液的交界处会形成一个明亮的光环,亮度很高,称为光圈。光圈其实是固液交界面处的弯月面对坩埚亮光的反射。当晶体变粗时,光圈直径变大;反之,变小。通过对光圈直径变化的检测,可以反映出单晶直径的变化情况。自动直径检测就是基于这个原理发展起来的。直拉法单晶硅生长过程示意及拉制的单晶硅棒如图4.15所示。

直拉法单晶硅生长

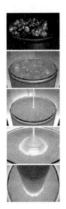 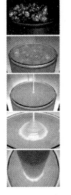 

(a)单晶硅生长过程　　(b)直拉硅单晶炉内生产情况　　(c)单晶硅棒

图4.15　直拉法单晶硅生长过程示意及拉制的单晶硅棒

直拉法单晶硅生长步骤主要包括多晶硅的装料和熔化、种晶、缩颈、放肩、等径和收尾，如图 4.16 所示。

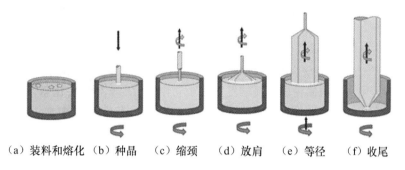

（a）装料和熔化 （b）种晶 （c）缩颈 （d）放肩 （e）等径 （f）收尾

图 4.16 直拉法单晶硅生长主要步骤

2. 直拉法单晶硅生长设备

直拉法单晶硅生长设备主要是单晶炉。随着集成电路和太阳能电池行业的发展，如今的单晶炉在设计上取得很大进步，其自动化程度高，炉体尺寸大，一次装料达几百千克，可拉制 8in（1in＝2.54cm）、12in 和 16in 单晶硅，充分满足单晶硅大直径化的要求。图 4.17 所示为直拉硅单晶炉，图 4.18 所示为其结构。

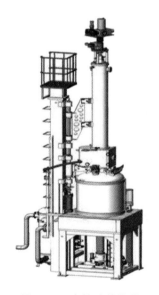

图 4.17 直拉硅单晶炉

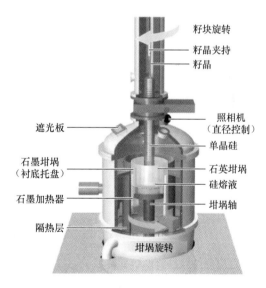

图 4.18 直拉硅单晶炉结构

4.4.2 悬浮区熔法

悬浮区熔法（floating-zone method）简称 **FZ 法**，于 20 世纪 50 年代提出并很快应用到晶体制备技术中，是利用多晶锭分区熔化和结晶来生长单晶体的方法。采用悬浮区熔法，圆柱形硅棒在氧气气氛中被高频感应线圈加热，棒的底部和在其下部靠近同轴固定的单晶

籽晶间形成熔滴，这两个棒旋转方向相反，然后将在多晶棒与籽晶间只靠表面张力形成的熔区沿棒长逐步移动，多晶转变为单晶。

悬浮区熔法可用于制备单晶和提纯材料，且杂质分布均匀。此法可用于生产纯度很高的半导体、金属、合金、无机化合物和有机化合物晶体。悬浮区熔法制备单晶硅时，往往是将区熔提纯与制备单晶结合在一起，能生长出质量较好的中高阻单晶硅。悬浮区熔法制备单晶硅的生产过程中不使用石英坩埚，氧含量和金属杂质含量都远小于直拉法制备单晶硅，单晶硅的纯度高，故制得的单晶硅主要用于制作电力电子器件、光敏二极管、射线探测器、红外探测器等。悬浮区熔法工作原理如图 4.19 所示，其生产设备结构如图 4.20 所示。

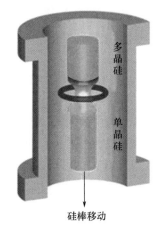

图 4.19　悬浮区熔法工作原理

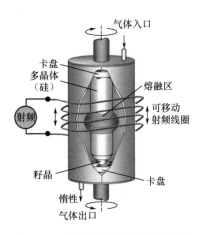

图 4.20　悬浮区熔法生产设备结构

典型的悬浮区熔法硅棒直径比直拉法的小，在 21 世纪以前主要生产的是 $\phi125mm$ 的单晶硅棒。

4.4.3　大直径硅棒生产的原因

单晶硅棒的拉制直径已经从 20 世纪 50 年代初期的不到 $\phi25mm$ 增大到现在的 $\phi450mm$，应用于集成电路的硅片直径及发展趋势如图 4.21 所示。

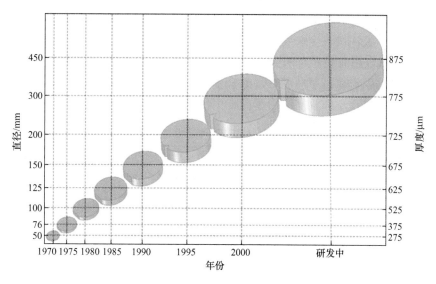

图 4.21　应用于集成电路的硅片直径及发展趋势

目前，生产直径 φ200mm（8in）、φ300mm（12in）晶圆的设备被广泛采用，而实际上行业先进制造工艺从 φ200mm 转向 φ300mm 至少经历了 10 年时间，跨入 21 世纪后，φ300mm 的晶圆才随之诞生。硅片直径越大，制成晶圆后可生产的芯片越多，成本越低，因此硅片大尺寸化是发展趋势。直径 φ300mm 的硅片已成为半导体集成电路芯片行业主流，2017 年全球 φ300mm 硅片出货面积约占硅片总体的 66.1%。由于 φ300mm 硅片可以满足当前的生产需求，且 φ450mm（18in）晶圆生产设备研发难度极大，面临资金和技术的双重压力，因此晶圆厂向 φ450mm 晶圆开发技术还在不断研发完善中。

更大直径的硅棒对单晶硅生长中正确的晶体生长和保持良好的工艺控制提出了挑战。φ300mm 的硅棒大约有 1m 长，并且需要在坩埚中熔化 150～300kg 的半导体级硅。为什么在制备硅棒复杂度增加的同时要继续增大硅棒的直径呢？因为增大硅片直径将给硅片制备带来巨大的成本利润率。

更大直径的硅片有着更大的表面积来制作芯片。对 φ300mm 的硅片来说，它的面积是 φ200mm 硅片面积的 2.25 倍。这样对于相同尺寸的芯片而言，如图 4.22 所示，φ200mm 晶圆上芯片的密度（芯片个数/晶圆面积）相对于 φ100mm 晶圆而言，增加了 25%；而 φ300mm 晶圆上芯片密度增加了 42%。

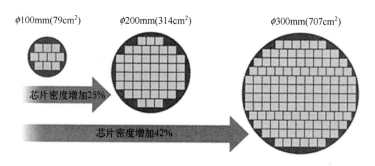

图 4.22　在更大直径的硅片上制作芯片数的增长

更大直径的硅片意味着每个硅片上有更多的芯片，根据规模经济学，每块芯片的加工和处理时间都减少了，设备生产效率提高。据估计，通过设备利用率的提高，转换到直径 φ300mm 的硅片可以把每块芯片的生产成本降低 30%。更大直径意味着硅片边缘的芯片少了，转化为更高的生产成品率。同时，由于在同一工艺过程中有更多的芯片，因此在一块芯片的处理过程中，设备的重复利用率提高。各种晶圆的尺寸概要见表 4-1。

表 4-1　各种晶圆的尺寸概要

晶圆尺寸/mm	厚度/μm	面积/cm²	质量/g
50.8（2in）	279	20.27	1.32
76.2（3in）	381	45.60	4.05
100（4in）	525	78.54	9.61
125（5in）	625	122.72	17.87
150（6in）	675	176.71	27.79
200（8in）	725	314.16	53.07
300（12in）	775	706.86	127.64

4.4.4　铸造单晶硅

直拉单晶硅的优点是单一晶向，缺陷少，制造的单晶硅太阳能电池光电转换效率高；缺点是单次投料少，操作复杂，成本高。多晶硅铸锭的优点是投料量大，操作简单，成本低；缺点是存在晶界及各种缺陷，制造的多晶硅太阳能电池光电转换效率较单晶硅的低。

多晶硅中存在大量的晶界和位错。晶界是晶粒间的过渡区，结构复杂，原子呈无序排列，并存在不完全键合原子，产生大量的悬挂键，形成界面态，具有很大的复合性，特别是被金属杂质玷污后的复合强度提高，大大降低了多晶硅太阳能电池的光电转换效率。同时，由于多晶硅由许多晶向不同的晶粒组成，因此制绒后不能形成金字塔形貌，严重影响了其光伏性能。

铸造单晶硅，就是通过铸造的方法生长单晶硅。此方法最早是将 <100> 晶向的籽晶放在石墨坩埚底部，并在上面装填多晶硅料，在熔化过程中保持籽晶的部分熔化，而熔化的硅液会在未熔化的籽晶上凝固，并沿着其固有的晶向生长。常规铸造多晶硅与铸造单晶硅的生长状况示意图如图 4.23 所示。实际生长的铸锭存在于坩埚侧壁异质形核而产生多晶化现象，故产业界和学术界大多称之为类单晶硅或准单晶硅。铸造多晶硅与铸造单晶硅的形貌对比如图 4.24 所示。

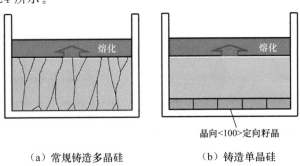

（a）常规铸造多晶硅　　　　　（b）铸造单晶硅

图 4.23　常规铸造多晶硅与铸造单晶硅的生长状况示意图

（a）铸造多晶硅　　　　　　　（b）铸造单晶硅

图 4.24　铸造多晶硅与铸造单晶硅的形貌对比

　　籽晶由直拉单晶硅棒切割得到，将切割好的籽晶铺设在石英坩埚底部，再将多晶硅料小心装填到籽晶上方，然后进行加热、籽晶半熔、凝固等流程，最后生长得到铸造单晶硅锭。铸造单晶硅装置结构示意图如图 4.25 所示。

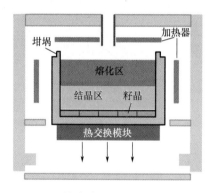

铸造单晶硅
生产

图 4.25　铸造单晶硅装置结构示意图

　　与传统的铸造多晶硅材料相比，铸造单晶硅的生长通常采用统一<100>晶向的籽晶，这使得碱制绒工艺可以应用于铸造单晶硅太阳能电池的制造，电池片表面形成金字塔织构，大大降低了光线的反射率，从而有效提高太阳能电池的光电转换效率。与直拉单晶硅相比，铸造单晶硅中的氧含量较低，其光致衰减率不到直拉单晶硅的 25%，而铸造单晶硅具有铸造多晶硅的高产量、低成本的优点，并且能完美适配传统的多晶硅太阳能电池生产线，一度成为光伏市场的热门材料。然而，铸造和单晶的结合并不像想象中那么容易，有许多问题待解决和克服。

4.5　硅材料加工

4.5.1　多晶硅的加工

　　铸造的多晶硅是方形的硅锭，在硅锭制备完成后，需要切成表面为 125mm×125mm 或 156mm×156mm 的方柱体，最后用多线切割机切成硅片。

1. 硅块的制备

(1) 剖锭。

采用定向凝固法制备的多晶硅锭均为正方体，将其制备为多晶硅片前，首先要将硅锭按硅片的尺寸分切为多块硅块，即进行剖锭，也称开方。为了在剖锭过程中使硅料的利用率最高，铸造得到的硅锭尺寸都是有一定标准的。目前，市场上常见的多晶硅片尺寸为 156mm×156mm 和 125mm×125mm，硅锭尺寸应能满足生产不同尺寸的硅片都有较高的硅料利用率的要求。铸造获得的多晶硅锭如图 4.26 所示，剖锭示意图如图 4.27 所示。

图 4.26　铸造获得的多晶硅锭

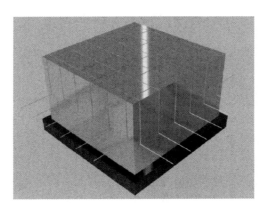

图 4.27　剖锭示意图

(2) 剖锭设备。

目前，常用的剖锭设备是圆盘切割机、带锯切割机和线锯剖锭机。由于硅的硬度较大，因此圆盘、带锯多为镶嵌金刚石的圆盘和锯条。图 4.28 所示为圆盘切割机剖锭现场。线锯剖锭又分为普通钢线带动砂浆剖锭和金刚石线直接剖锭。近年来，金刚石线直接剖锭技术发展较快，被越来越多的企业采用，但具体工艺效果和成本还需进一步改进。图 4.29 所示为线锯剖锭机及线锯的布局方式。

图 4.28　圆盘切割机剖锭现场

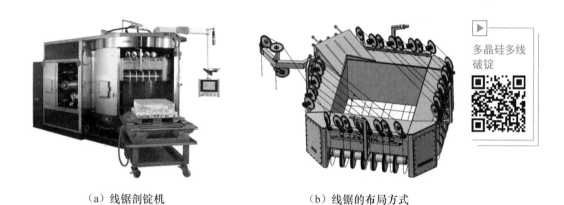

（a）线锯剖锭机　　　　　　　　（b）线锯的布局方式

图 4.29　线锯剖锭机及线锯的布局方式

普通钢线带动砂浆剖锭是利用剖锭专用钢线编织成一定形状的线网，然后在线网上喷射剖锭专用砂浆，由钢线往复运动带动砂浆对硅锭进行研磨切割，将整个硅锭剖锭制备为一定数量的硅块。

金刚石线直接剖锭是用金刚石线代替传统的普通钢线，无须使用切割砂浆，利用钢线上镶嵌的金刚石微粒不断对硅锭进行研磨切割。金刚石线直接剖锭的优点是剖锭速度高，单位产量较高；无须使用砂浆，剖锭时只需使用冷却液。其缺点是金刚石线价格高，约为普通钢线的 100 倍。目前该技术还在不断改进。

2. 硅块的去头尾

剖锭得到的硅块必须去除一部分头部和尾部，因为硅锭的上部和下部聚集了大部分的杂质、位错和微晶等缺陷，这些缺陷会严重影响太阳能电池的光电转换效率，所以制备硅块时要去除这些不合格的部分。硅块去头尾常用设备为圆盘切割机或带锯切割机。

3. 硅块的磨面倒角

剖锭得到的硅块尺寸不十分精确且表面粗糙，存在一定的损伤，若直接加工为硅片，则会在生产加工过程中产生大量崩边、边缘隐裂等不良缺陷。因此，切片前需要对硅块表

面进行磨面，一是修正硅块尺寸，二是去除由剖锭造成的表面线痕，减小损伤层深度，得到光滑表面。

要对磨面完的硅块进行倒角，也有工艺是对硅块先倒角后磨面。倒角的目的是去除硅块四边锋利的棱角，避免硅块在运输和切片过程中产生不必要的崩边缺角。倒角设备一般是金刚砂研磨轮，倒角角度为标准的 $45°$ 斜角，宽度为 $1\sim2mm$。

4.5.2　单晶硅的加工

直拉单晶硅生长完成后呈圆棒状，而单晶硅太阳能电池及大规模集成电路所用的晶圆的基材均是硅片，因此，单晶硅生长完成后需要进行机械加工。对于太阳能电池用单晶硅而言，通常采用的工序包括切断、切方、切片、倒角、磨片和化学腐蚀等；对于大规模集成电路所用单晶硅而言，一般需要对单晶硅棒进行整形、切片、倒角、激光刻印、磨片、化学腐蚀、化学机械抛光、清洗、检测等，在不同的工艺间还需进行不同程度的化学清洗。

为了便于理解，以大规模集成电路的硅圆片加工流程为例进行介绍，如图 4.30 所示。

集成电路硅圆
片加工流程

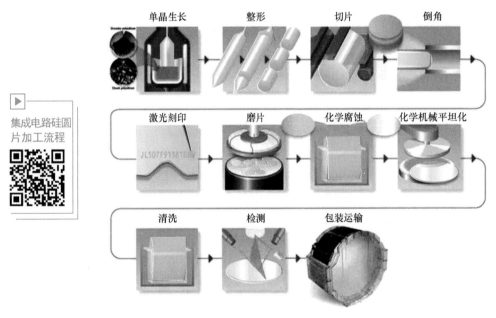

图 4.30　大规模集成电路的硅圆片加工流程

1. 整形

硅棒在单晶炉中生长完成后，外形是不规则的圆柱体，外侧可能出现晶棱，头部和尾部均是锥形端，因此要进行整形处理。整形处理主要包括对硅棒进行分割与整形，使其达到硅片切割（切片）的尺寸要求。

（1）去掉两端。一般通过金刚石砂线线锯、圆盘锯或带锯切割机去掉硅棒的两端。带锯切割去掉单晶硅两端如图 4.31 所示。

图 4.31　带锯切割去掉单晶硅两端

带锯切割

金刚石砂线切割机

（2）径向研磨。径向研磨可以保证精确的材料直径。由于在晶体生长中直径和圆度的控制不可能很精确，因此硅棒都要长得稍大一点以进行径向研磨。对半导体制造中流水线的硅片自动传送而言，精确的直径控制是非常关键的。图 4.32 所示为硅棒径向研磨。

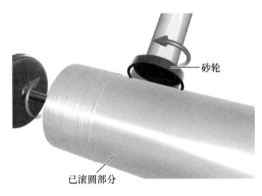

砂轮

已滚圆部分

图 4.32　硅棒径向研磨

对于太阳能电池用单晶硅而言，除去掉两端，径向研磨（滚圆）外，还需要进行切方，以获得四个直边，如图 4.33 所示。集成电路用单晶硅还需要进行定向平面加工。

图 4.33　太阳能电池单晶硅切方

2. 切片

整形处理完成后，要对硅棒进行切片处理。切片是指利用外圆、内圆或者多线切割机，按照确定的晶向，将经研磨后外形规则的硅棒切成薄片。

切片是硅片制备中的重要工序,对微电子工业用的单晶硅进行切片时,硅片的厚度、晶向、翘曲度和平行度是关键参数,需要严格控制。经切片后,硅棒的质量损耗了约1/3。

太阳能电池用单晶硅片的厚度为150μm左右。将硅棒切成硅片,通常采用内圆切割机或多线切割机。内圆切割机采用高强度轧制圆环状钢板刀片,外环固定在转轮上,拉紧刀片,环内边缘有坚硬的颗粒状金刚石。切片时,刀片高速旋转,速度为1000~2000r/min。在冷却液的作用下,固定在石墨条上的单晶硅向刀片做相对移动。采用这种切割方法,由于刀片有一定的厚度(250~300μm),约有1/2的单晶硅在切片过程中变成粉末,因此这种切片方法单晶硅的损耗大;而且,内圆切割机的切片速度较低,加工效率低,切片后硅片的表面损伤大。内圆切割机及切片原理如图4.34所示。

硅棒内圆
切割

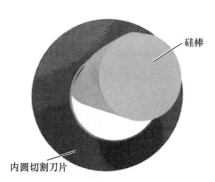

（a）内圆切割机   （b）切片原理

图 4.34　内圆切割机及切片原理

采用多线切割机,加工效率比采用内圆切割机高、损耗小,非常适合大批量硅片加工。在太阳能电池硅片制备及其他半导体材料切割方面多线切割得到广泛应用。多线切割过程示意图如图4.35所示,多线切割加工现场如图4.36所示。

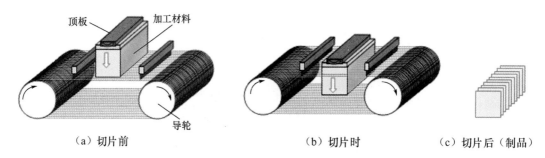

（a）切片前   （b）切片时   （c）切片后（制品）

图 4.35　多线切割过程示意图

20世纪90年代以后,多线切割技术发展逐渐成熟,被广泛应用于硅晶体切割,此时多线切割技术以游离磨料多线切割为主。使用超精细钢线作切割线,直径为$\phi 120 \sim \phi 150 \mu m$,运动速度为10~13m/s,配备研磨浆进行切割,研磨浆为含有SiC磨粒的聚乙二醇悬浮液,典型配比为聚乙二醇比SiC等于1：(0.92~0.95),SiC颗粒粒径为$\phi 8 \sim \phi 10 \mu m$。此切割属于游离磨粒式切割,具有切口小、切割面平整性高、切片崩裂概率低等优点,一次可以同时切割数百片,并且可以同时切割两个及以上硅棒,如图4.37所示。

图 4.36 多线切割加工现场

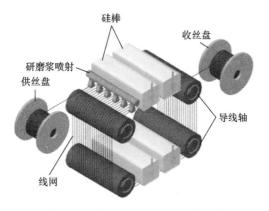

图 4.37 同时切割两个硅棒示意图

悬浮于研磨浆中的磨粒在高速运动的钢线的带动下进入加工区域,在钢线和工件加工表面间的液体薄膜中滚动,在钢线的压力作用下压入工件,使工件表面产生破碎和裂纹,继而结合磨粒的滚动将碎片剥离工件,实现材料的去除。在该过程中,钢线不进行切削加工,而是主要起将研磨浆高速带入切割区并对磨料施加载荷的作用。在切片过程中,钢线通过一组导向滑轮引导,在导轮上形成一张线网,收丝盘、供丝盘均由伺服电动机同步驱动,张力轮由伺服力矩电动机驱动或由气缸及压力传感器驱动实现钢线的高速转动,而待加工硅棒或硅锭通过工作台的下降实现工件的进给。

从微观而言,游离磨料多线切割利用 SiC 磨料与聚乙二醇混合制得的研磨浆喷射在布满钢线的线网上,通过钢线运动带动研磨浆中的 SiC 滚动、挤压在线网上的硅棒或硅锭表面,形成三体磨料磨损,从而实现工件切割。三体磨损及切割示意图如图 4.38 所示。切割硅片的表面粗糙度与游离磨料多线切割设备的张紧力、钢线运动速度、研磨浆的密度及工件进给速度等因素有着密切关系。

游离磨粒对工件表面的滚动、挤压作用增大了硅片亚表面损伤层的深度。由于过深的损伤层会影响硅片的品质,因此表面损伤层过深是游离磨料多线切割技术存在的主要问题。

游离磨料多线切割还存在以下缺点:第一,在研磨浆中,如果游离磨粒的分散性能变差,就很容易造成磨粒团聚,团聚后的大磨粒在切割压力的作用下会压入工件表面,导致工件表面脆性断裂,影响硅片的表面质量,团聚的小磨粒又没有参与切割,从而影响整体研磨浆的切割效果;第二,研磨浆消耗大,磨料成本高,并且研磨浆的开采、回收、分离

（a）三体磨损　　　　　　　　（b）切割

图 4.38　三体磨损及切割示意图

和净化成本高，对环境污染大；第三，切割大尺寸工件时，磨粒很难进入很深的锯缝，导致切割效率降低，并且由于切割时研磨浆分布不均匀，因此切片厚度不均匀，影响切割品质；第四，由于游离磨料多线切割为三体磨损切割，因此切割硅棒时磨粒同时对钢线也进行磨削，导致钢线更容易断线，一旦断线，就可能导致切割的所有硅片报废，造成很大的损失；第五，游离磨料多线切割的特性决定了钢线无法更进一步细线化，这使得锯缝损失大，从而造成硅料损失更大。

把金刚石微粒固结在钢线基材上，采用与游离磨料多线切割类似的设备，就形成了固结磨料多线切割技术。固结磨料多线切割技术在很大程度上克服了上述游离态多线切割技术的问题。

金刚石线切割时，由于金刚石颗粒固结在钢线表面，切割过程中金刚石与钢线不发生相对运动，因此金刚石颗粒不会对钢线造成伤害。由于金刚石颗粒被固结在钢线表面，其切割能力比传统游离态切割强，为金刚石线细线化提供了可能。因此固结磨料多线切割具有切缝窄、锯切效率高、切片质量好、对环境污染小、能加工大直径工件和超硬材料等优点，在硬脆材料的加工方面得到了较广泛的应用。

固结磨料金刚石线是将高硬度、高耐磨性的超硬磨料利用工艺技术固结在钢线基体上而制成的一种线锯，从而使得线材具备磨削加工能力。金刚石线及金刚石线切割示意图如图 4.39 所示。目前，固结磨料金刚石线制作采用的工艺技术主要有钎焊工艺、树脂黏合工艺和复合电镀工艺等。

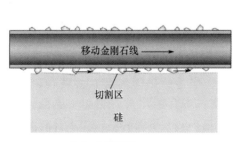

（a）金刚石线　　　　　　　　（b）金刚石线切割

图 4.39　金刚石线及金刚石线切割示意图

钎焊工艺的原理是在高温条件下加热钎料及金刚石磨粒，使得金刚石磨粒与钎料层间产生牢固的化学键合。但高温会破坏钢线基体的组织结构，进而影响基体的强度和硬度。树脂黏合工艺是通过树脂黏结剂将金刚石和钢线黏合在一起。树脂黏合金刚石线显微照片及结构如图 4.40 所示。树脂黏合工艺制造的金刚石线在高温或者摩擦条件下树脂层容易脱落，耐磨性、耐热性、断裂强度都不够高。目前，上述两种工艺在实际应用中较少。复合电镀工艺的原理是通过金属的电沉积作用，将金刚石磨粒与被镀金属共同沉积到芯线基材上制成一种切割线材。复合电镀工艺在钢线基体与金刚石颗粒的结合力上优于其他工艺。复合电镀金刚石线具有线径小、耐热性和耐磨性良好、制造成本低、生产效率高的优点，是目前固结磨料多线切割中使用最多的切割线。复合电镀金刚石线显微照片及结构如图 4.41所示。

金刚石线种类

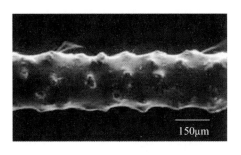

（a）显微照片

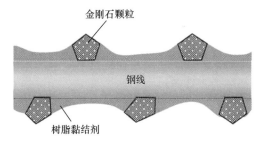

（b）结构

图 4.40　树脂黏合金刚石线显微照片及结构

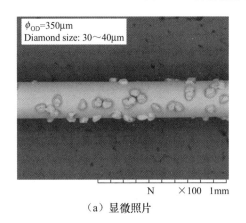

（a）显微照片

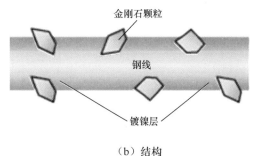

（b）结构

图 4.41　复合电镀金刚石线显微照片及结构

多线切割机由主框架、绕线室、切割室、浆料供应系统、冷却系统、电气控制系统组成，其外观如图 4.42 所示。不同厂家生产的多线切割机在设备尺寸和线网布置方面会有稍许不同。目前，瑞士和日本生产的多线切割机几乎占据了多线切割设备的全部市场。瑞士多线切割机的特点是精度高、产量大、稳定性好，但价格较高，主要厂家有 HCT 公司和梅耶博格；日本多线切割机的特点是体积小、使用成本低、价格较低，主要厂家有 NTC 公司和安永。

图 4.42　多线切割机外观

目前，为进一步提高固结磨料多线切割的工艺指标，摇摆机构是一个研究热点。摇摆运动线切割如图 4.43 所示，其使金刚石线与工件之间的接触由传统的直线接触变为更接近点接触，减小了线与被切割材料之间的接触面积，增大了金刚石颗粒尖端与被切割材料之间的压力，从而提高了切割效率。在固结磨料线切割设备中增加摇摆机构，可明显改善切割效果。在实际加工中，也可以通过硅棒摇摆进行切割。

摇摆机构多线切割

摇摆式固结磨料多线切割机

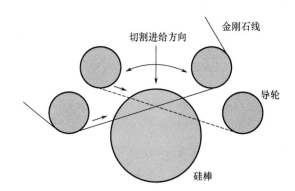

图 4.43　摇摆运动线切割

3. 倒角、激光刻印和磨片

硅片边缘抛光修整称为边缘整形或倒角，由此可使硅片边缘获得平滑的半径周线。用金刚石砂轮对硅片边缘进行打磨，使其边缘钝圆光滑，不易破碎。倒角的主要作用是消除边缘锋利区，大大减少边缘崩裂现象出现，利于释放应力。硅片边缘的裂痕和小裂缝会在硅片上产生机械应力并产生位错，尤其是在硅片制备的高温过程中，小裂缝会在生产过程中成为有害沾污的聚集地并使颗粒脱落。平滑的边缘半径可将这些影响降到最小。硅片倒角工作原理如图 4.44 所示。

为尽量减小粗糙度且保证加工效率，生产中分别采用由粗到细不同磨粒的倒角磨轮，对硅片进行多次倒角，最终获得光滑的表面。硅片倒角的边缘轮廓形式主要有 R 型和 F 型两种，如图 4.45 所示。

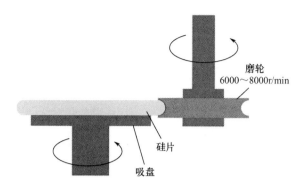

图 4.44　硅片倒角工作原理

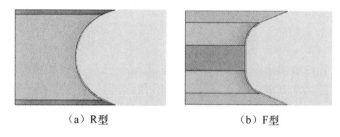

（a）R 型　　　　　　　　　　（b）F 型

图 4.45　硅片倒角的边缘轮廓形式

　　硅棒在整形时会做一个定位边来标明晶体结构和硅片的晶向。切片后的硅片主定位边标明晶体结构的晶向，一个次定位边标明硅片的晶向和导电类型，如图 4.46 所示。

图 4.46　硅片标识定位边

　　在美国，硅片定位边在 ϕ200mm 以上的硅片中已被定位槽取代。对于 ϕ300mm 的硅片，已经对激光刻印达成标准，激光刻印于硅片背面靠近边缘的没有利用到的区域，如图 4.47 所示。没有利用到的区域在固定质量区域面积之外。固定质量区域是指硅片上容纳芯片的面积。现在没有利用的区域高度一般是 3mm，但在将来可能减小到 2mm。

　　多线切割后的硅片，表面存在损伤层（晶格畸变、划痕及较大起伏度），需要进行双面机械磨片以去除切片时留下的损伤，使硅片两面高度平行及平坦。磨片是由磨轮和带有磨料的浆料利用旋转的压力完成的，典型的浆料包括氧化铝或硅的碳化物和甘油。硅片磨片示意图如

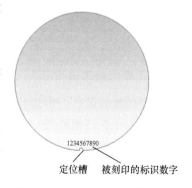

图 4.47　硅片定位槽和激光刻印

图 4.48所示，经过磨片后，硅片的损伤层厚度从 $70\sim80\mu m$ 减小至 $20\sim30\mu m$，表面粗糙度也大幅度提高。

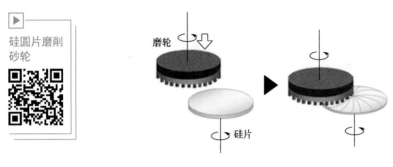

图 4.48　硅片磨片示意图

4. 化学腐蚀

经过磨片后，硅片表面仍存在 $20\mu m$ 左右的机械损伤层，因此需要采用化学腐蚀的方法，对硅片表面进行化学剥离，从而减薄损伤层和沾污，为抛光创造条件。在该工艺中，通常要腐蚀掉硅片表面约 $20\mu m$ 的厚度以保证去掉所有的机械损伤。可以用酸性或碱性化学物质进行化学腐蚀。

采用碱性腐蚀液（如 KOH、NaOH 等）腐蚀后，硅片表面比较粗糙。腐蚀时间延长后，表面还会出现像金字塔结构的形状，称为"绒面"，如图 4.49 所示，这种绒面结构有利于减少硅片表面的太阳光反射，增加光线的射入和吸收。所以，在单晶硅太阳能电池实际工艺中，一般将化学腐蚀和绒面制备工艺合二为一，以节约生产成本。

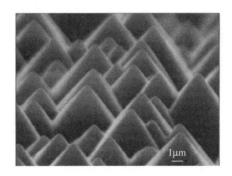

图4.49　单晶硅片碱腐蚀后表面的金字塔结构

5. 化学机械平坦化

制备硅片的最后一步是化学机械平坦化（chemical mechanical planarization，CMP），通常被称为化学机械抛光，它是在磨片的基础上，通过化学机械研磨方式，进一步获得更光滑、平整的单晶硅表面。经过化学机械抛光后，表面粗糙度可以降低到几十纳米，甚至更低。图 4.50 所示为研磨片与化学机械抛光片的表面对比。化学机械抛光保障了硅片大直径的平整度。双面抛光后，半导体芯片制造厂可通过背面抛光面了解硅片洁净度。化学机械抛光是目前主流的硅片抛光工艺，也是唯一一种大面积平整化的抛光工艺。

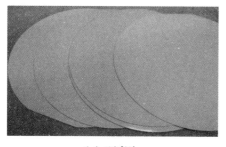
（a）研磨片

（b）化学机械抛光片

图 4.50 研磨片与化学机械抛光片的表面对比

化学机械抛光过程为化学反应—机械去除—再反应—再去除……，是一种化学作用和机械作用相结合的抛光工艺。化学反应和机械去除的反复进行，对硅片表面逐层剥离，并实现对硅片的高精度抛光，其原理如图 4.51 所示。在抛光过程中，抛光液中的化学组分与工件发生反应，在工件表面形成一层很薄、结合力较弱的生成物，而抛光液中的磨料在压力和摩擦作用下对工件表面进行微量去除。化学机械抛光的抛光液一般分为酸性和碱性两大类，酸性抛光液溶解性强，抛光效率高，常用于金属材料的抛光；碱性抛光液具有选择性强、腐蚀性弱等优点，硅片表面化学机械抛光一般选用碱性抛光液。

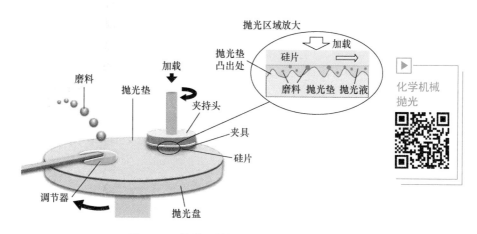

图 4.51 化学机械抛光原理

化学机械抛光分为有蜡抛光和无蜡抛光。有蜡抛光是利用蜡将硅片的一面黏结固定在陶瓷板上，而对另一面进行抛光。无蜡抛光是利用表面张力将硅片和载体板吸附在一起，再进行抛光。通常单面抛光效果优于双面抛光。大尺寸硅片多采用有蜡抛光，小尺寸硅片多采用无蜡抛光。

6. 清洗

硅片的清洗很重要，对于制作半导体芯片的晶圆而言，只有达到超净的洁净状态才能提供给芯片制造厂；对于硅太阳能电池而言，硅片的洁净程度将影响电池的转换效率。在硅太阳能电池制备过程中，需要在硅表面涂一层具有良好性能的减反射薄膜，如果有害杂质离子进入硅表面层，则会降低绝缘性能。此外，如果存在油污、水气、灰尘和其他杂质，将会影响 PN 结的性能，并由于电阻率的不稳定，影响硅片性能。

在硅片加工过程中，硅片表面会不断被各种杂质污染。硅片表面扫描电镜照片如图 4.52 所示，可以看出表面存在碎片和污染物。为获得洁净的表面，需要采用多种方法，如对硅片进行清洗和洁净化。一般每道工序结束之前，都有一次清洗的过程，要求做到"本流程污染，本流程清洗"。只有通过多次清洗工序才能保障最终硅片表面的洁净性。

硅圆片清洗

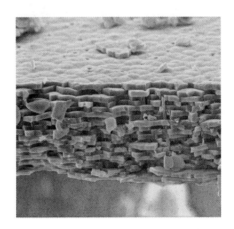

图 4.52　硅片表面扫描电镜照片

切片、倒角、磨片、化学腐蚀、化学机械抛光等阶段结束后，都需要进行清洗，以尽量消除本工序的污染物，因此清洗主要包括切割片清洗、研磨片清洗、抛光片清洗。随着加工的进行，对表面洁净度的要求不断提高，最终抛光结束后，要进行洁净度要求最高的抛光片清洗。

在硅片的加工过程中，杂质主要分为三类：一是分子型杂质，包括加工中的一些有机物；二是离子型杂质，包括腐蚀过程中的钠离子、氯离子、氟离子等；三是原子型杂质，如金、铁、铜和铬等重金属杂质。这些杂质主要通过化学吸附和物理吸附方式存在于硅表面。

化学吸附于硅片表面，主要通过离子键或共价键形式，在硅片和杂质之间形成化学键或生成表面配位化合物等产生吸附。这种吸附是一种较近距离的作用，成键稳定，比较难清除。减少化学吸附的方法是在每道工序结束前都进行清洗，减少杂质，最终进行可消除化学吸附的清洗（抛光片清洗）。

物理吸附于硅片表面，主要通过范德瓦耳斯力吸引作用产生吸附。这种吸附可以吸附较远范围且较大的杂质颗粒，吸附后，颗粒和表面的距离比较大，结合能力也比较弱，因此杂质比较容易脱落。减少物理吸附的方法主要是提高环境的洁净度，减少可吸附颗粒，并进行多次清洗。

目前，常用的清洗方法有化学清洗法、超声波清洗法和真空高温处理法。

（1）化学清洗法。化学清洗有以下两种。

① 有机溶剂（甲苯、丙酮、酒精等）—去离子水—无机酸（盐酸、硫酸、硝酸、王水）—氢氟酸—去离子水。

② 碱性过氧化氢溶液—去离子水—酸性过氧化氢溶液—去离子水。

（2）超声波清洗法。目前，在半导体生产清洗过程中广泛采用超声波清洗技术。液槽底部产生超声频段的机械振动，振动传给水箱，并传给清洗液，清洗液发生振动，当振动频率足够高时，液体被撕开，形成很多空腔（类似于气泡，但内部没空气），空腔遇到工件破裂，并且把振动能量传给工件，因此工件表面的小颗粒在获得能量后脱落。超声波清洗法有以下优点。

① 清洗效果好，清洗过程简单，降低了由于复杂的化学清洗过程带来杂质的可能性。

② 能清洗一些形状复杂的容器或器件。

超声波清洗法的缺点是当超声波的作用较大时，受振动摩擦的影响，硅片表面可能产生划痕等损伤。

（3）真空高温处理法。硅片经过化学清洗和超声波清洗后，还需要进行真空高温处理，再进行外延生长。

真空高温处理法的优点如下。

① 由于硅片处于真空状态，因此减少了空气中灰尘的污染。

② 硅片表面可能吸附的一些气体和溶剂分子的挥发性提高，因而真空高温易除去。

③ 在真空高温条件下，一些可能玷污硅片的固体杂质易发生分解而除去。

7. 检测

在包装硅片之前，应按照客户要求的规范检查硅片的质量是否达标。

8. 包装运输

硅片供应商必须仔细地包装要发货给芯片制造厂的硅片。将硅片叠放在有窄槽的塑料片架或"船"里以支撑硅片。碳氟化合物树脂材料（如特氟纶）常用作包装盒材料，以使污染颗粒产生减到最少。装满了硅片后，要将片架放在充满氮气的密封小盒里以免在运输过程中硅片氧化和被其他物质玷污。

4.6 单晶硅定晶向电火花线切割技术

目前，同步辐射光源是应用最多的在线运行大型科学装置。同步辐射拥有平滑的光谱，高度的准直性，高辐射功率，高亮度，偏振性，可计算性。具有这些优秀性能的同步辐射正在为诸多学科前沿研究和高新技术开发应用提供不可替代的实验研究手段。同步辐射光束线包括光源、前端区、束线和实验站，如图4.53所示。典型的光线束设备拥有诸多单色器、透光元件、镜面结构、与光束线相联的惰性气体管和各种光束阀门及各种冷却系统。同步辐射的光谱范围很宽，从红外线一直到硬X射线波段。在大多数同步辐射应用中，都需要做能量的选择，或者说是波长的选择，称为单色化，相应的设备称为单色器。大多数光束线系统都会选择单晶硅作为单色器的核心光学元件，由于单晶硅的峰反射率接近100%，因此是理想的单色器晶体。另外，单晶硅的力学性能优良，品质好于光学玻璃，在加工同步辐射聚焦镜、准直镜等反射镜时常常作为基底材料。

此外，在科学技术飞速发展的时代，由于特定晶向的单晶硅材料具有特殊的理化性，极大地满足了国防军事、精密仪器、光学仪表制造等领域的需求，因此面临着众多的需求。

同步辐射光
源工作原理
及应用

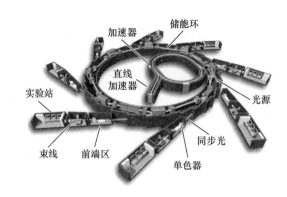

图 4.53　同步辐射光束线基本构成

应用时，根据使用目的的不同，必须对晶体进行不同方向的定向切割，以获得不同的定晶向单晶体，一些精密定晶向晶体（如单色器中的衍射晶体），其产生衍射作用的晶面角精度需要达到 3′ 以内，因此其生产要求极为严格，生产成本高昂。

衍射晶体都是具有特定晶面［如（110）（111）（311）等］的晶体，不同的晶面对不同的射线有不同的衍射角度，能够将不同波长的光进行分光，最终实现对原始光束的单色化，其原理如 4.54 所示。因此，具有特定方向晶面的单晶硅是中子散射谱仪、X 射线衍射谱仪、核共振、光刻与 LIGA 等设备的核心部件。

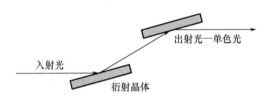

图 4.54　衍射晶体的单色化原理

找到指定晶面方向的方法有很多，大致可以分为机械法、光学法和 X 射线法。机械法会对晶体造成破坏，光学法的精度比较差，基本利用 X 射线晶体定向仪来测量晶体晶向偏差。但单晶硅硬度高、脆性大，一般的机械加工方法容易产生崩裂，或者由于解理现象产生整体断裂，故其可加工性极差。

传统的机械定晶向加工是通过改造的精密磨床实现的。用外圆刀片代替砂轮，并增加回转工作台，如图 4.55 所示。利用夹具固定硅棒后，需要进行不断的试切，通过调整五个轴找到目标晶面，实现对硅棒的定晶向切割。但由于外圆刀片的稳定性较差且加工时不能改变切割方向，因此材料损耗较大。受刀具的尺寸限制，切割加工的晶片尺寸通常小于 200mm。为减小机械加工的变形，对机械加工机床提出了苛刻的刚度和精度要求。除此之外，这种方法定晶向切割硅片工艺复杂、成本高昂且属于破坏性切割。

由于电火花线切割方法利用火花放电产生的瞬间高温使加工材料熔化或者气化，因此电火花放电加工是一种与材料硬度、脆性无关的加工方式，不存在或者存在很小的机械力，适合单晶硅的定晶向切割。单晶硅定晶向电火花线切割技术与 X 射线衍射定向检测技术结合，理论上可以加工空间任意晶向的硅晶面。

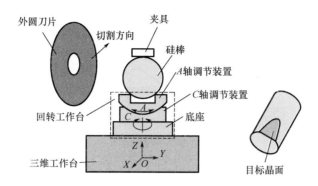

图 4.55　定晶向外圆切割示意图

4.6.1　晶体方向检测原理

1. 布拉格定律

X 射线衍射定向的基本原理是布拉格定律。如图 4.56 所示，用波长为 λ 的平行单色 X 射线入射到晶体表面，入射角为 θ，相邻平行晶面反射的光程差是 $2d\sin\theta$，当光程差恰好为波长的整数倍时，产生衍射现象，这就是布拉格定律。布拉格定律用公式表示为

$$2d\sin\theta = n\lambda$$

式中，d 为相邻平行晶面的间距；θ 为 X 射线的入射角（又称布拉格角）；$2d\sin\theta$ 为光程差，即图 4.56 中的 $AO+BO$ 段的长度；n 为大于零的整数；λ 为入射 X 射线的波长。对于不同的晶面，间距 d 不同，对应不同的入射角 θ。因此，可以通过测量发生衍射时对应晶面的入射角 θ，确定对应的晶面方向。

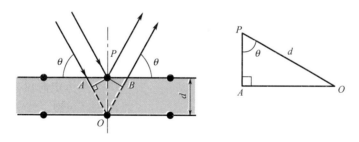

图 4.56　布拉格定律原理图

2. X 射线晶体定向仪检测原理

X 射线晶体定向仪检测原理如图 4.57 所示，检测现场如图 4.58 所示。将待测硅片置于载物台上，载物台上的吸盘可以保证所测表面与被测面平行。由高压变压器产生的高电压加在铜靶 X 射线管上，从而产生 X 射线，X 射线照射在被测面上。在图 4.57 中，X 射线与被测面之间的夹角为 θ，其是半导体的理想晶面对铜靶辐射产生衍射的布拉格角。转动载物台（绕 O 轴），当转过 δ 角时，晶格平面同参考面平行，此时满足衍射条件，盖革计数器接收到的 X 射线强度达到最大值，同时微安表的指针偏摆至极大值，可以读出所测晶面与理想晶面之间的偏差角度 δ 的值，从而间接地计算得到待测硅片的晶面位置。

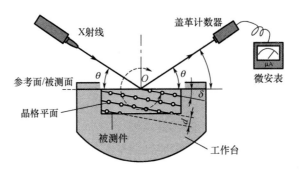

图 4.57　X 射线晶体定向仪检测原理

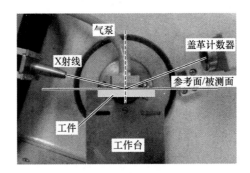

图 4.58　X 射线晶体定向仪检测现场

4.6.2　定晶向电火花线切割原理

由于半导体材料的电火花加工特性完全不同于金属材料，因此电火花线切割半导体晶体硅时，必须采用特殊的装夹进电方式并采用特殊的伺服控制方法，目前主要采用基于电流脉冲概率检测的伺服控制系统，使用"宁欠勿过"的伺服跟踪方法，从而有效地避免了过跟踪后形成短路和弯丝状况的发生，保障了切割精度。

定晶向电火花线切割原理如图 4.59 所示。先利用具有四轴（X、Y、U、V）联动摇

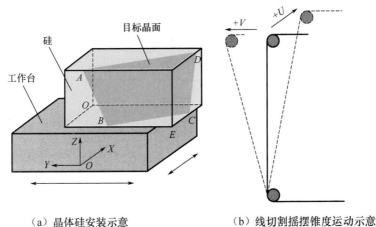

（a）晶体硅安装示意　　　　　　（b）线切割摇摆锥度运动示意

图 4.59　定晶向电火花线切割原理

摆锥度切割功能的电火花线切割机床在所需晶面方向的大致位置试切一小片，再检测误差；根据误差计算出机床上线臂沿 U 轴或 V 轴的偏移量及工作台的进给路线；根据计算结果进行调整，然后第二次试切，重复这一过程，直至找到目标晶面的确切位置；保持机床上线架的位置不变，按所需的尺寸切割出符合要求的晶面。

4.7　硅微结构加工技术

目前，大部分的微结构器件都用硅制造，因为硅不仅具有良好的力学性能和电性能，而且可以利用硅的微加工技术制作出从亚微米级到纳米级的微型组件和结构。硅微结构加工技术主要包括面微结构加工技术和体微结构加工技术。面微结构加工是指采用各种薄膜的制备及加工技术，主要是物理气相沉积和化学气相沉积；体微结构加工主要是指采用各种硅刻蚀技术，分为湿法刻蚀和干法刻蚀两类。硅面微结构及体微结构加工技术对比见表 4 - 2。

硅微结构加工

表 4 - 2　硅面微结构及体微结构加工技术对比

项目	面微结构	体微结构
核心材料	多晶硅	硅
牺牲层	磷硅玻璃（PSG）或二氧化硅（SiO_2）	无
尺寸	小（精确控制膜厚度，典型尺寸为几微米）	大（典型的空腔尺寸为几百微米）
工艺要素	单面工艺（正面）； 选择性刻蚀，各向同性； 残余应力（取决于沉积、掺杂、退火）	单面或双面工艺（正面或反面）； 选择性刻蚀，各向异性（取决于晶体结构），刻蚀停止技术，图形加工

面微结构加工与体微结构加工的主要区别如下。

（1）面微结构加工对象是沉积在基体上的附加材料，不去除基体材料；体微结构加工的对象是基体材料，表面沉积附加的材料是掩膜。

（2）面微结构加工通过牺牲层技术的去除，可以实现微细活动部件的制造，如微型桥、悬臂梁及悬臂块等；而体微结构加工主要目标是形成微结构元件。

4.7.1　面微结构加工技术

面微结构加工以硅片为基体，通过薄膜沉积和图形加工制成三维微结构，硅片本身不被加工，器件的结构部分由沉积的薄膜层加工而成。面微结构加工器件由三部分组成：牺牲层部分、结构层部分和隔离层部分。加工过程如下：首先在硅片上沉积一层隔离层，用于电绝缘或基体保护；然后沉积牺牲层并进行图形加工，再沉积结构层并进行图形加工；最后溶解牺牲层，形成一个悬臂的微结构。在微结构制备过程中，牺牲层只起分离的作用，厚度为 $1\sim2\mu m$，最终会被去除。常用的牺牲层材料主要有氧化硅、多晶硅、光刻胶；结构层材料有多晶硅、单晶硅、氮化硅、氧化硅和金属等。

利用面微结构加工技术，可以加工制造各种悬臂式微结构（如微型悬臂梁、微型桥、微型腔等），这些结构可以用于微型谐振式传感器、加速度传感器、流量传感器和电容式传感器、应变式传感器；还可以加工制造各种执行器，如静电式微电动机、多晶硅步进执行器等。

下面以单自由度微细梁加工为例，说明面微结构加工过程，如图 4.60 所示，主要步骤如下。

（1）在基片上沉积一层隔离层，再沉积一层磷硅玻璃作为牺牲层。

（2）利用光刻技术在牺牲层上刻蚀出窗口，由于磷硅玻璃在氢氟酸中的刻蚀速率比二氧化硅高，因此可以用二氧化硅作为光刻掩膜。

加速度传感器

（3）在刻蚀出的窗口及牺牲层上生长一层多晶硅（或金属、合金、绝缘材料）作为结构层。

（4）用化学或物理腐蚀方法在结构层上进行第二次光刻，进一步加工微细结构。

（5）腐蚀牺牲层，获得与硅基片略微连接或者完全分离的悬臂式结构。

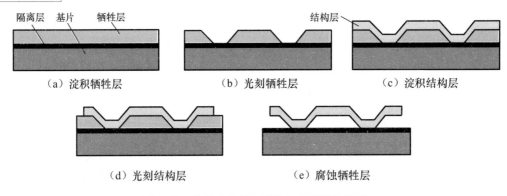

（a）淀积牺牲层　　　　　（b）光刻牺牲层　　　　　（c）淀积结构层

（d）光刻结构层　　　　　（e）腐蚀牺牲层

图 4.60　单自由度微细梁的加工过程示意图

4.7.2　体微结构加工技术

体微结构加工技术是指利用刻蚀工艺，选择性去掉硅基底，对体微结构进行三维加工，形成微结构元件（如槽、平台、膜片、悬臂梁、固支梁等）的一种工艺。目前，体微结构加工主要用来制作微传感器和微执行器，如压力传感器、加速度传感器、触觉传感器、微热板、红外源、微泵、微阀等。

体微结构加工技术包括刻蚀和自停止刻蚀两种关键技术。刻蚀又分为采用液体腐蚀剂的湿法刻蚀和采用气体腐蚀剂的干法刻蚀，对应不同的自停止刻蚀。体微结构加工技术主要利用硅的不同晶向具有不同的腐蚀速率特性，靠调整器件结构面，使它和快刻蚀的晶面或慢刻蚀的晶面方向相对应，如硅材料的（111）晶面的腐蚀速率最低，如果选用的硅片是（100），则腐蚀后显露出来的是腐蚀速率最低的（111）面，与表面成 54.74°。刻蚀速率依赖于杂质浓度和外加电位的特点又可用于控制适时停止刻蚀，从而可在硅基底上加工出各种微结构，如悬臂梁、齿轮等微型传感器和微型执行器的精密三维结构。刻蚀的主要内容将在 5.5 节中进行阐述。

4.7.3 键合技术

微机电系统是将微传感器、微执行器及处理器集成于一体的复杂智能微系统。按不同工艺要求将微机电系统制作在同一个硅片上，其复杂结构的实现有时是十分困难的。因此，要把整个微机电系统按结构、材料、微加工工艺的不同，分别在不同硅片上进行微加工，然后将两片或者两片以上的硅片在超精密装配设备上对准，通过键合手段，把它们连接成一个完整的微系统。这是微机电系统获得低成本、高合格率、质量可靠的复杂微结构的有效途径。

键合技术（bonding technique）是指不利用任何黏结剂，只是通过化学键和物理作用将硅片与硅片、硅片与玻璃或其他材料紧密结合起来的方法。虽然键合技术不是微结构加工的直接手段，但在微结构加工中有着重要的地位。它往往与其他手段结合使用，既可以对微结构进行支撑和保护，又可以实现微结构之间或微结构与集成电路之间的电学连接。阳极键合现阶段主要应用于玻璃与硅的阳极键合、玻璃与金属的阳极键合、通过中间层进行的阳极键合、单晶硅与功能陶瓷的阳极键合、多层阳极键合、离子导电聚合物的阳极键合。

阳极键合又称静电键合或协助键合，在强大的静电力作用下，将两个被键合的表面紧压在一起；在一定温度下，通过氧—硅化学键键合，将硅及沉积有玻璃的硅片牢固地键合在一起。其设备简单、键合温度较低、与其他工艺的相容性较好、键合强度及稳定性较高。

硅/硅阳极键合技术在微电子器件中制造绝缘体上硅（silicon on insulator，SOI）结构有许多应用，下面介绍具体工艺流程，如图 4.61 所示，主要步骤如下。

（1）在一块硅片上用各向异性刻蚀技术刻出沟槽，并进行氧化处理。

（2）在氧化处理的表面上沉积 $100\mu m$ 厚的多晶硅。

（3）将多晶硅表面磨平、抛光后氧化。

（4）选择合适的阳极键合工艺参数，将该硅片与另一块硅片进行阳极键合。

（5）减薄并抛光上面的硅片，绝缘体上硅结构完成，可用于专用器件的制造。

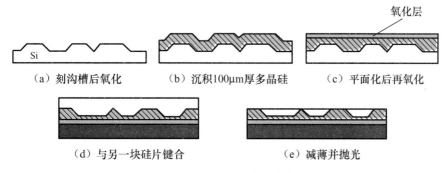

氧化层

（a）刻沟槽后氧化　　（b）沉积100μm厚多晶硅　　（c）平面化后再氧化

（d）与另一块硅片键合　　（e）减薄并抛光

图 4.61　阳极键合在制造绝缘体上硅结构中的应用

阳极键合技术还大量应用于微结构的制造，如微泵、微阀、微压力传感器和加速度传感器的制造，以及微机电系统的组装、封装。图 4.62 所示为利用键合技术制造微压力传

感器芯片的过程。图中共两块硅片，其中一块为 P 型硅，在 P 型硅衬底外延一层 N 型硅膜；另一块硅片为 N 型硅，用各向异性腐蚀法腐蚀出锥形槽；将两块硅片直接键合在一起；腐蚀掉第一块硅片的 P 型衬底（减薄了第一块硅片），并在其上制作（离子注入）电阻；用抛光的方法，按照设计尺寸减薄 N 型硅第二块硅片，形成压力传感器芯片。

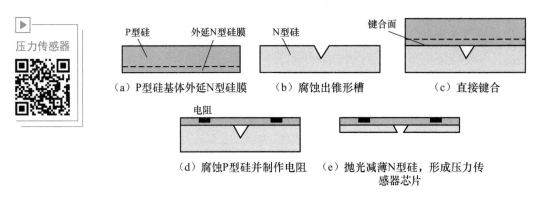

图 4.62　利用键合技术制造微压力传感器芯片的过程

阳极键合作为一项新型连接工艺，与传统的焊接工艺相比，不需要高温下的熔融再结晶，键合过程更加清洁、高效，同时键合热应力小、对器件无污染；与黏结工艺相比，阳极键合具有气密优良、强度高及耐蚀的优点。目前，阳极键合的机理还在进一步研究中。

4.8　第三代半导体材料碳化硅单晶的制备

第三代半导体指的是以碳化硅（SiC）、氮化镓（GaN）为代表的半导体材料。第三代半导体材料具有高频、高效、节能等特性。下面以典型的第三代半导体材料碳化硅为例进行介绍。

4.8.1　第三代半导体材料的产业链

碳化硅在半导体芯片中的主要形式是作为衬底材料，其经过外延生长、器件制造等环节，可制成碳化硅基功率器件和微波射频器件，是第三代半导体产业发展的重要基础材料。碳化硅衬底（晶片）从生产到应用的产业链如图 4.63 所示。

碳化硅材料的应用领域较明确，根据电阻率不同，碳化硅衬底可分为导电型（15～30 mΩ·cm）和半绝缘型（不低于 10^5 Ω·cm）。其中，导电型碳化硅衬底（碳化硅外延）主要用于制造耐高温、耐高压的功率器件，广泛应用于电子电力领域（如新能源汽车、光伏、智能电网、轨道交通等领域），市场规模较大；半绝缘型碳化硅衬底（氮化镓外延）主要用于制造微波射频器件等（如 5G 通信中的功率放大器和国防中的无线电探测器等），随着 5G 通信网络的加速建设，市场需求提升较明显。碳化硅单晶的分类及产品主要用途见表 4-3。

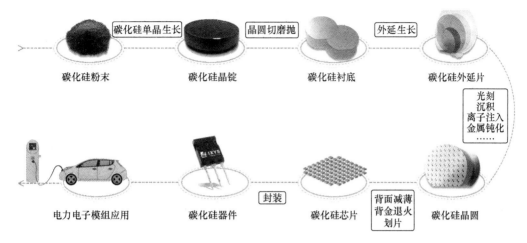

图 4.63 碳化硅衬底（晶片）从生产到应用的产业链

表 4-3 碳化硅单晶的分类及产品主要用途

产品种类	图示	电学性能	产品用途
导电型碳化硅衬底		低电阻率（15～30mΩ·cm）	通过在导电型碳化硅衬底上生长碳化硅外延层，制得碳化硅同质外延片，可进一步制成肖特基二极管、MOSFET、IGBT 等功率器件，应用于新能源汽车、轨道交通及大功率输电变电等领域
半绝缘型碳化硅衬底		高电阻率（≥10^5 Ω·cm）	通过在半绝缘型碳化硅衬底上生长氮化镓外延层，制得碳化硅基氮化镓外延片，可进一步制成 HEMT（高电子迁移率晶体管）等微波射频器件，应用于信息通信、无线电探测等领域

4.8.2 三代半导体材料及其主要应用

第三代半导体材料并不是第一代半导体材料和第二代半导体材料的升级，并不比前两代更加先进，三者其实是共存的关系，各有各的优势和应用领域。三代半导体材料及主要应用领域如图 4.64 所示。

第一代半导体材料兴起于 20 世纪 50 年代，主要以硅（Si）、锗（Ge）为代表材料。第一代半导体材料引发了以集成电路为核心的微电子领域迅速发展。第一代半导体具有技术成熟度高及成本优势，目前应用极为广泛，其主要细分领域包括了集成电路、光电子、分立器件、传感器等，但由于硅材料的禁带宽度（1.12eV）较窄、电子迁移率和击穿电场较低，其在光电子领域和高频高功率器件方面的应用受到诸多限制。

第二代半导体兴起于 20 世纪 90 年代，随着移动通信的飞速发展及以光纤通信为基础的信息高速公路和互联网的兴起，以砷化镓、锑化铟为代表的第二代半导体材料开始崭露头角。以砷化镓为例，相比于第一代半导体，砷化镓具有高频、抗辐射、耐高温的特性，

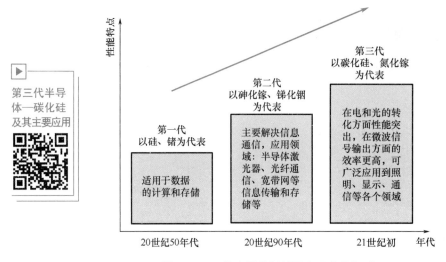

第三代半导体——碳化硅及其主要应用

图 4.64 三代半导体材料及主要应用领域

因此广泛应用在主流的商用无线通信、光纤通信、LED、卫星导航等领域。

21世纪初，智能手机、新能源汽车、机器人等新兴的电子科技迅速发展，同时全球能源和环境危机突出，能源利用趋向低功耗和精细管理，传统的第一、二代半导体材料由于性能限制已经无法满足科技的需求，需要新的半导体材料替代。

第三代半导体材料主要是以碳化硅、氮化镓为代表的大禁带宽度半导体材料，其禁带宽度大于或等于 2.2eV。与第一代半导体材料和第二代半导体材料相比，第三代半导体材料碳化硅的禁带宽度是硅的 3 倍、击穿电场是硅的 10 倍或砷化镓的 5 倍、热导率是硅的 3.3 倍或砷化镓的 10 倍、电子饱和迁移速率是硅的 2.5 倍，同时具有更高的抗辐射能力，更适合于制作高温、高频、大功率及抗辐射器件，可广泛应用在高压、高频、高温及高可靠性等领域，包括射频通信、雷达、卫星、电源管理、汽车电子、工业电力电子等。其主要应用于新能源车、光伏、风电、5G 通信等领域。第三代半导体材料的特性示意如图 4.65 所示。

例如，电动车是第三代半导体材料的主要应用市场之一，尤其碳化硅功率器件可以让电机控制器的体积减小 30%，质量随之减轻，转换效率平均有约 5% 的提升。

在光伏、风电和储能逆变器领域，耐高压的碳化硅器件有望大量应用于大功率组串和集中式逆变器中。

图 4.65 第三代半导体材料的特性示意

目前，第三代半导体材料的市场占比很小，第二代半导体材料、第三代半导体材料的市场占比加起来不过 10%，但是第三代半导体材料衍生的商机，将突破硅材料无法做到的领域。基于硅材料的器件性能提高的潜力越来越小，而以碳化硅、氮化镓为代表的第三代半导体材料所具备的优异物理特性，为进一步提升电力电子器件的性能提供了更大的空间。

4.8.3 碳化硅衬底的制备

碳化硅单晶在自然界极其稀有，只能依靠人工合成制备。目前，工业生产碳化硅单晶材料以物理气相传输法（physical vapor transport，PVT）为主。这种方法需要在高温真空环境下将粉料升华，然后输送到冷凝区使其成为饱和蒸气，最后通过温度场的控制使升华后的组分在籽晶表面生长从而获得碳化硅晶体。整个过程在密闭空间内完成，有效的监控手段少且变量多，对于工艺控制精度要求极高。碳化硅在长晶的源头晶种就要求具有相当高的纯度且后段加工极其困难。碳化硅衬底的制备流程如图 4.66 所示。

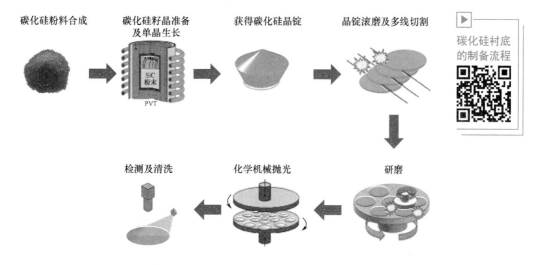

碳化硅粉料合成　碳化硅籽晶准备及单晶生长　获得碳化硅晶锭　晶锭滚磨及多线切割　碳化硅衬底的制备流程

检测及清洗　化学机械抛光　研磨

图 4.66　碳化硅衬底的制备流程

1. 碳化硅粉料合成

将高纯度硅粉和高纯度碳粉按配比混合，在 2000℃ 以上的高温下反应合成碳化硅多晶颗粒。再经过破碎、清洗等工序，制得满足碳化硅晶体生长要求的高纯度碳化硅微粉原料。微粉原料是晶体生长的原料来源，其粒度、纯度直接影响晶体质量，特别是半绝缘衬底的制备过程，对于微粉原料的纯度要求极高。

2. 碳化硅籽晶准备及单晶生长

碳化硅籽晶要求晶格稳定，作为晶体生长的基底，为晶体生长提供基础晶格结构，也是决定晶体质量的核心原料。通常采用物理气相传输法对碳化硅微粉原料进行加热生长碳化硅晶体。将高纯度碳化硅微粉原料和籽晶分别置于单晶生长炉内圆柱状密闭的石墨坩埚下部和顶部，通过电磁感应将坩埚加热至 2000℃ 以上，控制籽晶处温度略低于下部微粉原料处，在坩埚内形成轴向温度梯度。碳化硅微粉原料在高温下升华形成气相的 Si_2C、SiC_2、Si 等物质，这些气相物质在轴向温度梯度的驱动下到达温度较低的籽晶处，升华的组分在籽晶表面再结晶并在其上结晶形成圆柱状碳化硅单晶。图 4.67 所示为物理气相传输法生长碳化硅单晶原理，图 4.68 所示为物理气相传输法生长碳化硅单晶的生长炉。

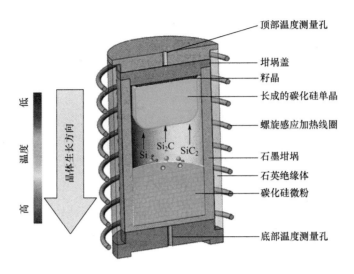

图 4.67　物理气相传输法生长碳化硅单晶原理

3. 获得碳化硅晶锭

图 4.69 所示为碳化硅单晶晶锭。碳化硅单晶晶锭的生长速度相当缓慢。

图 4.68　物理气相传输法生长碳化硅单晶的生长炉

图 4.69　碳化硅单晶晶锭

4. 晶锭滚磨及多线切割

将制得的碳化硅晶锭使用 X 射线单晶定向仪进行定向，再滚磨成标准直径尺寸的碳化硅晶锭，然后使用多线切割设备将碳化硅晶锭切割成薄片，多线切割现场如图 4.70 所示。碳化硅的莫氏硬度为 9.5，仅次于金刚石（莫氏硬度为 10），属于高硬脆性材料，因此切割过程耗时长、易裂片。晶片尺寸越大，晶锭的生长与加工技术难度越大，而下游器件的制造效率越高、单位成本越低。目前，国际碳化硅晶片厂商主要提供直径 4～6in 碳化硅晶片，国际龙头企业已开始投资建设直径 8in 碳化硅晶片生产线。

5. 研磨

采用不同颗粒粒径的金刚石研磨液将切割后的晶片研磨到所需的厚度、平整度和粗糙度，并去除大部分多线切割带来的晶体表面机械损伤。

图 4.70　碳化硅晶锭多线切割现场

6. 化学机械抛光

通过机械抛光和化学机械抛光得到表面无损伤的碳化硅抛光片。最终的化学机械抛光是将衬底表面加工至原子级光滑平面。衬底的表面状态，如表面粗糙度、厚度均匀性都直接影响外延工艺的质量。

7. 检测及清洗

使用光学显微镜、X 射线衍射仪、表面平整度测试仪、表面缺陷综合测试仪等仪器设备，检测碳化硅衬底的表面粗糙度、电阻率、弯曲度、厚度变化、表面划痕等参数指标，然后以清洗药剂和纯水清洗碳化硅衬底，去除晶片上残留的抛光液等表面沾污物，再通过超高纯度氮气和甩干机将晶片吹干、甩干。图 4.71 所示为制得的半绝缘性碳化硅衬底，由于高纯度的碳化硅衬底基本不吸收入射的可见光，其外观呈无色透明状；图 4.72 所示为制得的导电型碳化硅衬底，不同导电类型的衬底色泽主要取决于晶体中引入的杂质，其使材料在可见光范围内发生载流子吸收现象，呈现出不同的颜色。

图 4.71　制得的半绝缘性碳化硅衬底

图 4.72　制得的导电型碳化硅衬底

4.8.4　碳化硅衬底及器件制造难点

碳化硅衬底及器件在制造过程中主要存在以下难点。

（1）碳化硅衬底对温度和压力的控制要求高，其生长温度在 2300℃以上。

（2）碳化硅衬底长晶速度慢，7 天的时间可生长约 20mm 碳化硅晶锭，而硅棒拉晶 2～3 天可拉出约 2m 长的直径 8in 硅棒。

（3）碳化硅单晶晶型要求高、良率低，只有少数几种晶体结构的单晶型碳化硅才可作

为半导体材料。

（4）碳化硅衬底切割磨损多。碳化硅的硬度极大，故切割时加工难度较高且磨损多。物理气相传输法生长的碳化硅单晶一般是短圆柱状。目前，先进的制造企业可以做到直径6in单晶厚度在40～60mm，直径8in单晶厚度在15～20mm。碳化硅晶锭需要通过多道工序才能成为器件制造前的衬底材料。这一系列机械、化学制造过程普遍存在加工困难、制造效率低、制造成本高等问题。昂贵的时间成本和复杂的加工工艺使碳化硅衬底的成本较高，限制了碳化硅的应用扩大。

（5）碳化硅器件制造必须经过外延，外延质量对器件性能影响很大。碳化硅衬底器件与传统的硅衬底器件不同，碳化硅衬底的质量和表面特性不能满足直接制造器件的要求，因此在制造大功率和高压高频器件时，不能直接在碳化硅衬底上制作器件，而必须在碳化硅衬底上额外沉积一层高质量的外延材料，并在外延层上制造各类器件，而外延效率比较低。另外，碳化硅的气相同质外延一般要在1500℃以上的高温下进行，由于有升华问题，温度不能太高，一般不能超过1800℃，因此生长速率较低。

（6）在器件制造过程中，采用碳化硅衬底，难度有所增加。主要体现在部分工艺需要在高温下完成：掺杂步骤中，传统硅基材料可以用扩散的方式完成掺杂，但碳化硅的扩散温度远高于硅，无法使用扩散工艺，只能采用高温离子注入的方式；高温离子注入后，材料原本的晶格结构被破坏，需要用高温退火工艺进行修复。碳化硅衬底退火温度高达1600℃，这给设备和工艺控制都带来了极大的挑战。碳化硅衬底器件工作温度可达600℃以上，组成模块的其他材料（如绝缘材料、焊料、电极材料、外壳等）无法与硅基器件通用。此外，器件的引出电极材料需要同时保证耐高温和低接触电阻，大部分材料难以同时满足上述两点要求。

思 考 题

4－1　硅半导体有哪两种类型？它们的施主和受主元素分别是什么？

4－2　多晶和单晶结构各有什么特性？

4－3　简述直拉法生长单晶硅的工艺流程。

4－4　直拉法和悬浮区熔法生长单晶硅各有什么特点？

4－5　简述铸造单晶硅的生产原理及特点。

4－6　叙述大规模集成电路所用单晶硅片的生产工艺流程。

4－7　比较游离磨料多线切割与固结磨料多线切割的工艺特点。

4－8　什么是化学机械抛光？其工艺特点是什么？

4－9　目前常用的硅片清洗方法有哪几种？

4－10　简述硅面微结构及体微结构加工技术的概念，并比较其特点。

4－11　简述第三代半导体材料的产业链。

4－12　简述碳化硅衬底的制备流程。

第5章
集成电路制造技术

集成电路自20世纪50年代末期发明以来，其制造技术得到了飞速的发展。以集成电路为核心的微电子产业成为国民经济和社会发展的战略性、基础性和先导性产业，是推动国家信息化发展的重要动力源泉，微电子产业的发展水平也成为衡量国家综合实力的重要标志。目前，集成电路正向着高集成度、小特征尺寸、大晶圆直径等方向发展，新工艺、新技术层出不穷。

5.1 集成电路制造工艺流程

半导体产业向前迈进的重要一步是将多个电子元件集成在一个硅圆片（也称硅晶圆片或晶圆）上，构成集成电路（integrated circuit，IC），在一块集成电路的硅表面上可以制造不同的半导体器件（如晶体管、二极管、电阻和电容），它们被连成有确定芯片功能的电路。

可以大致以集成在一块芯片上的元件数划分集成时代，见表5-1。

表5-1 半导体的电路集成时代划分

电路集成	半导体产业周期	每个芯片所含元件数
没有集成（分离元件）	20世纪60年代之前	1
小规模集成电路	20世纪60年代前期	2～50
中规模集成电路	20世纪60年代到70年代前期	20～5000
大规模集成电路	20世纪70年代前期到70年代后期	5000～100000
超大规模集成电路	20世纪70年代后期到80年代后期	100000～1000000
甚大规模集成电路	20世纪90年代后期至今	>1000000

集成电路芯片制造流程

硅圆片的制造过程

一个硅圆片可以同时制作数百个芯片，最终安装在线路板上，如图5.1

所示。一个硅圆片可制作的芯片数取决于芯片的尺寸，而芯片尺寸的改变取决于芯片的集成水平。芯片制造一般需要两到三个月，完成数百道甚至数千道工艺步骤，然后单个芯片将从硅圆片上分开，最后封装成最终产品。

存储芯片硅圆片生产(存储卡生产之一)

存储芯片组装(存储卡生产之二)

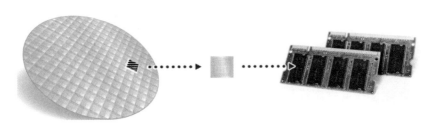

图 5.1　硅圆片—芯片 (集成电路)—线路板

集成电路制造大致分为五个制造阶段。

(1) 硅圆片制备。从单晶棒切成单晶硅片直至形成硅圆片（详见第 4 章）。

(2) 芯片制造。硅圆片到达芯片制造厂后，经过生成氧化膜、旋转涂覆光刻胶、投影曝光、显影、刻蚀、掺杂、更新版图重新转移图形、器件金属互连等步骤，形成集成电路。

(3) 测试/拣选。芯片制造完成后，被送到测试/拣选区，进行单个芯片的测试，拣选出可接受和不可接受的芯片，并将有缺陷的芯片做上标记。

(4) 装配与封装。完成测试/拣选后，对硅圆片的背面进行研磨以减小衬底的厚度。先在每个硅圆片的背面粘贴一片厚的塑料膜，再在正面沿着划片线用带金刚石尖的锯刃将每个硅圆片上的芯片分开（粘贴的塑料膜保持芯片不脱落），接着合格的芯片被压焊或抽空形成装配包，将芯片密封在塑料或陶瓷壳内。

(5) 终测。为确保芯片的功能，要对所有封装的集成电路芯片进行测试，以满足制造商的电学和环境的特性参数要求。

在集成电路制造过程中，关键设备有清洗设备、薄膜制备设备、光刻机、涂胶显影设备、刻蚀机、离子注入机、化学机械抛光设备、检测设备等。

5.2　薄 膜 制 备

半导体芯片加工是一个平面加工的过程，这一过程包含了在硅圆片表面生长不同的薄膜。薄膜在微电子工艺中应用广泛，既有绝缘型薄膜又有导电型薄膜。常用的薄膜包括多晶硅、氮化硅、二氧化硅、钨、钛和铝。在某些情况下，硅圆片仅起机械支撑作用，在其上外延生长各种薄膜。各种薄膜的质量，对于能否在硅圆片上成功制作出半导体器件和电路是至关重要的。

薄膜是一种在衬底上生长的固体物质。薄膜是集成电路制造和微系统组件制造的重要基础。无论是产品的批量生产还是用于研究的样件生产，都不容忽视薄膜的作用。半导体芯片生产中有不同类型的薄膜，有些薄膜成为器件结构的组成部分，如 MOS 器件中的栅氧化层；有些薄膜作为器件的保护膜，如钝化膜、扩散掩蔽膜；有些薄膜充当工艺过程中的牺牲层，在后续的工艺中被去掉。薄膜的应用范围决定了其厚度从几纳米至几微米。由于对薄膜的要求多种多样，因此其性能差别很大。但薄膜的纯净质量、内部结构的同质性、与基底的黏结度等是所有薄膜的重要特性。

薄膜成形技术主要有氧化、物理气相沉积、化学气相沉积、外延等。

5.2.1 氧化制膜

半导体生产中的常用薄膜就是二氧化硅（SiO_2）薄膜。

单晶硅集成电路流行的主要原因之一就是容易在硅圆片上形成一层极好的 SiO_2 氧化层，而该氧化层可以对一些杂质的扩散起阻挡作用，故通过氧化、光刻和掺杂，可以在硅片中实现选择性掺杂，即可以作为杂质选择扩散的掩蔽膜；此外，还可以作为器件表面的保护膜和钝化膜、集成电路隔离介质、MOS 器件中的绝缘栅氧化层。所以，SiO_2 氧化层在半导体生产中具有极为广泛的应用。

硅在常温下于空气中可以自然氧化，生长出 SiO_2 氧化层，但其层厚较小，通常只有 2nm 左右。若要形成较厚的氧化膜，就需要在高温炉内进行，称为热氧化法。根据炉内氧化气氛的不同，热氧化法可分为干氧氧化法（炉内通过干燥氧气）、水蒸气氧化法（炉内通过水蒸气）和湿氧氧化法（炉内通过富含水蒸气的氧气）等。

采用干氧氧化法生长的氧化膜质量好，但速度较慢。水蒸气氧化法生长的氧化膜质量较差，但速度快。湿氧氧化法兼有生长的氧化膜质量好、速度快的优点，是目前普遍采用的氧化方法，其原理如图 5.2 所示。

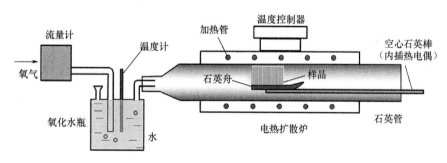

图 5.2　湿氧氧化法原理

5.2.2 物理气相沉积制膜

物理气相沉积又称物理气相淀积，是一种重要的薄膜制备工艺，主要用于集成电路制造中的金属薄膜、合金薄膜及金属化合物薄膜的制备。物理气相沉积的主要方法有真空蒸发和溅射两大类。

1. 真空蒸发

金属薄膜制备中的真空蒸发是指通过加热，使待沉积的金属原子获得足够的能量，脱离金属表面蒸发出来，在飞行途中遇到硅圆片，沉积在硅圆片表面，形成金属薄膜。根据真空蒸发时给金属提供能量的方式不同，真空蒸发可分为电阻加热蒸发和电子束蒸发。

（1）电阻加热蒸发。

电阻加热蒸发是利用各种形式的电阻加热器将待蒸发的金属材料加热到熔化并蒸发出来沉积到硅圆片表面，如图 5.3 所示。

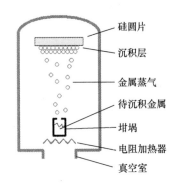

图 5.3　电阻加热蒸发示意图

电阻加热蒸发设备简单，成本较低，但由于加热至少要使材料蒸发出来，因此所沉积的材料受到电阻加热材料的限制，有些难熔金属不易用电阻加热蒸发来实现。目前，在真空蒸发中更多的是采用电子束蒸发。

（2）电子束蒸发。

电子束蒸发的原理是利用经高压加速并聚焦的电子束，在真空中经过磁场偏转轰击到靶源表面，当功率密度足够大时，可使 3000℃ 以上高熔点材料迅速熔化，并蒸发沉积到硅圆片表面形成薄膜。电子束蒸发设备如图 5.4 所示，采用偏转电子枪发射出有一定强度的电子束，再通过一个强磁场（偏转磁场）使电子束弯曲并准确轰击待沉积金属（靶源）表面。

电子束蒸发

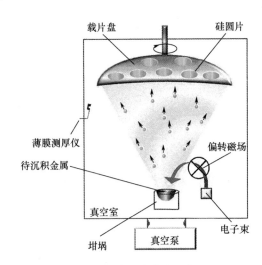

图 5.4　电子束蒸发设备

由于电子束可以准确轰击待沉积金属（靶源）表面，不需要通过坩埚加热待沉积金属（靶源）进行，因此蒸发沉积的铝膜纯度高，钠离子沾污少。电子束蒸发时，硅圆片装在行星式载片盘上，故硅圆片在整个蒸发过程中以不同的角度暴露在待沉积金属（靶源）气氛中，使每一个氧化层台阶的死角都能获得蒸发的金属元素，提高了金属膜的均匀性及台阶覆盖能力。电子束蒸发的蒸发面积大，工作效率高，可蒸发钨、钛等高熔点金属材料。

电子束蒸发特别适合多金属沉积，当配置多个靶源时，可以不打开高真空腔进行不同金属的沉积，只需要调节磁场强度以改变电子束的偏转半径，从而选择所需沉积的金属材料。

图 5.5 为深宽比 1∶1 的图形蒸发形成薄膜的台阶覆盖能力示意图，普通蒸发硅圆片没有加热，故原子迁移率低，并且没有旋转，不能覆盖沉积材料飞行的死区域，如图 5.5 (a) 所示，通过行星式载片盘的结构，蒸发形成薄膜的台阶覆盖能力有所提高，如图 5.5 (b) 所示，但均匀性仍然较差。因为台阶覆盖能力较差，尤其是晶体管的横向尺寸减小时，台阶覆盖能力更差，所以蒸发技术不能形成具有较大深宽比（定义为间隙的深度和宽度的比值）的连续薄膜，并且形成的薄膜均匀性较差。另外，蒸发难以控制良好的合金组分。因此，目前大多数半导体工艺的金属层由溅射取代蒸发。

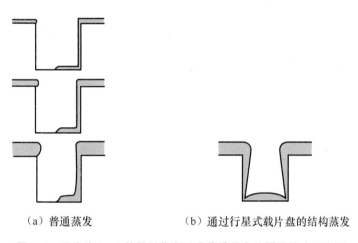

（a）普通蒸发　　　　　　　　（b）通过行星式载片盘的结构蒸发

图 5.5　深度比 1∶1 的图形蒸发形成薄膜的台阶覆盖能力示意图

2. 溅射

真空蒸发法的优点是薄膜生长过程容易控制，可用来制备高纯度的薄膜层，其缺点是薄膜的附着性较差。溅射是指在真空状态下用高能离子（通常为 Ar^+）轰击靶材（铝、铜等）。高能离子的动能大，可将中性原子或分子从靶表面逐出。这些被溅射出来的中性粒子（原子或分子）以很高的速度向硅圆片运动并撞击硅圆片表面，在硅圆片上沉积下来形成薄膜，如图 5.6 所示。虽然薄膜内可能含有氩原子，但是薄膜能高度均匀地覆盖在硅圆片上。

与真空蒸发相比，溅射有两个优点：一是被溅射出来的粒子动能是受热过程中的 10～100 倍，在硅圆片上形成的薄膜的黏结力也比蒸发法形成的膜的黏结力大得多；二是靶材不必被加热，因此耐火材料（如钽、钨或陶瓷等）也可用于溅射。溅射的主要缺点是沉积速度较慢。

溅射沉积原理

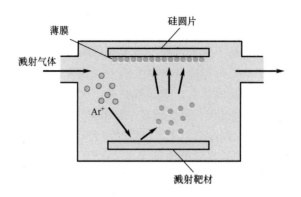

图 5.6　溅射沉积示意图

5.2.3　化学气相沉积制膜

化学气相沉积又称化学气相淀积，其原理是在容器中通以气相状态的用以构成薄膜材料的化学物质，使其在加热了的硅圆片（500～800℃）表面进行高温化学反应，从而在硅圆片表面生成薄膜，如图 5.7 所示。化学气相沉积可以用来形成金属膜、介质膜、多晶硅膜等。它的特点是能够制成各种材料的金属膜、非金属膜、合金膜等，而且薄膜的附着性好、纯度高、致密性好，成膜速度快，可以一次对大量硅圆片进行镀膜，适合批量生产，设备简单。

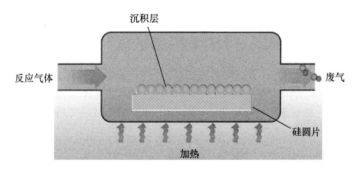

图 5.7　化学气相沉积原理

化学气相沉积工艺反应发生在硅圆片表面或者非常接近表面的区域，基本包括以下几个步骤，如图 5.8 所示。

（1）参加反应的气体混合物被运输到沉积区。

（2）反应物由主气流扩散到硅圆片表面。

（3）反应物分子吸附到硅圆片表面。

（4）吸附物分子间或吸附分子与气体分子间发生化学反应，生成新原子和化学反应副产物，原子沿硅圆片表面迁移并形成薄膜。

（5）化学反应副产物分子从硅圆片表面解吸并扩散到主气流中，排出沉积区。

化学气相沉积与物理气相沉积相比，具有沉积温度较低、薄膜成分与厚度易控制、均匀性与重复性较好、台阶覆盖能力优良、操作简单、适用范围广泛等优点。此外，其膜厚

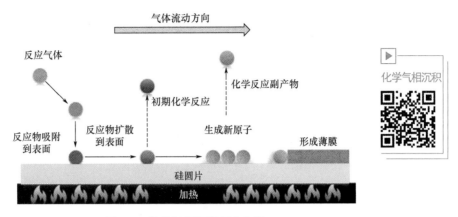

图 5.8　化学气相沉积反应步骤

一般与沉积时间成正比。因此，化学气相沉积已经成为集成电路生产中不可缺少的关键工艺。但薄膜的特性与化学气相沉积的具体生长工艺相关，在实际生产中选用的具体工艺应视薄膜在器件中的具体功能而定。

在集成电路生产工艺中有多种化学气相沉积方法，按照工艺条件可分成常压化学气相沉积（atmospheric pressure chemical vapor deposition，APCVD）、低压化学气相沉积（low pressure chemical vapor deposition，LPCVD）、等离子体增强化学气相沉积（plasma enhanced chemical vapor deposition，PECVD）等。

在 1atm 下进行化学气相沉积，即常压化学气相沉积，是最早使用的化学气相沉积工艺，原理如图 5.9 所示。由于该沉积在常压下进行，因此反应系统相对简单，反应速度和沉积速度较快。但常压化学气相沉积薄膜的均匀性较差，气体消耗量大，台阶覆盖能力差，因此常压化学气相沉积用于沉积相对较厚的介质层。

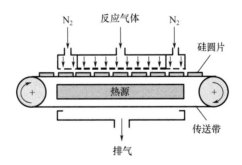

图 5.9　常压化学气相沉积原理

低压化学气相沉积的原理如图 5.10 所示。低压化学气相沉积通常在中等真空度下进行。在这种减压条件下，增加反应气体分子扩散，会提高气体运输到硅圆片表面的速度，同时由于气压降低，气体分子的平均自由度增大，因此有足够的反应物分子易到达硅圆片表面，尤其有助于大深宽比的台阶和沟槽的填充，故低压化学气相沉积具有良好的台阶覆盖能力。与常压化学气相沉积相比，在同样的膜厚均匀性要求下，低压化学气相沉积硅圆片的间距可以更小，故其生产效率更高。低压化学气相沉积能一次性实现数百硅圆片的沉

积，而且获得的薄膜均匀性好，载气的消耗量也较小。化学气相沉积常用于沉积多晶硅、氮化硅和二氧化硅。

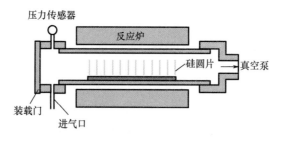

图 5.10　低气压化学气相沉积的原理

等离子体增强化学气相沉积是指在含有源气体的射频等离子体中对硅圆片进行化学气相沉积镀膜。其优点是可以在相对低温下实现薄膜沉积。由于等离子体增强化学气相沉积采用等离子体，反应粒子的化学活性大大增强，因此反应温度远低于低压化学气相沉积。例如，低压化学气相沉积氮化硅的温度为 $800 \sim 900 \, ^\circ\text{C}$，超过了铝的熔点，所以低压化学气相沉积不能用于在有铝膜的硅圆片上沉积氮化硅，但等离子体增强化学气相沉积氮化硅的温度只需 $350 \, ^\circ\text{C}$，故可以用来在有铝膜的硅圆片上沉积氮化硅并作为最终钝化膜。

等离子体增强化学气相沉积系统示意图如图 5.11 所示。等离子体增强一般在真空腔中进行化学气相沉积，腔内放置平行且有一定间距的托盘，可以调节间距以便进行反应优化。硅圆片被放置在托盘上，上电极施加射频电源，当反应气体流过气体主机和沉积中部区域时产生等离子体，多余的气体通过下电极的周围排出。等离子体增强化学气相沉积是典型的冷壁反应，只有硅圆片被加热到一定温度而其他部分未被加热，因而管壁上产生的颗粒少，停工清洗炉管的时间也短。

等离子体增强化学气相沉积

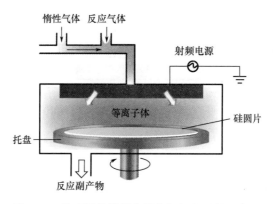

图 5.11　等离子体增强化学气相沉积系统示意图

5.2.4　外延制膜

用单晶衬底作为种子层，可以通过多种方法生长单晶的外延层。在气相中实现单晶层沉积，称为气相外延。将加热的衬底放入含有被沉积材料的溶液进行沉积，称为液相外延。

分子束外延（molecular beam epitaxy，MBE）是高真空外延生长过程，它利用蒸发产生热的分子束并将这些分子束沉积在高温衬底上，如图 5.12 所示。该工艺得到的薄膜具有非常高的纯度，而且由于每次循环只生长一个原子层，因此能够很好地控制杂质的分布。这种杂质控制能力非常重要，尤其是在砷化镓技术应用中。但是，与其他常规的薄膜沉积技术相比，分子束外延的生长速度较慢。

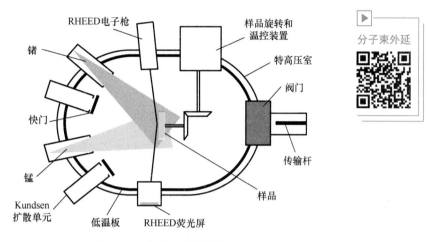

图 5.12　分子束外延原理

外延通常用于硅圆片上生长单晶硅层，该过程中可有不同类型的杂质和浓度进行掺杂。外延可分为均相外延和异相外延。均相外延是指与基底相同材料的单晶层的生长（忽略掺杂现象），异相外延是指单晶层材料与衬底不同的生长。

5.3　金　属　化

芯片金属化是应用物理或化学的处理方法在芯片上沉积导电金属薄膜的过程。金属线在集成电路中传导信号，介质层保证信号不受邻近金属线的影响。金属线和介质层都是通过薄膜处理工艺沉积的。用于半导体制造业的传统金属化工艺属于气相沉积，包括物理气相沉积和化学气相沉积。物理气相沉积目前主要通过溅射进行，化学气相沉积已经成为沉积金属薄膜常用的技术。每次沉积系统的变化都会使薄膜特性和质量控制得到改进。目前，电镀技术已用于各种金属沉积系统。

生产具有完整功能的集成电路需要多种器件共同工作，电互连是使用低电阻率及与电介质绝缘体表面具有良好黏合性的金属形成的。图 5.13（a）为晶体管与铜互连示意图，图 5.13（b）为晶体管与钢互连扫描电子显微镜图。晶体管与铜互连构成了集成电路的基本组成部分。在超大规模集成电路技术中，芯片内的各种金属和金属合金可组合成下列种类：铝、铝铜合金、铜、阻挡层金属、硅化物、金属填充塞等。铝和铝铜合金是电互连常用的材料。

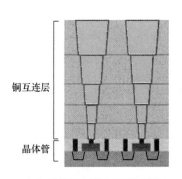
（a）晶体管与铜电互连示意图

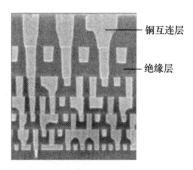
（b）晶体管与铜电互连扫描
电子显微镜图

图 5.13　集成电路电互连

　　在半导体制造业中，最早使用的电互连金属是铝，而且它目前在芯片制造业中仍然是最普遍的电互连金属。由于铝具有低电阻率及其与硅芯片制造工艺的兼容性，因此它被选择作为集成电路的主要电互连材料。但随着芯片集成度的不断提高，特征尺寸不断缩小，当高电流密度和高频率变化的情况出现在特征尺寸较小的铝连接线上时，具有较高势能的漂移电子的冲击会影响铝原子的运动，从而出现电迁移现象，在一些极端情况下，电迁移会导致金属线路的短路或断路，如图 5.14 所示。针对该问题的解决方案包括：①增加三明治结构金属层，如间隔采用钨和钛；②使用纯铜材料，它具有较低的电阻率及比铝更优异的防电迁移性能。

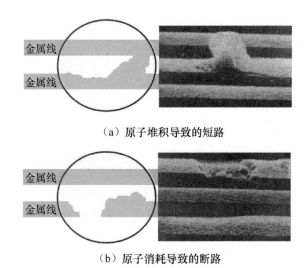
（a）原子堆积导致的短路

（b）原子消耗导致的断路

图 5.14　电迁移导致的短路及断路

　　阻挡层金属的作用是阻止层上下的材料互相混合，通常用作阻挡层的金属是具有高熔点难熔的金属。在芯片制造业中，用于多层金属化的普通难熔金属有钛（Ti）、钨（W）、钽（Ta）、钼（Mo）、钴（Co）和铂（Pt）。

　　难熔金属与硅在一起发生反应，熔合时形成硅化物。硅化物是一种具有热稳定性的金属化合物，并且在硅/难熔金属的分界面具有低的电阻率。

此外，为减少在层级电互连中的金属短路及线宽变化，需要实现层间电介质平面化。对于高密度层间电互连的平面化，目前主要采用化学机械抛光。化学机械抛光可以在抛光硅圆片表面时获得非常理想的平面，表面起伏小于 $0.03\mu m$，表面粗糙度数量级为 Rz 0.1nm（详见第4章）。

金属层之间的连接通过通孔的填充塞实现（图5.15），金属层与硅基底的连接通过触点完成。多层金属化产生了数以十亿计的通孔需要用金属填充塞填充，以便在两层金属之间形成电通路。目前，用于填充的最普通的金属是钨。

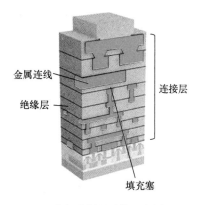

（a）金属层连接示意图

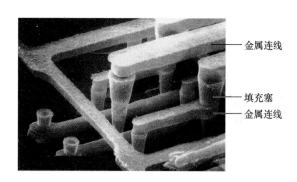

（b）金属层连接扫描电子显微镜图

图5.15　金属层连接

5.4　光　　刻

光刻是一种非常精细的表面加工技术，器件的横向尺寸控制几乎全由光刻实现，因此，光刻的精度和质量直接影响器件的性能指标，光刻也是影响器件成品率和可靠性的重要因素。

光刻在集成电路生产中得到广泛应用。光刻包括三要素：掩膜版、光刻胶和曝光机。掩膜版常用熔融石英玻璃制成，它的透光性高，热膨胀系数小；光刻胶又称光致抗蚀剂，采用适当的、有选择性的光刻胶，可使表面得到所需的图像；曝光机利用光源对光刻的图形进行曝光。

光刻是图像复印和刻蚀技术结合的精密表面加工技术。光刻的根本目的是在介质层或金属薄膜上刻出与掩膜版相对应的图形，一般要进行两次图形的转移：第一次通过图像复印技术，把掩膜版的图像复印到光刻胶上；第二次利用刻蚀技术把光刻胶的图像传递到薄膜上，从而在所光刻的薄膜上得到与掩膜版相同或相反的图形，为选择性扩散或金属布线等后续工艺做好准备。根据光刻胶在感光前后溶解性变化的不同，光刻胶可以分为正性光刻胶和负性光刻胶，简称正胶和负胶。

光刻常被认为是集成电路制造中最关键的步骤，光刻成本几乎占整个晶圆加工成本的1/3。

5.4.1 光刻工艺

光刻是将器件的图形转移到硅圆片表面的工艺过程，目前常使用光学光刻，电子束光刻和 X 射线光刻也受到广泛关注，因为后两者原理上能实现更高的分辨率，有助于推动集成电路尺寸的进一步缩小。图 5.16 所示为几种光刻方法对比。其中，光学光刻和 X 射线光刻需要通过掩膜版曝光，而电子束光刻和离子束光刻不使用掩膜版，故又称直写。

光刻工艺过程

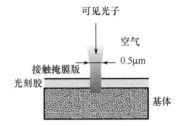

（a）光学光刻（线宽通常为2～3μm）

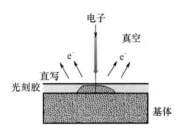

（b）电子束光刻（线宽通常为0.1μm）

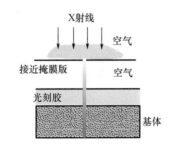

（c）X射线光刻（线宽通常为0.2μm）

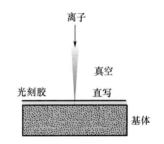

（d）离子束光刻（线宽通常为0.1μm）

图 5.16　几种光刻方法对比

光刻使用的掩膜版是一种沉积有铬膜图案的玻璃或石英板。掩膜版上的图案可以与芯片上的结构尺寸相同，但通常是一个放大的图案（通常放大 10 倍）。放大的掩膜图案需要通过透镜系统缩小聚焦到硅圆片上，这个操作称作缩小光刻。

在实际生产中，每个微电子电路都会用到多达数十次的光刻工艺，每次都要使用不同的掩膜版来定义微电子器件的不同区域。光刻工艺步骤如图 5.17 所示。

1. 气相成底膜

为提高光刻胶与硅圆片之间的黏附性，在涂胶之前，需要对硅圆片表面进行预处理。预处理主要包括两个步骤：脱水烘烤和增黏处理。如果硅圆片表面由于物理吸附或化学吸附水分而成亲水性，则与疏水性的光刻胶不能很好地黏附。去除物理吸附水分的方法通常是在涂胶前对硅圆片进行脱水烘烤；用烘烤的方法很难去除硅圆片表面化学吸附的水分，需要进行增黏处理，常用的增黏剂为六甲基二硅胺烷（HMDS）。

2. 涂胶

涂胶就是在 SiO_2 或其他薄膜表面涂一层黏附性良好、厚度适当、厚薄均匀的光刻胶。目前主要采用的涂胶方法是旋转涂胶。旋转涂胶由四个基本步骤组成，如图 5.18 所示。

（a）气相成底膜　（b）涂胶　（c）软烘　（d）对准和曝光

（e）曝光后烘焙　（f）显影　（g）坚膜　（h）显影检查

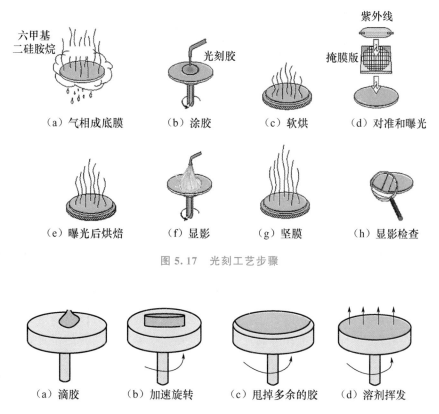

图 5.17　光刻工艺步骤

（a）滴胶　（b）加速旋转　（c）甩掉多余的胶　（d）溶剂挥发

图 5.18　硅圆片上旋转涂胶工艺过程

涂胶前的硅圆片表面必须清洁干燥。生产中最好在氧化或蒸发后立即涂胶，此时硅圆片表面清洁干燥，光刻胶的黏附性较好。涂胶的厚度要适当，若胶膜太薄，则针孔多，抗蚀能力差；若胶膜太厚，则会降低曝光分辨率。

3. 软烘

软烘又称前烘，其原理是在一定温度下，使胶膜里的溶剂缓慢挥发出来，使胶膜干燥，并增强其黏附性和耐磨性。软烘的时间和温度随胶的种类及膜厚的不同而有所差别，一般由实验确定。

4. 对准和曝光

对准和曝光是将掩膜版（图 5.19）的图形与硅圆片上的图形严格对准，再通过曝光灯或其他辐射源将图形转移到光刻胶涂层上。

（1）对准。

对准是光刻中为确保电路性能和分辨率的最基本和最重要的要求。在集成电路制造过程中，一个完整的芯片一般要经过十几到二十几次光刻，只有将各次图形从掩膜版转移到各种薄膜上才能形成各种元器件的连线。在多次光刻中，除了第一次光刻外，其余层次的光刻在曝光前都要将该层次的图形与以前层次留下的图形对准，也就是将掩膜版上的图形最大精度地覆盖到硅圆片上存在的图形上。所以，在曝光前第一步要将掩膜版上的对准记

掩膜版

图 5.19　掩膜版

号与硅圆片上的对准记号对准。

　　光刻机上有对准系统。对位其实也就是定位，实际上不是用硅圆片上的图形与掩膜版上的图形直接对准来对位的，而是彼此独立的，即确定掩膜版的位置是一个独立的过程，确定硅圆片的位置是另一个独立的过程。它的对位原理如下：在曝光台上有一个基准标记，可以把它看作对位用坐标系的原点，所有其他的位置都是相对该点确定的。分别将掩膜版和硅圆片与该基准标记对准即可确定它们的位置。在确定了两者的位置后，掩膜版上的图形转移到硅圆片上就是对准的。

　　版图套准过程有对准规范，也就是常说的套准容差或套准精度，具体是指要形成的图形层与前层的最大相对位移，一般约是关键尺寸的 1/3。图 5.20 所示为完美套准和套准偏移。

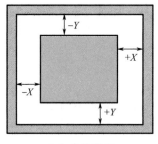
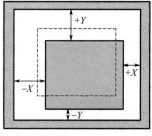

（a）完美套准　　　　　　　　　　　（b）套准偏移

图 5.20　完美套准和套准偏移

　　（2）曝光。

　　光学曝光分辨率的物理限制主要是光的衍射。当通过光的特征尺寸 [最小线宽或遮挡光的最小间距，如图 5.21（a）所示] 与光的波长相近时，光通过后会明显偏离直线方向，照到相当宽的地方，并且出现明暗相间的条纹，这就是光的衍射现象，如图 5.21（b）所示。衍射使掩膜上的图形投影到光刻胶上后轮廓变得模糊。因此，对于光学投影系统而言，其投影分辨率受衍射的限制，即当光学元件足够完善时，其成像特性仅由衍射效应决定。

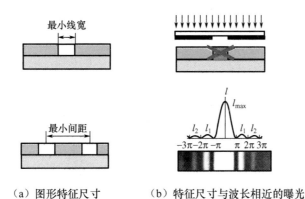

（a）图形特征尺寸　　　（b）特征尺寸与波长相近的曝光

图 5.21　衍射对曝光的影响示意图

光刻一直是不断缩小芯片特征尺寸的主要限制因素，也被看成驱动摩尔定律性能改进的发动机。目前，用于芯片制造的光刻很大程度上是以光学光刻为基础的。

用于常规光学光刻的光源主要是紫外光，因为光刻胶材料与这个特定波长有较强的光反应。图 5.22 给出了紫外光谱。由于紫外光有一部分与可见光谱重叠，因此可见光也包括一部分紫外光。黄光通常在集成电路生产线的光刻区域使用，主要因为它处在可见光区，含极少量紫外光，因此可用于对版但又不影响光刻胶。目前，用于光学光刻的两种紫外光源是汞灯和准分子激光。

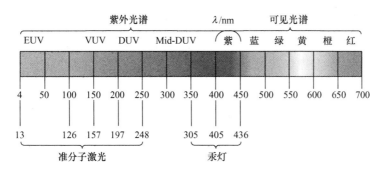

EUV—极紫外光；VUV—真空紫外光；DUV—深紫外光；Mid-DUV—中紫外光。

图 5.22　紫外光谱

（3）曝光方式。

① 接触式曝光。直到 20 世纪 70 年代中期，接触式曝光一直是半导体工业中主要使用的曝光方式。图 5.23 为接触式曝光示意图。在对准后，活塞推动载片盘使硅圆片和掩膜版紧密接触，由反射和透镜系统得到平行紫外光，紫外光穿过掩膜版照在光刻胶上。

在衍射限制范围外，接触曝光几乎百分之百地将掩膜图形传递到光刻胶上，并有可能获得高清晰度的图像。这是其他光学光刻技术所不及的。但是，在实际制

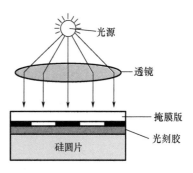

图 5.23　接触式曝光示意图

造工艺中不可能实现理想接触状态，所以实际分辨率要比理论值低。

导致实际分辨率比理论值低的主要原因如下：硅圆片和掩膜版都不是理想平面；在硅圆片和掩膜版之间可能存在异物；光刻胶层隆起，使对准困难。因此，为获得良好的接触状态，可在硅圆片和掩膜版间增大接触压力，但容易损伤胶膜，产生不应有的缺陷，而这些缺陷的存在最终将导致曝光成品率降低。此外，压力的增大还会使硅圆片和掩膜版发生形变，导致套准精度下降。在影像套准时，掩膜版要相对硅圆片移动，从而产生微粒或碎屑，使缺陷问题更加复杂化。

② 接近式曝光。接近式曝光（图 5.24）是在掩膜版和硅圆片之间留有 $10\sim20\mu m$ 的间隙，该间隙使掩膜版和光刻胶损坏导致的缺陷大大减少，但增大了间隙，由于衍射引起的半阴影区域会扩大，也会降低分辨率。

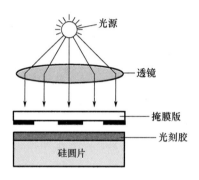

图 5.24　接近式曝光示意图

在实际使用中，$10\mu m$ 的间隙已是很小的间隙了。由于阴影曝光的分辨率与波长的平方根成正比，因此，只有缩短曝光光线的波长才有可能改善分辨率。

③ 投影式曝光。采用投影式曝光的目的是得到接触式曝光的高分辨率，且不会损坏掩膜版和光刻胶。投影式曝光示意图如图 5.25 所示。用透镜把掩膜版图形聚焦到硅圆片上的光刻胶上，光刻胶与掩膜版相距数厘米。由于透镜的不完善及衍射作用，投影式曝光与接触式曝光相比，分辨率还是要低。但投影式曝光减少了缺陷、改善了套准精度、提高了产量、改进了性能，因而在集成电路芯片生产中的重要性有所提高。

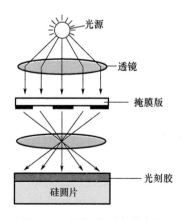

图 5.25　投影式曝光示意图

投影式曝光的关键是将掩膜版上的图形投影到光刻胶表面，就像是幻灯片（掩膜版）被投影到屏幕（硅圆片）上一样。

由于图形被投影到硅圆片上，不存在光在掩膜版与硅圆片间隙之间的发散现象，因此分辨率高，同时掩膜版与光刻胶完全分开，掩膜版的使用寿命大大提高。

目前，投影式曝光有扫描投影曝光、1∶1步进重复投影曝光、缩小步进重复投影曝光及缩小步进扫描投影曝光，如图 5.26 所示。

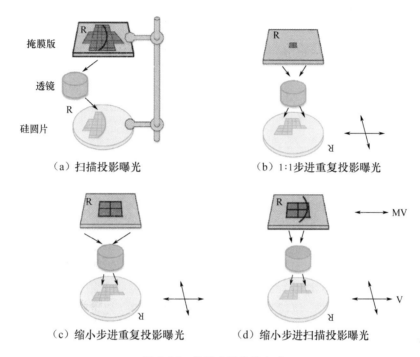

图 5.26　投影式曝光的方式

a. 扫描投影曝光。它采用一个带有狭缝的透镜系统，狭缝挡住了部分来自光源的光，使更加均匀的一部分光照射在透镜系统上，然后投影到硅圆片上。由于狭缝尺寸比硅圆片小，因此光束要在整个硅圆片上扫描。

b. 步进重复投影曝光。步进重复投影曝光是把掩膜版的图像分步重复地投影到硅圆片上。带有一个或多个芯片图形的掩膜版被对准、曝光，然后移到下一个曝光场，重复该过程。这种曝光每次曝光区域都变小，对尘埃的敏感性低，所以分辨率高。同时，由于掩膜版的图形较小，因此比全局掩膜版质量好。由于每个芯片分别对准，因此覆盖和对准更好。如果掩膜版上的图形尺寸与硅圆片上芯片所需的图形尺寸相同，则对应曝光称为1∶1步进重复投影曝光。也有的掩膜版的图形尺寸是最终芯片上图形尺寸的5~10倍，曝光时进行相应的缩小，这种曝光称为缩小步进重复投影曝光。当掩膜版的图形放大后，再进行缩小曝光，实际上曝光精度也相应提高了。

c. 缩小步进扫描投影曝光。对于更大的芯片图形，可以采用步进扫描光刻机，也就是对每一个图形进行扫描，然后步进重复，这样可以用较小的镜头替代大镜头直接进行步进曝光投影，从而降低镜头的成本。

目前缩小步进重复投影曝光是主要应用的曝光方式，与其他光学曝光相比，它有如下独特优点。

首先，它通过缩小投影系统成像，因而可以提高分辨率。用这种方式曝光，分辨率可达 $1\sim1.5\mu m$。

其次，不需要 1∶1 掩膜版，因而掩膜版尺寸大，制造方便。由于使用了缩小透镜，原版上的尘埃、缺陷也相应缩小，并减少了原版缺陷的影响。

最后，由于采用了逐步对准技术，可补偿硅圆片尺寸的变化，因此缩小步进重复投影曝光提高了对准精度。同时，逐步对准的方法可降低对硅圆片表面平整度的要求（对于一块并不"十分平整"的硅圆片，在每个分割的小单元里就"比较平整"）。

5. 曝光后烘焙

曝光后进行烘焙，可以使光刻胶结构重新排列。烘焙的温度是 $110\sim130℃$，烘焙时间是 $1\sim2min$。

6. 显影

显影是把曝光后的硅圆片放在适当的溶剂里，将应去除的光刻胶膜溶除干净，以获得刻蚀时所需的光刻胶膜的保护图形。显影的重点要求是产生的关键尺寸达到规格要求。显影液的选择原则如下：对需要去除的部分光刻胶膜溶解得快，溶解度大；对需要保留的部分光刻胶膜溶解度极小。同时，要求显影液含有害杂质少、毒性小。显影时间因光刻胶膜的种类、膜厚、显影液种类、显影温度和操作方法不同而异，一般由试验确定。

显影有沉浸显影和喷射显影。沉浸显影是将硅圆片放在提篮中，沉浸在显影液中并晃动，以去除可溶性的光刻胶。沉浸显影工艺简单、操作方便、生产量大，但这种方法人为因素影响较大（如晃动轻重、时间长短等），会使精细的线宽出现偏差，因此只适宜用在线宽精度要求不高的场合。

喷射显影是靠高压氮气将流经喷嘴的显影液打成微小的液珠喷射到旋转硅圆片表面，只要数秒显影液就能覆盖硅圆片表面。喷射显影是对负性光刻胶的标准工艺。

7. 坚膜

坚膜是在一定温度下对显影后的硅圆片进行烘焙，除去显影时光刻胶膜所吸收的显影液和残留的水分，以改善光刻胶膜与硅圆片的黏附性，增强光刻胶膜的抗蚀能力。坚膜的关键是控制温度和时间。

8. 显影检查

显影检查的主要目的是及时发现显影过程中遇到的问题，并采取针对性的解决方法，如对于出现显影不足或曝光不足的问题，及时检查曝光设备、显影设备及显影液的配比剂量等。

5.4.2 分距光刻

分距光刻是利用常规光刻技术进行多个阶段曝光，以获得比传统的单次曝光光刻更高分辨率的图像。当芯片上的特征尺寸接近甚至小于曝光的光波长时，会产生衍射现象，导致掩膜版上的图形不能正常转移。分距光刻通过将所需曝光的图案分解成两个互补的部分，并制造相应的掩膜版，分两次光刻成像，可以获得分辨率是单次成像两倍的更小特征尺寸的图案。传统一次曝光和两次曝光成像如图 5.27 所示，可见两次曝光分辨率提高。

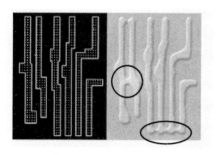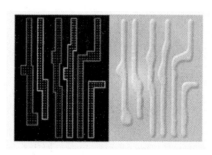

（a）一次曝光（图形不能正常转移）　　　　（b）两次曝光（图形正常）

图 5.27　传统一次曝光和两次曝光成像

分距光刻有两种形式：双重曝光和双重图案化。双重曝光的原理是利用第一个掩膜版对一部分所需的沟槽或区域进行曝光，然后用第二个掩膜版对其余特征图案曝光，最后，对硅圆片上的目标层进行刻蚀，如图 5.28（a）所示。双重图案化包括两个连续的光刻和刻蚀步骤，因此，它有时被称为 LELE（光刻—蚀刻—光刻—刻蚀）工艺，如图 5.28（b）所示。

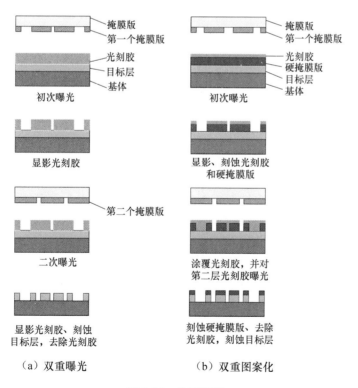

（a）双重曝光　　　　（b）双重图案化

图 5.28　分距光刻

5.4.3 浸入式光刻技术

浸入式光刻技术是在 2000 年年初首先由麻省理工学院林肯实验室亚微米技术小组提出的，为了提高光刻系统的分辨率，可以在透镜和基底之间加入高折射率的流体，这种方法称为浸入式光刻。在传统光刻机的光学镜头与硅圆片之间的介质可用水替代空气，以缩短曝光光源波长和增大镜头的数值孔径，从而提高分辨率。水一直被沿用至今，一直是获得 45nm 以下特征尺寸的主要方法。为了提高浸入式光刻的分辨率，折射率更高的液体正在研发中。浸入式光刻需要严格的过程控制，尤其是热控制，因为任何由水产生的气泡都会使光源失真，从而产生缺陷。水与空气的折射率之比为 1.44∶1。用水替代空气，相当于波长由 193nm 缩短到 134nm，如果采用比水介质反射率高的其他液体，可获得比134nm 短的波长。干式光刻系统和浸入式光刻系统对比如图 5.29 所示。

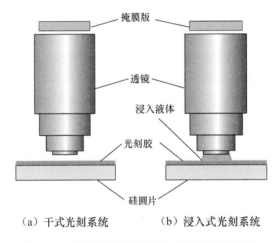

（a）干式光刻系统　　（b）浸入式光刻系统

图 5.29　干式光刻系统和浸入式光刻系统对比

5.4.4 光刻机及极紫外光刻技术

光刻机（mask aligner）又名掩膜版对准曝光机、曝光系统、光刻系统等，是制造芯片的核心装备。它采用类似照片冲印的技术，把掩膜版上的精细图形通过光线的曝光印制到硅圆片上。光刻机是研发难度最大的半导体设备。光刻机成本在半导体制造设备成本中占比最大（25%～30%），其研发难点在于曝光光源、对准系统和透光镜头等技术的整合，以及庞大资金投入。

1. 光刻机的分类

光刻机是生产大规模集成电路的核心设备，制造和维护需要高度的光学和电子工业基础，世界上只有少数厂家掌握。因此光刻机价格高昂，通常每台售价为 3 千万美元至 5 亿美元。

目前，世界上光刻机主要制造商有 ASML（荷兰，世界顶级）（图 5.30）、尼康（日本，高端）、佳能（日本，高端）、欧泰克（德国，中端）、上海微电子装备（中国，中端）、SUSS（德国，中低端）。

图 5.30　荷兰 ASML 生产的 EUV 光刻机

光刻机一般根据操作情况分为三种：手动光刻机、半自动光刻机、全自动光刻机。手动光刻机是指对准的调节方式是通过手调旋钮改变它的 X 轴、Y 轴和角度完成对准，对准精度不高；半自动光刻机是指对准可以通过电动轴根据电荷耦合器件（charge coupled device，CCD）进行定位调整；自动光刻机是指硅圆片的上载及下载、曝光时长和循环都由程序控制，可满足工厂对于批量处理的需要。

制造高精度的对准系统需要具有近乎完美的精密机械工艺，这也是光刻机的技术难点之一。先进的光刻机采用全气动轴承设计技术，可有效避免轴承机械摩擦带来的误差。对准系统的技术难题还有对准显微镜的精度。

工件台是光刻机的关键部件之一，由掩膜样片整体运动台（XY）、掩膜样片相对运动台（XY）、转动台、样片调平机构、样片调焦机构、承片台、掩膜夹、抽拉掩膜台等组成。

曝光系统的核心部件之一是紫外光源。曝光常用光源及应用年代如图 5.31 所示。

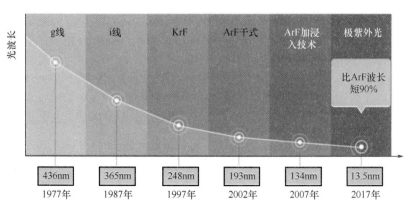

图 5.31　曝光常用光源及应用年代

常用的光源及波长如下。

可见光，g 线：波长 436nm；

紫外光（UV），i 线：波长 365nm；

深紫外光（DUV），KrF 准分子激光：波长 248nm，ArF 干式准分子激光：波长 193nm，ArF 加浸入技术由于采用纯净水的折射率为 1.44，因此其波长为 134nm（193nm/1.44）；

极紫外光（EUV），波长 10～15nm。

2. 光刻机的主要性能指标

光刻机的主要性能指标有支持硅圆片的尺寸范围、分辨率、对准精度、曝光方式、曝光光源波长等。

（1）支持硅圆片的尺寸范围。现有的光刻机主要支持 ϕ200mm 和 ϕ300mm 硅圆片的光刻。从 21 世纪初开始，随着 ArF 干式准分子激光曝光光源的成功应用，光刻机主要光刻 ϕ300mm 硅圆片。

（2）分辨率是对光刻工艺加工可以达到的最细线条精度的一种描述方式。光刻机的分辨率受光源衍射的限制，与光源、光刻系统、光刻胶和工艺等有关。

（3）对准精度是指在多层曝光时层间图案的定位精度。

（4）曝光方式分为接触式、接近式、投影式和直写式。

（5）曝光光源波长分为紫外、深紫外和极紫外区域，光源有汞灯、准分子激光器等。

极紫外光刻技术（extreme ultra-violet lithography，EUVL）作为目前光刻技术中的最佳技术，建立于紫外光学光刻的诸多关键单元技术基础之上，工作波长为 10～15nm。

通过极紫外光多重曝光技术，将给定的图案分为两个密度较小的部分，通过刻蚀硬掩膜版，将第一层图案转移到其下的硬掩膜版上，最终在硅圆片上得到两倍图案密度的图形，可以实现 7nm 以下更小节点工艺制程。

目前，极紫外光产生方法有两类：一类是激光等离子体光源，另一类是放电等离子体光源。

激光等离子体光源是用高强度激光与靶材相互作用，产生等离子体，辐射出极紫外光。其优点是光源尺寸小，产生碎片或粒子的种类少，光收集效率高；主要缺点是极紫外光的输出功率小，价格高昂。

放电等离子体光源是利用放电机制，产生等离子体，辐射出极紫外光。其优点是产生极紫外光的转换效率高，输出功率高，造价低；缺点是电极热负载高，产生碎片多，机制复杂，光学器件易受损，光收集角小。

ASML 光刻机中高能的 CO_2 激光以每秒 5 万次的频率，打在直径 ϕ20μm 的液态锡上，形成等离子体，从而辐射出极紫外光。

极紫外光刻技术是建立在光学光刻技术基础上的。通过使用激光轰击液态锡产生等离子体源，辐射出约 13.5nm 的紫外波长，其波长介于紫外光和 X 射线波长之间，称为极紫外光。这种光源工作在真空环境下，由光学聚焦形成光束（图 5.32），光束经由用于扫描图形的反射掩膜版反射。一组全反射 4 倍投影光学镜将极紫外光束成像到涂胶的硅圆片上，光束反方向扫描硅圆片（速度为掩膜版速度的 1/4）。

5.4.5 电子束光刻

1. 电子束曝光的原理与种类

电子束曝光在第 3 章电子束微细加工技术中做过简单介绍。电子束曝光是利用电子束

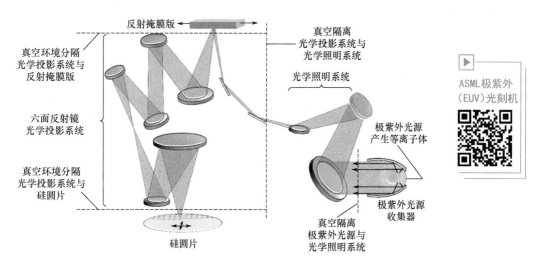

图 5.32　极紫外光刻机工作示意图

在涂有光刻胶的硅圆片上直接扫描或投影复印图像的技术，它的特点是分辨率高，图形产生与修改容易，制作周期短。电子束曝光可以分为扫描曝光和投影曝光两大类。其中扫描曝光系统又称电子束直写光刻系统，是电子束利用电磁场加以聚焦及偏转，在硅圆片工作面上扫描，直接产生图形，其分辨率高，可以完成 $0.1\sim0.25\mu m$ 的超微细加工，甚至可以实现数十纳米线条的曝光，但生产效率相对低一些，目前主要用于制造高精度掩膜版、移相掩膜版和 X 射线掩膜版。电子束扫描曝光系统如图 5.33（a）所示。电子束投影曝光系统［图 5.33（b）］实为电子束图形复印系统，它将掩膜版产生的电子像按原尺寸或缩小后复印到硅圆片工作面上，不仅保持了较高的分辨率，而且提高了生产效率。

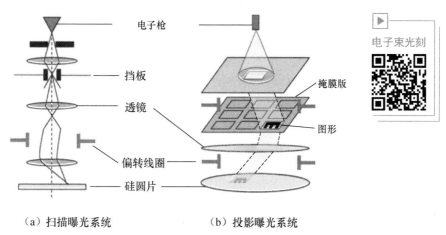

（a）扫描曝光系统　　　　　　（b）投影曝光系统

图 5.33　电子束曝光系统

电子束曝光的原理是利用具有一定能量的电子与光刻胶的碰撞作用，发生化学反应，改变光刻胶的溶解度，完成曝光。目前，电子束曝光系统主要分为改进的扫描电镜、高斯扫描系统、成型束曝光系统。其中高斯扫描系统又可分为光栅扫描系统和矢量扫描系统。光栅扫描系统是采用高速扫描方式扫描整个图形场，利用高速束闸控制电子束的通断，实

现选择性扫描曝光。光栅扫描的一个缺点是扫描所需的时间较长，因为电子束必须经过整个图形场表面。在矢量扫描系统中，曝光时，先将单元图形分割成场，工作台停止时，电子束在扫描场内逐个对单元图形进行扫描，并以矢量方式从一个单元图形转移到另一个单元图形，完成一个扫描场描绘，移动工作台描绘第二个场，直到完成全部表面图形的扫描。由于矢量扫描系统只对需要曝光的图形进行扫描，因此扫描速度较高。该系统的最大特点是采用高精度激光控制台面，分辨率可达几纳米。光栅扫描系统和矢量扫描系统工作示意图如图 5.34 所示。

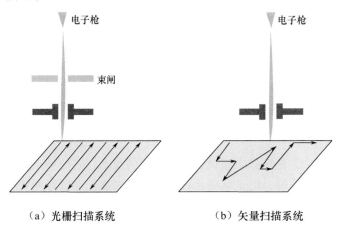

（a）光栅扫描系统　　　　　（b）矢量扫描系统

图 5.34　光栅扫描系统和矢量扫描系统工作示意图

电子束扫描曝光系统的主要缺点是加工过程太长，不适用于制造大多数集成电路。为提高曝光速度，设计了专用的电子束投影曝光系统。它结合了扫描和投影两种光刻技术，采用具有一定形状的束流进行曝光，称为成型束曝光系统。

成型束曝光系统的束流可以通过上下两个光阑的约束形成矩形束，从而对硅圆片进行曝光，如图 5.35（a）所示；也可以通过光阑和图形模板对设定的图形区域进行曝光，如图 5.35（b）所示。成型束的最小分辨率一般大于 100nm，但曝光效率高。目前，成型束曝光系统仍应用于微米、亚微米及深亚微米曝光领域。

2. 电子散射与邻近效应

（1）电子散射。

电子束直径可以被聚焦成几纳米，并且可以采用电磁或静电的方式使电子束产生偏转，从而进行直写，可使用电子束光刻工艺制成特征尺寸小于 100nm 量级的图形。像光子一样，电子束也具有粒子性和波动性，但是电子束的波长只有百分之几纳米。因此，图像的清晰度并不受衍射的限制，理论上电子束曝光所能产生的最小线宽要比光学光刻法小得多。但是，在光刻胶上电子的散射和硅圆片上的背散射限制了图形清晰度的提高。

当电子束入射进入固体时，会发生弹性碰撞和非弹性碰撞。弹性碰撞只改变入射电子的运动方向，使范围增大；非弹性碰撞使电子能量损失。结果，碰撞引起入射电子的散射，使电子束直径增大，如图 5.36 所示。也就是说，电子进入固体就散开，产生垂直于电子束入射方向的横向或侧向的电子流。因此，采用电子束曝光，入射电子与光刻胶相互作用时，也会产生散射。散射分为前散射和背散射两种。

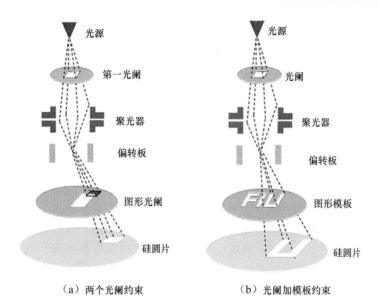

（a）两个光阑约束　　　　　　（b）光阑加模板约束

图 5.35　电子束成型束曝光系统

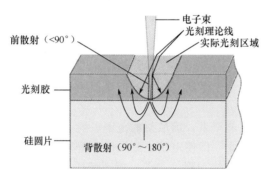

图 5.36　电子的散射效应

前散射：电子与原入射方向所成角度小于 90°，这种小角度散射仅使入射电子束变宽，如图 5.37（a）所示。

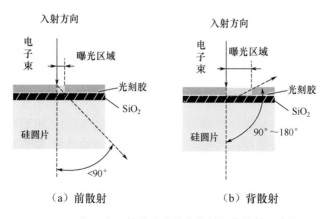

（a）前散射　　　　　　　（b）背散射

图 5.37　电子束入射后形成的前散射及背散射示意图

背散射：电子的散射角（被散射后电子的运动方向与原入射方向之间的夹角）为90°～180°，如图5.37（b）所示。这种背散射的电子主要从硅圆片返回光刻胶层，并参与对光刻胶的曝光，使显影出来的图形比原来期望的宽。由于背散射电子可以运动相当长的距离，部分背散射电子将会对相邻的图形产生曝光作用，因此不需要曝光的区域也被曝光，尤其是要求高分辨率和最小线宽的情况更是如此。故背散射是电子束曝光精度的最大限制。

（2）邻近效应。

可以认为电子在光刻胶上发生散射作用是光刻胶吸收电子散射转移能量的过程。由于电子束束斑中的电子数目在垂直于入射方向的平面上服从高斯分布，因此光刻胶吸收电子散射转移能量的程度在该平面内也形成一定的分布。同时电子散射导致电子的运动方向发生偏离，散射后的电子会超出原有的束斑尺寸范围，对于邻近束斑的非曝光区域，光刻胶吸收了部分电子偏离束斑尺寸范围后发生的电子散射转移能量，发生曝光。显影后，曝光图形尺寸出现一定的放大，同时光刻胶层轮廓的侧壁出现垂直度下降。这种由电子散射引起的光刻胶能量吸收不均匀的现象称为邻近效应。

邻近效应导致的结果可以归结为由电子散射引起的电子束曝光分辨率下降。提高分辨率有两种途径：一种是提高电子束曝光系统本身的性能，减小束斑尺寸，提高电磁透镜质量，提高聚焦性能等；另一种是通过工艺降低邻近效应的影响，挖掘电子束曝光系统分辨率的潜力，称为邻近效应校正。

3. 电子束曝光技术的限制

（1）电子光刻胶的限制。
当前电子光刻胶的分辨率实际所能达到的最高值为 0.1μm，与理论值相差甚远。

（2）电子散射的限制。
一般情况下，对于高能电子束，前散射的范围一般为百纳米量级，而背散射为微米量级，甚至达到十几微米，因此，即使电子光刻胶的分辨率很高，但由于背散射不可避免地存在，因此很难获取高分辨率的图形。为此，就要解决因背散射而引起的邻近效应问题，否则电子束曝光技术的优越性将得不到发挥。

（3）套准的限制。
这对于直接在硅圆片上曝光并进行多层套准更为突出。硅圆片存在热变形，会使前一层的图形产生不规则的畸变，因此在后一层的图形曝光时，只有重新测定变形后图形的实际位置并进行校正，两层图形才能套准。

4. 电子束平行投影曝光

电子束平行投影曝光是在电子光刻胶上进行成像的一种特殊曝光方式。其利用光电发射制备的特殊掩膜，通过紫外光激励和加速电场的加速，对与掩膜平行且贴近的硅圆片或空白版进行曝光。

特殊掩膜是在原掩膜上蒸发一层约10nm的光电发射材料作为光电阴极。曝光时，紫外光从掩膜背面照射，在有图形的区域，紫外光被高效率地吸收而被挡住，使该区域的电子发射材料不受光照，因而不能发射电子。在没有图形的区域，电子发射材料因光电效应而发射电子。激发出的电子在强电场和与电子运动方向平行的磁场作用下汇聚，并打到对面作阳极的导电电子光刻胶表面，曝光出 1：1 的图案。电子束平行投影曝光原理如图5.38所示。

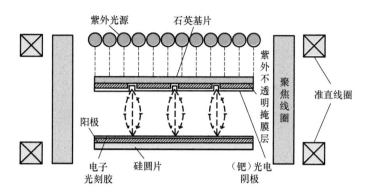

图 5.38　电子束平行投影曝光原理

电子束平行投影曝光的对准精度和分辨率高，可在整个硅圆片上以 $0.1\mu m$ 的对准精度形成具有 $0.5\mu m$ 宽的细线条图形，其成本较低，曝光速度高（照射时间只有约 1min），而且被加工硅圆片的尺寸不受限制。但它对硅圆片的平整度要求很高，否则会影响电场的均匀性，从而导致图形畸变。此外，电子束平行投影曝光还要解决光刻胶表面带电、光发射电子的色散，以及曝光期间磁场与背散射电子之间的相互作用等问题。

5.4.6　X射线光刻

当波长小于 5nm 时，电磁波变成 X 射线。X 射线曝光就是把 X 射线作为光源，透过掩膜版照射到硅圆片表面上的 X 射线光刻胶（抗蚀剂）上，光刻胶吸收 X 射线后，逐出二次电子，二次电子使得光刻胶链断裂（正性）或交联（负性）。由于使用的 X 射线的波长（$0.7\sim 1.3$nm）比紫外光短得多，几乎没有衍射的干扰，因此可以获得比光学光刻更高的分辨率。由于 X 射线不易聚焦，因此一般采用接近 1∶1 的曝光方式。

1. X射线光源

X 射线是用高能电子束轰击金属靶产生的。当高能电子撞击靶时将损失能量，而能量损失的主要机理之一是激发核心能级的电子。当这些被激发的电子落回核心能级时，将发射 X 射线。因为所有 X 射线源必须在真空下工作，所以 X 射线在投射的路程中必须透过窗口进入常压气氛进行曝光，窗口材料对 X 射线的吸收要尽量少。铍是常用的窗口材料。图 5.39 所示为 X 射线曝光系统示意图。

2. X射线掩膜版

由于 X 射线会穿透传统的玻璃和由铬制作的掩膜版，因此必须采用可以透过 X 射线的薄膜衬底（如聚酰亚胺或者碳化硅）和能够吸收 X 射线的版图成像材料（如金、钨、钽），其厚度为 $300\sim 7000$nm，以便掩膜版上透光区域和不透光区域的穿透率比大于 10∶1。同时，由于 X 射线曝光用的是 1∶1 的曝光方式，因此掩膜版的尺寸与硅圆片的关键尺寸相同，没有投影曝光方式下掩膜版尺寸可以放大的优势，故掩膜版的制作精度是 X 射线曝光技术推广的重要挑战。

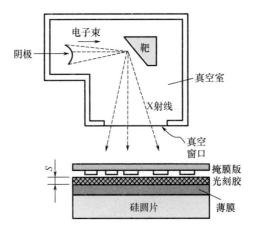

图 5.39 X 射线曝光系统示意图

3. X 射线光刻胶

由于 X 射线具有很强的穿透能力,深紫外波段的光刻胶对 X 射线的吸收率很低,只有少数入射的 X 射线能对光化学反应起作用,因此可以选用电子光刻胶作为 X 射线光刻胶。因为当 X 射线被原子吸收,原子会进入激发状态而射出电子,激发状态原子回到基态时,会释放出 X 射线,此 X 射线与入射的 X 射线波长不同,又被其他原子吸收,此过程一直持续进行。因为所有这些过程都造成电子射出,所以光刻胶在 X 射线的照射下,相当于被一个大量的二次电子流照射。由于光刻胶类型的不同,光刻胶被曝光后,有化学键交联或断裂。

提高 X 射线光刻胶的灵敏度是光刻胶发展的重要方向。提高光刻胶灵敏度的主要方法是在合成光刻胶时掺入特定波长范围内具有高吸收峰的元素,从而增强光化学反应。具体地说,针对特定的 X 射线波长,可以通过在光刻胶中掺入特定的杂质来大幅度提高光刻胶的灵敏度。如在电子光刻胶中加入铯、铊等能增强光刻胶对 X 射线的吸收能力,使之可以作为 X 射线光刻胶。

5.5 刻　蚀

5.5.1 刻蚀的基本概念

刻蚀是用物理方法或化学方法有选择地从硅圆片表面去除不需要的材料,从而把光刻胶上的图形转移到薄膜上的过程。有图形的光刻胶在刻蚀中不受到腐蚀液显著地侵蚀,这层掩膜用来在刻蚀中保护硅圆片上的特殊区域而选择性地刻蚀掉未被光刻胶保护的区域。

对刻蚀的一般要求如下。

(1) 刻蚀均匀性好。

(2) 图形的保真度高。只有垂直刻蚀,横向刻蚀尽量小,以保证精确地在被刻蚀的薄膜上复制出与光刻胶上完全一致的几何图形。

（3）刻蚀选择比高。对作为掩膜的光刻胶和处于其下的另一层薄膜或材料的刻蚀速率都比被刻蚀薄膜的刻蚀速率小得多，以保证刻蚀过程中光刻胶掩蔽的有效性，不致发生因过度刻蚀而损坏薄膜下面的其他材料。

（4）刻蚀的洁净度高。

（5）加工批量大，容易控制，成本低，对环境污染少，适用于工业生产。

在集成电路制造中有两种刻蚀工艺：湿法刻蚀和干法刻蚀，如图 5.40 所示。湿法刻蚀是利用液体化学试剂，以化学的方式去除硅圆片表面材料。由于一般湿法刻蚀属于各向同性腐蚀（水平方向与垂直方向的腐蚀速率一样），因此主要用在图形特征尺寸较大的情况（大于 3μm）。湿法刻蚀也可用来去除干法刻蚀后的残留物。干法刻蚀是把硅圆片表面曝露在气体产生的等离子体中，等离子体通过光刻胶中开出的窗口，与需刻蚀的薄膜发生物理反应或化学反应，从而去除暴露的表面材料。干法刻蚀图形的保真度高，是亚微米和深亚微米尺寸下刻蚀器件的主要方法。

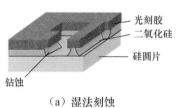
光刻胶
二氧化硅
硅圆片
钻蚀
（a）湿法刻蚀

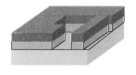
（b）干法刻蚀

等离子体刻蚀

图 5.40　刻蚀

刻蚀是去除特定薄膜层或薄膜的特定部分的工艺过程。选择性是刻蚀工艺的关键指标，它是指刻蚀一种材料而不刻蚀另一种材料的能力。在硅加工技术中，刻蚀必须能有效地刻蚀硅，而尽量少地刻蚀光刻胶和二氧化硅。此外，刻蚀多晶硅和金属时需要得到垂直度好的刻蚀侧壁，并尽量不刻蚀光刻胶及下方的绝缘层。

5.5.2　湿法刻蚀

湿法刻蚀是指将硅圆片浸没到溶液（通常是酸性溶液）中进行刻蚀。各向同性是湿法刻蚀的一个主要特点，即在各个方向的刻蚀速率相同。由于各向同性的特点会使掩膜下的材料刻蚀成球形的刻蚀腔，因此该方法在硅圆片上形成的几何结构的分辨率受限。

湿法刻蚀是利用一定的化学试剂与需刻蚀的薄膜反应，从而在薄膜上显示一定的图形。尽管湿法刻蚀有一些缺点，但它可以控制刻蚀液的化学成分，使刻蚀液对特定薄膜材料的刻蚀速率远大于对其他材料的刻蚀速率，从而提高刻蚀的选择比，同时不损伤硅圆片，故广泛用于完成图形的非关键尺寸。

湿法刻蚀技术的主要特点如下。

（1）反应生成物是气态或可溶性物质，常用加热或搅拌等方法提高反应速度。

（2）湿法刻蚀一般是各向同性的腐蚀，对于晶体结构的物质，会因为存在不同晶向而产生不同的剖面结构，从而形成不同的腐蚀剖面。

（3）反应可控性差，工艺重复性差。当线宽大于 3μm 时，湿法刻蚀的刻蚀效率非常高；当线宽小于 3μm 时，极易产生钻蚀，刻蚀精度低、可控性差、均匀性差，还有废液

对环境的污染等问题。

湿法刻蚀的主要缺点：由于刻蚀过程中进行的化学反应一般没有特定方向，其刻蚀效果是各向同性的，因此刻蚀后的线条宽度难以控制；由于刻蚀通过化学反应实现，因此刻蚀液反应通常伴有放热并产生气体。反应放热会造成局部区域的温度升高，反应速度提高，使反应的可控性下降，致使刻蚀出的图形不能满足要求。反应生成的气泡会隔绝薄膜与刻蚀液的接触，造成局部反应停止，形成缺陷。因此，在湿法刻蚀中需要进行搅拌。

湿法刻蚀的三个过程如下：①刻蚀液通过扩散到达表面；②表面发生化学反应；③反应生成物从反应表面脱离。

由于大多数湿法刻蚀为各向同性刻蚀，在纵向腐蚀的同时进行横向腐蚀，因此腐蚀图案的分辨率降低，同时要使用大量的化学试剂，易对操作人员造成危害。20 世纪 80 年代后，当图形尺寸小于 $3\mu m$ 时，用干法刻蚀替代湿法刻蚀。

5.5.3　干法刻蚀

目前，集成电路生产都采用干法刻蚀。干法刻蚀在低压真空系统中利用化学反应进行刻蚀。与湿法刻蚀相反，干法刻蚀具有较高的方向选择性，能得到形貌良好的刻蚀侧壁，同时干法刻蚀只需要少量的刻蚀气体，而在湿法刻蚀时必须周期性地更换刻蚀液。

干法刻蚀是以等离子体辅助进行薄膜刻蚀的一种技术。由于刻蚀反应不涉及溶液，因此称为干法刻蚀。

干法刻蚀一般可以分为三类，即物理性刻蚀与化学性刻蚀及将两者特性结合的反应离子刻蚀。

物理性刻蚀：典型的物理性刻蚀就是利用非活性的 Ar^+ 进行溅射刻蚀，即用高能量离子撞击引起表面物质原子蒸发或向外喷射（物理过程）。

化学性刻蚀：由等离子体中的活性物质和薄膜之间的化学反应产生，如氯等离子体使 Cl_2 分解成 Cl，Cl 与 Si 结合生成易挥发的 $SiCl_4$，从而使 Si 被 Cl 刻蚀（化学过程）。

反应离子刻蚀：通过离子轰击加速刻蚀反应，它兼具物理性刻蚀和化学性刻蚀两者的优点。

1. 物理性刻蚀

物理性刻蚀也称溅射刻蚀（sputtering etching）。利用气体（如氩气）电离成带正电的离子，再利用偏压将离子加速，溅射在被刻蚀物的表面，当能量足够大时，击出被刻蚀表面的原子，该过程完全是物理能量上的转移，称为物理性刻蚀。这种干法刻蚀的优点是具有极佳的各向异性，薄膜经刻蚀后轮廓接近 90°，但刻蚀的选择性较差。

物理性刻蚀也常用于硅圆片沉积之前对表面进行溅射清洗，以去除杂质沾污。

2. 化学性刻蚀

化学性刻蚀也称等离子体刻蚀（plasma etching，PE）。它是利用气体分子在强电场作用下，产生辉光放电，在放电过程中气体分子被激励并产生活性基，这些活性基可与被腐蚀膜发生化学反应，生成可挥发性气体并被带走。这种干法刻蚀与湿法刻蚀相似，只是反应物与产物的状态从液态改为气态，并以等离子体来提高反应速率。因此化学性刻蚀具有较高的选择比，但其同样具有各向同性刻蚀的缺点。

因为化学性刻蚀主要采用的是化学反应的原理，所以其刻蚀速率高，选择比较高，但产生各向同性刻蚀的轮廓，因此往往和物理性刻蚀一起进行。

3. 反应离子刻蚀

使用最广泛的干法刻蚀是结合物理的离子轰击和化学反应的反应离子刻蚀（reactive ion etching，RIE）。它是一种介于物理性刻蚀和化学性刻蚀之间的干法刻蚀技术，同时用物理和化学两种作用去除薄膜，因此可以兼具各向异性刻蚀的优点，又有可接受的选择比。反应离子刻蚀时，辉光放电在零点几帕至几十帕的低真空中进行，硅圆片在连接射频电源的电极上，放电时的电信号大部分降落在阴极附近，大量带电粒子受垂直于硅圆片表面的电场加速，垂直入射到硅圆片表面，以较大的能量撞击硅圆片表面，进行物理性刻蚀。带电粒子还与薄膜发生强烈的化学反应，进行化学性刻蚀。选择合适的气体，不仅可以获得理想的选择比和刻蚀速率，而且可以大大提高刻蚀的各向异性。反应离子刻蚀是超大规模集成电路工艺中主要采用的一种刻蚀方法。

三种干法刻蚀方法获得的刻蚀截面示意图如图 5.41 所示。

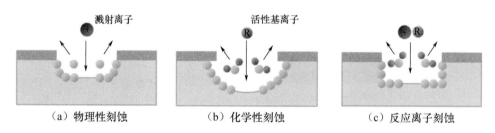

图 5.41　三种干法刻蚀方法获得的刻蚀截面示意图

干法刻蚀的特点如下。

（1）减少了由液态刻蚀剂的毛细管现象引起的光刻胶的钻蚀问题。采用反应离子刻蚀，能得到各向异性的刻蚀效果。

（2）由于作为刻蚀剂的气体用量很少，因此污染也很少。虽然有些气体有毒或易爆炸（如 CO 和 O_2），但因用量很少，故处理较容易。

（3）对一种或多种反应物或排除物进行发射光谱分析监控时，可指示刻蚀的终点。

（4）可实现自动化，可采用盒式装片、自动抽气和真空锁输送等先进方法。

5.5.4　干法刻蚀的终点检测

干法刻蚀时间控制不好会形成过度刻蚀，很有可能造成对下一层薄膜的损伤，因此必须对刻蚀过程进行监控，尤其要进行终点检测，以便确定终止刻蚀时间。每种原子都有自己的光波，刻蚀不同的薄膜时等离子体发出不同的颜色。所以，在刻蚀的最后阶段，等离子体的化学成分将发生改变，从而引起等离子体发光的颜色和强度发生改变。利用光谱仪监测光的特定波长并监测信号的改变，将获得的电信号传送到计算机控制系统，从而可以控制刻蚀系统。

目前，终点检测的主要方法有发射光谱分析法（optical emission spectrometry，OES）和激光干涉终点检测法（interferometry end point，IEP）等。

1. 发射光谱分析法

原子或分子受到外场激发后从基态跃迁到激发态，由于激发态不稳定，在极短的时间内（$10^{-9}\sim10^{-7}$s）又会迅速回到基态，同时将吸收的能量以光辐射的形式重新释放出来，不同的原子或分子从基态到不同的激发态所对应的能量各不相同，因此它们所对应的光辐射的波长也各不相同。各种粒子有它们各自的特征谱线，根据特征谱线的强弱变化可以确定对应粒子的浓度变化。光强的变化可以通过反应室侧壁上的观测窗观测。在反应离子刻蚀过程中，由于化学反应，一些粒子被消耗，同时会产生另一些新的粒子，在发射光谱中表现为某些谱线的减弱，并会产生一些新谱线。通过监控来自等离子体反应中一种反应物的某一特定发射光谱峰或波长，在预期的刻蚀终点可探测到发射光谱的改变，从而推断刻蚀过程和终点，这就是发射光谱分析法的基本原理。发射光谱分析法检测过程示意图如图5.42所示。

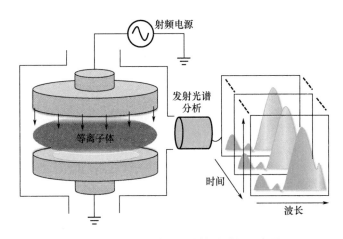

图 5.42　发射光谱分析法检测过程示意图

发射光谱分析法是常用的终点检测方法，因为它可以很容易地集成在刻蚀机上，且不影响刻蚀过程，对反应的细微变化可以进行非常灵敏的检测，可以实时地提供刻蚀过程中的有用信息。但此法也存在一些不足：一是检测光波的强度与刻蚀速率成正比，因此当刻蚀速率较低时，检测较困难；二是当被刻蚀的薄膜面积较小时，得到的光强信号很弱，终点检测容易失效。

2. 激光干涉终点检测法

激光干涉终点检测法是用激光光源检测透明薄膜厚度变化，当厚度变化停止时，意味着到达了刻蚀终点，基本原理如图5.43所示。厚度的测量是利用激光照射透明薄膜，在透明薄膜表面反射的光线与穿透薄膜被下一层材料反射的光线发生干涉。当满足 $\Delta d = \lambda/2n$ 时，出现明暗相间的干涉条纹。其中，Δd 为薄膜厚度的变化，λ 为激光的波长，n 为薄膜的折射率。根据最亮的条纹数，可以得到薄膜厚度。

此法不仅可以确定刻蚀的终点，还可以测出正在进行刻蚀的刻蚀速率，但它只能检查硅圆片表面非常有限的小部分区域的刻蚀状态，在被刻蚀表面粗糙时，从表面反射回来的光也是非常微弱的，可能产生误差。

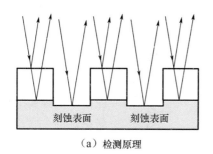
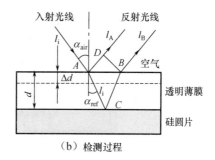

| （a）检测原理 | （b）检测过程 |

图 5.43 激光干涉终点检测法基本原理

5.5.5 典型的等离子体刻蚀系统

1. 圆桶式等离子体刻蚀机（化学性刻蚀）

圆桶式等离子体刻蚀机是圆柱形的，如图 5.44 所示。硅圆片垂直、小间距地装在一个石英舟上。射频电源加在圆柱两边的电极上。通常有一个带孔的金属圆柱形刻蚀隧道，它把等离子体限制在刻蚀隧道和腔体壁之间的外部区域。硅圆片与电场平行放置，使物理性刻蚀最小。该刻蚀机进行的刻蚀是具有各向同性和高选择比的纯化学过程。因为在硅圆片表面没有等离子的物理轰击，所以刻蚀具有最小的等离子体诱导损伤。圆桶式等离子体刻蚀机主要用于硅圆片表面去胶。氧气是去胶的主要刻蚀剂。

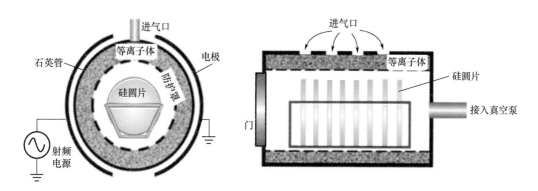

图 5.44 圆桶式等离子体刻蚀机

2. 平板（平面）反应器（反应离子刻蚀）

平板（平面）反应器有两个大小和位置对称的上下电极平行金属板，如图 5.45 所示。硅圆片均背面朝下放置于接地的下电极上面，射频电源加在反应器的上电极。由于等离子体电势总是高于地电势，因此该反应器中进行的刻蚀具有离子轰击的化学性刻蚀特性。在反应器中，硅圆片与气流垂直放置，故可得到更好的刻蚀均匀性。同时，硅圆片也垂直于射频电场，所有离子的运动更有方向性，刻蚀便具有良好的各向异性。当化学活泼物质和迅速运动的粒子同时存在时，硅圆片表面材料的刻蚀速率大大提高，从而产生良好的刻蚀效果。由于刻蚀结合了物理性的离子轰击和化学反应，因此其属于反应离子刻蚀。

反应离子刻蚀

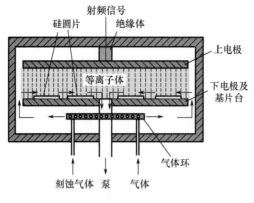

图 5.45　平板反应器

5.6　去　　胶

图形制备的最后一道工序是去除硅圆片表面的光刻胶,这一工序称为去胶。常用的去胶方法有溶剂去胶、氧化剂去胶和等离子体去胶。

1. 溶剂去胶

溶剂去胶是将带有光刻胶的硅圆片浸泡在适当的溶剂内,使聚合物膨胀,然后擦去。这种方法主要用于去除金属表面的光刻胶。由于溶剂中含有较多无机杂质,会在硅圆片表面留下微量杂质,在制备 MOS 器件时,可能会造成不同后果,因此很少采用。

2. 氧化剂去胶

对于无金属表面的光刻胶(如二氧化硅、氮化硅和多晶硅表面的光刻胶),可以采用氧化剂去胶。目前,常用的氧化剂有浓硫酸和过氧化氢(双氧水)的混合物(SPM 液),工艺中将硅圆片放在氧化剂中加热到 100℃左右,光刻胶氧化成 CO_2 和 H_2O 而被去除。

因为以上两种去胶方法都需要采用溶剂,所以称为湿法去胶。尽管目前湿法去胶仍有较广泛的使用,但其存在难以控制、去除不彻底(有残胶)、需要反复去除等问题,尤其是湿法去胶所带来的废酸处理和大量去离子水的使用,会给环境保护和节约能源造成极大的困难。

3. 等离子体去胶

等离子体去胶是干法去胶,是用等离子体氧化或分解的方式剥除光刻胶。干法去胶有着湿法去胶不可比拟的优点,如效率高、对环境污染小、去胶过程易精确控制,故在现代半导体工业中广泛应用。

等离子体(氧气)去胶的原理如下:将硅圆片置于真空系统,通入少量氧气,加高压,使氧气电离成含有活化氧原子的等离子体。活化氧原子迅速将光刻胶氧化成 CO_2、H_2O、CO 和其他可挥发性气体并由机械泵抽走,从而去除光刻胶。

等离子体去胶可以与等离子体刻蚀连续进行,操作简单,去胶效率高,表面干净光洁、无划痕,成本低。

5.7 掺 杂

掺杂是指用人为的方法，按照一定的方式将杂质掺入半导体材料，使杂质的数量和浓度分布均符合要求，从而改变材料的电学性质或机械性能，达到形成半导体器件的目的。掺杂是制作半导体器件和集成电路必不可少的工艺。通常，控制杂质进入半导体有两种方式：一种是以热平衡为基础的热扩散；另一种是以动能守衡为基础的离子注入。

1. 热扩散

热扩散是指杂质原子在高温下，在浓度梯度的驱使下渗透到半导体内，并形成一定的分布，从而改变导电类型或掺杂浓度。高温下，杂质原子具有一定的能量，能够克服某种阻力进入半导体，并且在其中做缓慢的迁移运动。这些杂质原子不是代替硅原子的位置，就是处在晶体的间隙中，因此热扩散有替位式扩散和间隙式扩散两种方式。

（1）替位式扩散。

杂质原子进入半导体后，如果在周围的某一晶格格点上出现空位，则该杂质原子将会填充到空位上，从而占据正常的晶格格点，这种方式就是替位式扩散，如图 5.46 所示。替位式扩散的条件首先是杂质原子周围要有空位，其次是振动能量大于晶格激活能。如果没有空位，就必须和邻近原子交换位置，此时所需的能量更大。

（2）间隙式扩散。

杂质原子进入半导体后，从一个原子间隙到另一个原子间隙逐级跳跃前进，这就是间隙式扩散，如图 5.47 所示。间隙式扩散的条件是振动能大于晶格激活能。

图 5.46　替位式扩散　　　　　　　　　图 5.47　间隙式扩散

2. 离子注入

离子注入是先使待掺杂的原子或分子电离，再加速到一定的能量，使之注入晶体中，然后经过退火激活杂质，从而达到掺杂的目的。这是一个物理过程，即不发生化学反应。离子注入在第 3 章的离子束微细加工的应用中已经有所阐述。

离子注入是 20 世纪 60 年代发展起来的一种在很多方面都优于热扩散的掺杂工艺。它的出现大大推动了半导体器件和集成电路的发展，从而使集成电路的生产进入超大规模时代。由于离子注入可以严格地控制掺杂量及杂质分布，而且掺杂温度低，横向扩散小，可掺杂的元素多，可对各种材料进行掺杂，杂质浓度不受材料固溶度的限制，因此离子注入应用广泛，尤其是对于 MOS 超大规模集成电路来说，需要严格控制开启电压、负载电阻等，一般热扩散技术已不适用，必须采用离子注入。离子注入已经成为满足 $0.25\mu m$ 特征

尺寸和大直径硅圆片制作要求的标准工艺。一般高浓度、深结掺杂采用热扩散，而浅结、高精度掺杂采用离子注入。

离子注入需要特殊的离子注入设备，如图 5.48 所示。注入过程是利用高达百万电子伏的电场加速离子，然后通过质谱仪选择所需的掺杂物离子进行掺杂。该方法类似于阴极射线管，离子束在一系列偏转板的控制下扫过硅圆片，从而确保注入过程在整个硅圆片的均匀性。需注意的是，离子注入需要在真空中进行。

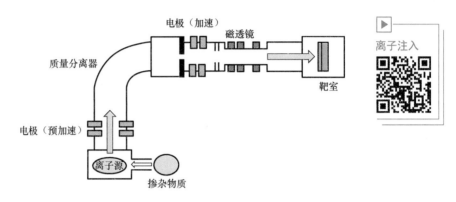

图 5.48　离子注入设备示意图

高能离子冲击硅圆片表面会造成硅圆片晶格结构损伤，并导致电迁移率降低，这会对硅圆片的性能产生影响。可以通过退火处理来修补缺陷，在退火过程中，硅圆片仅需加热到相对低的温度，通常为 $400 \sim 800 ℃$，时间为 $15 \sim 30 min$。离子注入提供了硅晶格重新排列所需的能量，并能驱使掺杂物在硅圆片内扩散，离子注入实现的掺杂厚度小于 $0.5 \mu m$，退火处理可以使掺杂物扩散到更理想的深度，达到几微米至几十微米。

5.8　芯　片　测　试

完成硅圆片上集成电路制造后，就要对其各个独立电路的性能进行测试。每个芯片都需要由计算机控制的探针平台进行测试，该测试平台通过能测试芯片焊盘质量的针状探头进行测试，如图 5.49 所示。

探头检测
芯片

图 5.49　探头检测芯片

该探头有以下两种工作形式。

1. 测量图形或结构

这种工作形式下探头测量图形或结构，探头位于芯片外部划线之间的区域（芯片与芯片之间的空白区域）。探头由晶体管和互连结构组成，能测量各种过程参数，如电阻率、接触电阻、电迁移等。

2. 直接探针

这种工作形式下探头能完全测量每个芯片所有焊盘的质量。探针平台扫描整个晶圆，利用计算机生成的时序波形测试每个电路的工作状态。如果某个芯片有缺陷，就会进行标记。

5.9 芯 片 组 装

经过氧化、薄膜制备、金属化、平坦化、光刻、刻蚀、离子注入等工序后，集成电路层已经完成。为了提高器件的可靠性和实用性，更好地作为产品实现其应用价值，还需要经过组装。

组装就是将来自前道工艺的硅圆片通过划片后切割为小的芯片，并将切割好的芯片粘贴到对应的引线框架（或基板）上，再利用超细的金属（金、锡、铜、铝）导线将芯片焊接到引线框（或基板）的引脚上，构成所要求的电路；然后用塑料、陶瓷或金属外壳对独立的芯片加以封装保护。封装之后，还要进行一系列操作，如后固化、切筋成型、电镀及打码、测试，再经过入检、测试和包装等，最后入库。

芯片组装工艺流程如下：背面减薄、划片、贴片、键合、封装、去飞边毛刺并切筋成型、打码、测试、包装，如图 5.50 所示。

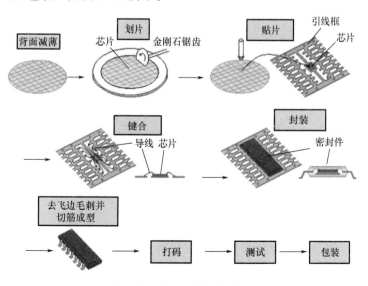

图 5.50 芯片组装工艺流程

组装之前，硅圆片已经经过测试，不合格的芯片已经被打上墨点记号，后面划片后就可以直接进行挑选。

1. 背面减薄

硅圆片完成性能测试后，需去除原始的基底材料。因为在前面制造过程中，为使硅圆片的破损降到最低，$\phi300$mm的硅圆片的厚度是775μm。硅圆片在装配前必须减薄，一方面要使其更容易划成小芯片，并改善散热；另一方面有益于在装配中减小热应力。更薄的芯片也减小了最终集成电路管壳的外形尺寸和质量。硅圆片通常需要减薄到$200\sim500\mu$m。最终芯片的厚度取决于封装要求。

常见的背面减薄方法有磨削法、研磨法、化学机械抛光法、干式抛光法、电化学腐蚀法、湿法腐蚀法、等离子增强化学腐蚀法、常压等离子腐蚀法等，它们各有特点。

2. 划片

划片（又称分片）是指将硅圆片上的芯片独立分割出来，挑出合格的芯片。划片的流程为背面贴膜、金刚石刀锯或激光切割（切透90%）、裂片、挑片、镜检分类。

背面贴膜是指在硅圆片背面贴上一层薄膜，称为蓝膜。贴膜之后进行切割（含金刚石刀锯或激光切割）。当切割至90%以上时，利用蓝膜的热胀冷缩将芯片裂开，挑出合格的芯片并对其进行镜检分类。

划片通常有两种形式：一种是局部划片，即在硅圆片表面划线，其划痕没有穿过全部硅片；另一种是将硅圆片划穿，直接分离成各自独立的芯片。

使用金刚石刀刃的划片锯进行划片，现场如图5.51所示。硅圆片被金刚石锯刃在X方向和Y方向分别划片，并用去离子水进行冲洗，以去除划片过程中产生的硅浆残渣。每个单独芯片都由背面贴膜支撑。锯刃通常沿划片线切透硅圆片的90%～100%。全自动设备具有对准系统、划片和晶圆清洗一体化功能。

激光划片

划片

图5.51 金刚石刀刃的划片锯划片现场

3. 贴片

贴片又称芯片贴装，是指将镜检分类的芯片放在基板（或引线框架）上的指定位置，并且粘贴固定到基板（或引线框架）上。注意应将芯片粘贴到引线框架的中间焊盘上，焊盘尺寸要与芯片尺寸匹配。贴片包括装片和粘贴（烧结）两部分。

对贴片的要求很多，如导热性和导电性好；芯片和管壳底座连接的机械强度高、可靠性高，能承受键合和封装时的高温和机械振动，化学稳定性好，不受外界环境影响，装配定位准确，能满足自动键合的需要。

贴片

贴片方法主要有四种：共晶粘贴法、焊接粘贴法、导电胶粘贴法、玻璃胶粘贴法，其特点见表 5-2。

表 5-2 四种贴片方法特点

贴片方法	粘贴方式	技术要点	技术优缺点
共晶粘贴法	金属共晶化合物，扩散	预型片和芯片背面镀膜	高温工艺，芯片易开裂
焊接粘贴法	锡铅焊料，合金反应	背面镀金或镍，焊盘沉积金属层	热传导性好，工艺复杂，焊料易氧化
导电胶粘贴法	环氧树脂（填充银），化学结合	芯片不需要预处理，粘贴后固化处理或热压结合	热稳定性不好，吸潮形成空洞、开裂
玻璃胶粘贴法	绝缘玻璃胶，物理结合	上胶加热至玻璃熔融温度	成本低，热稳定性好，需完全去除胶中的有机成分

（1）共晶粘贴法。

共晶粘贴法是利用金-硅合金，先将芯片置于镀金膜的陶瓷基板芯片底座上，再加热到约 425℃，借助金-硅共晶反应，液面的移动使硅逐渐扩散至金中并紧密结合，如图 5.52 所示。共晶粘贴法的生产效率较低，手工操作，不适合高速自动化生产，一般只在一些有特殊导电性要求的大功率管中使用。

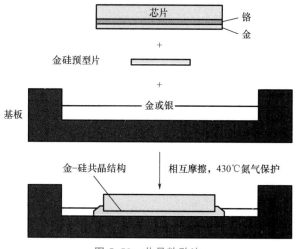

图 5.52 共晶粘贴法

（2）焊接粘贴法。

焊接粘贴法常用铅-锡合金作焊料在芯片背面沉积一定厚度的金或镍，同时在焊盘上沉积金-钯-银和铜的金属层，这样就可以用铅-锡合金制作的焊料将芯片很好地焊接在焊盘上。焊接要在热氮气或能防止氧化的气氛中进行，以防焊料氧化和形成空洞。焊接粘贴法的热传导性好。

（3）导电胶粘贴法。

采用导电胶粘贴法贴片时，常用的导电胶是添加银粉的环氧树脂。环氧树脂贴片如图 5.53 所示。首先用注射器将导电胶涂布到芯片焊盘上，然后用机械手将芯片精确旋转到焊盘上的导电胶上，最后按导电胶固化要求的温度和时间在烘箱中固化。

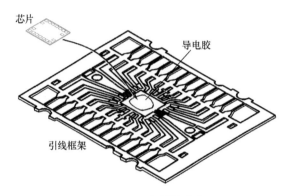

图 5.53　环氧树脂贴片

导电胶粘贴法操作简便，是塑料封装常用的贴片方法；但其热稳定性不好，容易在高温时发生劣化及引发导电胶中有机物气体泄漏，使产品可靠性降低，因此不适用于高可靠度的封装。

（4）玻璃胶粘贴法。

玻璃胶粘贴法是先用玻璃胶涂布在基板的芯片底座上，再将芯片放在玻璃胶上，然后把封装基板加热到玻璃熔融温度以上，即可完成粘贴。注意冷却过程要控制降温速度，以免造成应力破裂。该法适用于陶瓷封装。

4. 键合

芯片被固定在引线框架后，必须将其与封装接口进行电连接。这一步可以通过键合完成，利用非常细（$\phi25\mu m$）的焊接线（如金线）连接封装接口与芯片上的焊盘（图 5.54），芯片上焊盘的直径通常为 $\phi75\sim\phi100\mu m$。

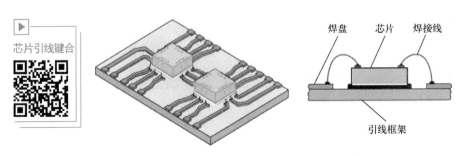

图 5.54　键合

键合按在引线端点工艺中使用的能量类型分为三种：热压键合（thermo-compression bonding）、超声波键合（ultrasonic bonding）与热压超声波键合（thermo-sonic bonding）。

（1）热压键合。

热压键合时，热能和压力分别作用到芯片压点和引线框内端电极以形成金线键合。毛细管劈刀键合机械装置将引线定位在被加热的芯片压点并施加压力，力和热的结合促使金线和芯片上的压点形成楔压键合点；然后劈刀底部输送附加的引线，并移动到引线框架内的电极上，用同样方法形成另一个楔压键合点，如图 5.55 所示。直到所有芯片压点都被键合到其相应的引线框架内的电极柱上。

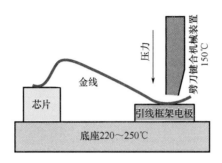

图 5.55　热压键合示意图

（2）超声波键合。

超声波键合以超声能和压力作为构成引线和压点间楔压方式的基础。它能在相同和不同的金属间形成键合，如图 5.56 所示。例如，铝引线/铝压点或铜引线/铝压点。通过在毛细管劈刀底部的孔（类似热压键合）输送引线并定位到芯片上的压点上方。细管针尖施加压力并快速进行机械振动摩擦，通常超声频率是 60kHz（最高为 100kHz），以形成冶金键合。

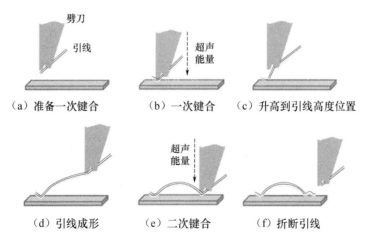

（a）准备一次键合　　（b）一次键合　　（c）升高到引线高度位置

（d）引线成形　　（e）二次键合　　（f）折断引线

图 5.56　超声键合流程图

与热压键合相比，超声波键合时底座无须加热，无须加电流、焊剂和焊料，对被焊件的物理化学性能无影响，也不会形成任何化合物而影响键合强度，且具有键合参数调节灵活、操作简单、可靠性高、键合效率高等优点，在平面器件中得到了广泛采用。

（3）热压超声波键合。

热压超声波键合是一种结合超声振动、热和压力形成键合的技术，也称球键合。其底座维持在约 150℃。热压超声波键合的毛细管劈刀由碳化钙或陶瓷材料制成，通过其中心的孔竖直输送细铜丝。伸出的细铜丝用小火焰或电容放电火花加热，引起线熔化，并在针尖形成一个球。在键合过程中，超声能和压力使铜丝球和铝压点间形成冶金键合，如图 5.57 所示。热压超声波键合完成后，键合机移动到底座内端电极压点并形成热压的楔压键合。然后将引线拉断，工具移动到下一个芯片压点。这种"热压超声波键合—楔压键合"在压点和内端电极压点间的引线连接尺寸有极佳的控制，对更薄的集成电路很重要。热压超声波键合微观照片如图 5.58 所示。

热压超声波键合

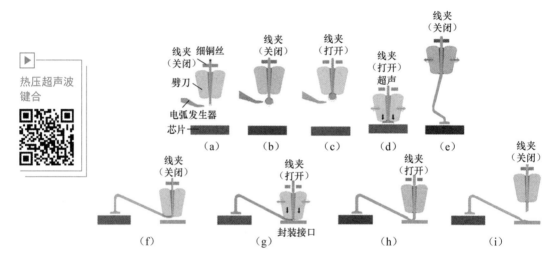

图 5.57　热压超声波键合流程

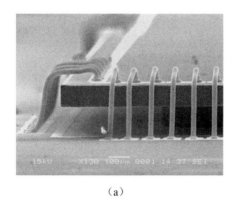

（a）

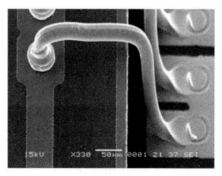

（b）

图 5.58　热压超声波键合微观照片

5. 封装

封装是指安装芯片用的外壳，它不仅起着安放、固定、密封、保护芯片的作用，而且是沟通芯片内部电路与外部电路的桥梁——芯片上的接点用导线连接到封装外壳的引脚上，这些引脚又通过印制电路板上的导线与其他器件建立连接。封装对于芯片来说是必需的，也是至关重要的。

封装后的芯片必须与外界隔离，以防止空气中的杂质对芯片电路腐蚀而造成电气性能下降，还要便于安装和运输。因此封装必须具有良好的气密性、电气性、可焊性及足够的机械强度，并且加工简单、成本低廉、适合批量生产。对封装的要求如下。

（1）为提高封装效率，芯片面积与封装面积之比尽量接近 1∶1。

（2）引脚尽量短以减少延迟，引脚间的距离尽量短，以保证互不干扰，提高性能。

（3）基于散热的要求，封装越薄越好。

下面列举几种比较典型的芯片封装形式。

（1）双列直插式封装（dual in-line package，DIP）。

双列直插式封装（图 5.59）是一种老式封装形式，它具有成本低和使用方便的特点。双列直插式封装使用的材料有热塑性材料、环氧树脂、陶瓷，并且可以形成 2～500 个外部引线接口。陶瓷材料的双列直插式封装可用于更宽的温度范围，但其成本远高于塑料材料封装。

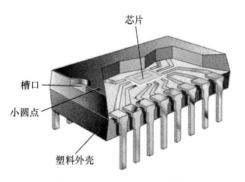

芯片

槽口

小圆点

塑料外壳

集成电路封装形式

图 5.59　双列直插式封装

（2）扁平封装（flat package，FP）。

扁平封装主要采用表面安装技术贴片，主要有方形扁平封装和塑料扁平封装两种形式。

方形扁平封装的芯片引脚之间距离很小，管脚很细，一般大规模或超大型集成电路都采用这种封装形式，其引脚数一般在 100 个以上，如图 5.60 所示。用这种形式封装的芯片必须采用表面安装技术将芯片与主板焊接起来。封装采用表面安装技术的芯片不必在主板上打孔，因为主板表面上一般设计好了相应管脚的焊点。将芯片各脚对准相应的焊点，即可实现与主板的焊接。用这种方法封装的芯片，如果不用专用工具是很难拆卸下来的。

塑料扁平封装与方形扁平封装基本相同，唯一区别是方形扁平封装一般为正方形，而塑料扁平封装既可以是正方形，又可以是长方形。

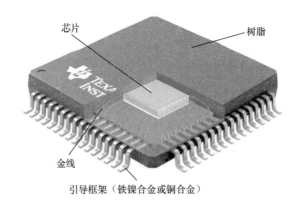

图 5.60　方形扁平封装

扁平封装具有操作方便、可靠性高、芯片面积与封装面积比较小等特点，适用于 PCB 板封装布线，特别适合高频器件。

（3）栅格阵列封装。

栅格阵列封装主要包括针栅阵列封装和球栅阵列封装两种形式。

针栅阵列封装是一种传统的封装形式，在芯片的内外有多个方阵形的插针，每个方阵形插针沿芯片的四周间隔一定距离排列，如图 5.61 所示。根据引脚数目，可以围成 2～5 圈。封装时，将芯片插入专门的针栅阵列封装插座。针栅阵列封装插拔操作方便，可靠性高；可适应更高的频率；如采用导热性良好的陶瓷基板，还可适应高速度、大功率器件要求。Intel 系列 CPU 中，80486 和 Pentium、Pentium Pro 均采用这种封装形式。

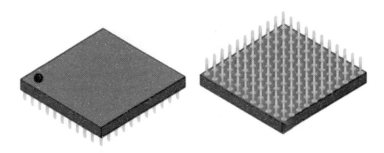

图 5.61　针栅阵列封装

球栅阵列封装出现于 20 世纪 90 年代初期，与针栅阵列封装类似，主要区别在于这种封装中的引脚是焊锡球状，焊接时熔化在焊盘上，无须打孔，如图 5.62 所示。球栅阵列封装是一种比较先进的封装形式，主要适用于 PC 芯片组、微处理器/控制器、ASIC、门阵、存储器、DSP、PDA、PLD 等器件的封装。球栅阵列封装的阵列焊球与基板的接触面积大，有利于散热；并且阵列焊球很短，缩短了信号的传输路径，减小了引线电感、电阻，因而可改善电路的性能。

（4）圆片级封装（wafer-level packaging，WLP）。

圆片级封装是指管芯的外引出端制作及包封全部在完成前工序后的硅圆片上完成，然后分割成独立的器件。芯片常规封装工艺流程与圆片级封装工艺流程对比如图 5.63 所示。

图 5.62　球栅阵列封装

它以硅圆片为加工对象，直接在硅圆片上同时对上面的芯片进行封装、老化、测试，封装的全过程都在硅圆片生产厂内由芯片制造设备完成，使芯片的封装、老化、测试完全融合在硅圆片生产流程之中。圆片级封装好的硅圆片如图 5.64 所示，经切割分离得到单个集成电路芯片，如图 5.65 所示。单个集成电路芯片可直接贴装到基板或印制电路板上。

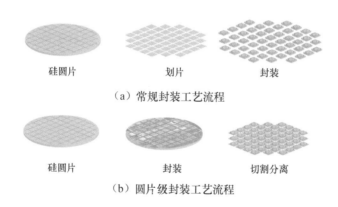

硅圆片　　　　　　划片　　　　　　封装

（a）常规封装工艺流程

硅圆片　　　　　　封装　　　　　　切割分离

（b）圆片级封装工艺流程

圆片级封装

图 5.63　芯片常规封装工艺流程与圆片级封装工艺流程对比

图 5.64　圆片级封装好的硅圆片

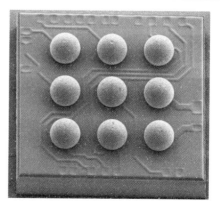

图 5.65　封装后切割分离的集成电路芯片

圆片级封装引出端材料成分有 PbSn、AuSn、Au、In；引出端形状有球、凸点、焊柱、焊盘。由于圆片级封装引出端只能在芯片内扩展，因此其主要适用于低到中等引出端数器件，采用窄节距凸点时，引出端数在 500 以上。

圆片级封装将封装与芯片的制造融为一体，可改变芯片制造业与芯片封装业分离的局面。

6. 去飞边毛刺并切筋成型

飞边毛刺是指封装过程中，塑封料树脂溢出、贴带毛边、引线毛刺等现象。一般可以用研磨料和高压空气一起冲洗模块或用高压液体流冲击模块，也可以利用溶剂的溶解性去除飞边、毛刺。然后可以在引脚上采用浸锡工艺上一层保护性薄膜（焊锡），以增强引脚的抗蚀性和可焊性。后续还需对引脚切筋成型，切筋成型其实是两道工序——切筋和打弯，通常同时完成，如图 5.66 所示，以适合装配。

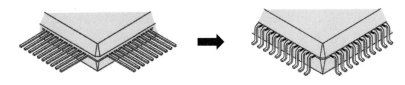

图 5.66　切筋成型

7. 打码

打码是在封装模块顶部印上去不掉的、字迹清楚的字母和标志，包括制造商信息、国家、器件代码等，主要为了便于识别和可跟踪。常用的打码方法是油墨印码和激光印码。

8. 测试、包装

在完成打码工序后，要对所有器件进行测试，包括一般的目检、老化试验和最终的产品测试。测试之后，进行包装。对于连续生产流程，元件的包装形式应该方便拾取且不需要做调整就能够应用到自动贴片机上。

5.10　集成电路成品测试

硅圆片检测系统

集成电路需要经过设计、硅圆片制造、硅圆片测试、封装、成品测试过程，最后经可靠性试验验证，合格的产品才可以入库并出售。其中硅圆片测试主要是在完成集成电路制造之后，封装之前检验硅圆片上每个芯片是否符合产品规格。成品测试有时又称封装测试，它是在封装完成后对芯片各项电学参数进行检测，主要看键合和封装是否良好。芯片插座和测试头之间的电线引起的电感是芯片载体及成品测试的首要考虑因素。硅圆片测试和成品测试是集成电路制造中的重要测试。

成品测试可以将封装过程中的不良品挑选出来，把好质量最后一关，确保出厂产品的品质达到标准。

成品测试主要有集成电路功能测试、直流参数测试和交流参数测试。

集成电路功能测试主要测试输入信号和输出信号，列出真值表，检查是否符合要求。

直流参数测试是基于欧姆定律，确定器件电参数的稳态测试。比如，漏电流测试就是在输入引脚施加电压，使输入引脚与电源或地之间的电阻上有电流通过，然后测量该引脚的电流。输出驱动电流测试就是在输出引脚上施加一定的电流，然后测量该引脚与地或电源之间的电压差。

交流参数测试主要测量器件晶体管转换状态时的时序关系。交流参数测试的目的是保证器件在正确的时间发生状态转换。输入端输入指定的输入边沿，特定时间后，在输出端检测预期的状态转换。常用的交流参数测试有传输延迟测试、建立和保持时间测试、频率测试等。

在成品测试过程中，主要依靠测试机和自动分选机挑出不合格的芯片。测试机可以利用所设置的测试程序控制自动分选机。根据测试流程要求设置测试条件，不同的芯片所要求的测试程序和测试条件不同。测试机负责被测器件各个引脚需要的输入信号并处理从各个引脚引出来的输出信号，自动分选机控制物料的传送及良品、次品的分拣。自动分选机自动传送待测物料至测试轨道，发出开始测试信号，并根据测试机的测试结果自动分拣物料，区分良品与不良品以完成测试，从而提高产品效益。

5.11　集成电路生产的环境要求

5.11.1　无尘室及洁净等级

无尘室对集成电路的生产至关重要。集成电路芯片长度通常只有几毫米，其内部晶体管长度仅为几十纳米，这个尺寸范围比灰尘、烟和香水等一般认为的有害颗粒还要小很多，如果在硅圆片处理过程中有这些污染颗粒，则会严重损害整个器件的性能。在集成电路生产过程中，如果环境中的颗粒一直遗留在硅圆片表面，这些颗粒就成为连线之间的短路物 [图5.67 (a)]或使上层材料无法覆盖的凸起物 [图5.67 (b)]；这些颗粒也可以阻挡正常注入或者在光刻工艺中造成局部图形异常，而后通过清洗从硅圆片表面去除。因此人们估计，在大规模集成电路的制造中，75%的成品率损失是由颗粒引起的。由于缺陷对集成电路成品率影响的重要性，工厂对于颗粒的检查、控制和减少极为重视，工厂本身必须设计成无尘室（厂房），并且不间断地监控，以保持空气中最小的颗粒级别。无尘室（厂房）分多种等级，颗粒的大小和数量是无尘室（厂房）分类的主要指标。传统的分类方法是每立方英尺空气中所含0.5μm或更大颗粒的数目。因此，10级无尘室（厂房）中每立方英尺的空气中有10个或更少的这样的颗粒。净化等级见表5-3，表中列出了四个净化等级每立方英尺所含大于或等于各种尺寸的颗粒的最大数量。虽然这个传统标准已被ISO标准取代，但传统的分类方法仍然应用广泛。对于微电子制造来说，大多数无尘室的洁净度水平为1～10级；相比之下，现代医院的洁净度水平是每立方英尺的空气中含有10000个这种颗粒，对比如图5.68所示。

（a）颗粒造成连线短路

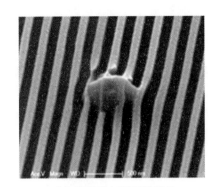
（b）颗粒使材料无法覆盖

图 5.67　集成电路生产中颗粒带来的危害

表 5-3　净化等级

等级	0.1μm	0.2μm	0.3μm	0.5μm	5.0μm
1 级	35	7.5	3	1	
10 级	350	75	30	10	
100 级		750	300	100	
1000 级				1000	7

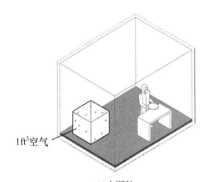
1ft³空气

10个颗粒
（a）微电子制造无尘室

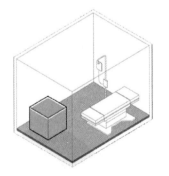
10000个颗粒
（b）医院手术室

图 5.68　微电子制造和医院手术室的颗粒对比

　　为了获得无微粒污染的受控空气，所有通风空气必须通过高效过滤器。此外，要将室内温度调节到 21℃（70℉），湿度控制在 45%。无尘室中污染物的最大来源是工作人员。人体会自然散发出皮肤碎屑、毛发、香水、化妆品、细菌和病毒，其多到可以对 100 级的无尘室造成威胁。由于这些原因，工作人员进入无尘室需要有特殊的覆盖物，如白色无尘室外套、手套、发网等。

　　严格的无尘室要求人体全部都要用无尘室工作服覆盖，如图 5.69 所示。此外，其他注意事项包括：①使用圆珠笔，而不是铅笔，以避免产生铅笔石墨颗粒；②使用特殊的无尘室专用纸，以防止纸张颗粒在空气中积聚。

进入100级洁净间无尘工作服着装要求

图 5.69　无尘室工作服着装

设计无尘室时，关键加工区域的洁净度需要比普通区域高。为了达到这个目的，通常引导过滤的空气从无尘室的顶部流向底部，再通过灰区通道从地板流向天花板，使用层流罩更容易保持工作区的洁净度。为了使产品缺陷最小化，绝对不能将产品放置到灰区。

当购买新设备和发展新工艺时，要确保产生的颗粒达最小程度，而且当从生产线中移去工艺设备进行维修时，要确保设备修好返回生产线之前的颗粒数必须合格。为了将生产线缺陷维持在较低水平，通常要做周期性的颗粒测试。

5.11.2　无尘室空气净化

空气净化系统是洁净技术中的核心部分，其框图如图 5.70 所示。

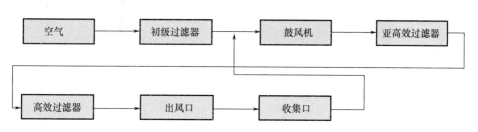

图 5.70　空气净化系统框图

根据以上框图，依次循环，直到达到洁净度要求，最后通过排放口排出。

净化系统的主要部件是过滤器。流体进入置有一定规格滤网的滤筒后，杂质被阻挡，清洁后的空气由过滤器出口排出。

一般根据过滤效率，将过滤器分为初级过滤器、亚高效过滤器和高效过滤器。初级过滤器主要过滤直径大于 $10\mu m$ 的颗粒，亚高效过滤器一般过滤直径 $1\sim10\mu m$ 的颗粒；高效过滤器主要过滤直径小于 $1\mu m$ 的颗粒。过滤器要定期清洗。

利用洁净技术将一定空间范围内空气中的微尘粒子、细菌等污染物排除，并将室内温度控制在一定范围内而特别设计的房间称为无尘室，又称洁净室或者超净间。某无尘室空气循环示意图如图 5.71 所示，集成电路生产无尘车间如图 5.72 所示。

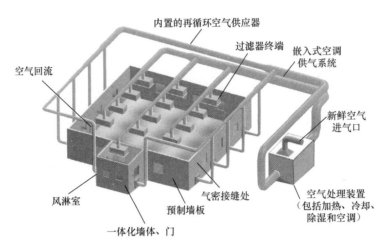

内置的再循环空气供应器

空气回流

过滤器终端

嵌入式空调供气系统

新鲜空气进气口

风淋室

预制墙板

气密接缝处

空气处理装置（包括加热、冷却、除湿和空调）

一体化墙体、门

图 5.71　某无尘室空气循环示意图

什么是洁净厂房？

图 5.72　集成电路生产无尘车间

为保证无尘室内保持较高的洁净度，常会用到一些除尘设备，主要有风淋室、静电自净器、真空除尘器等。

（1）风淋室。

为保证进入无尘室人员的人身洁净和防止室外空气侵入，进入洁净室时，必须经过风淋通道，即风淋室。

（2）静电自净器。

送风方式具有局限性，有些地方可能会存在漏流区死角，静电自净器可以消除死角。

（3）真空除尘器。

真空除尘器是通过一定方法在收尘器内部形成一定负压（真空），室内空气在压力作用下通过吸尘管进入收尘器内部，经三级过滤后排回室内空间。

在无尘室内还要有一种装置，能满足局部需要的洁净度，它就是净化工作台。

5.11.3 清洗技术

1. 硅圆片表面杂质沾污

在集成电路芯片生产过程中,除了排除外界的污染源,在集成电路的很多制造工艺中还需要清洗硅圆片,清洗用水为高纯去离子水,要求在去除硅圆片表面全部污染物的同时不会刻蚀或损害硅圆片表面。常见的沾污有颗粒、有机残余物、金属离子、自然氧化层和静电释放。

(1) 颗粒。

颗粒主要包括硅晶尘埃、石英尘埃、灰尘、从无尘室外带来的颗粒、工艺设备及无尘室工作服中的纤维丝,以及硅圆片表面掉下来的胶块、去离子水中的细菌等,随特征尺寸的缩小、颗粒的增多,缺陷比例上升,从而影响集成电路芯片的成品率。

颗粒是黏附在硅圆片表面的微小粒子,主要是一些灰尘、刻蚀杂质、残留的光刻胶、聚合物等。它们一部分来自无尘室外带来的颗粒及无尘室工作服中的纤维,但大部分是在制造工艺中引入的,如所采用的工艺设备、原材料未清洗或者清洗不干净、环境中有较多尘埃,操作过程会落到硅圆片表面。这些颗粒会直接影响硅圆片表面的图形,使其结构产生缺陷,无法实现正确的电学性能(如氧化膜很容易被击穿),使良品率降低,等等。由于颗粒与硅圆片表面主要受静电作用或范德瓦耳斯力的吸引,因此可以通过物理作用或者化学作用(如溶解、氧化、腐蚀、电排斥等)减少颗粒,直至去除。

(2) 有机残余物。

有机残余物主要是指一些含碳的物质,通常来源于环境中的有机蒸气、存储容器和光刻胶的残留。硅圆片表面的有机残余物导致无法彻底清洗硅圆片表面,使得金属等杂质在清洗后仍保留在硅圆片表面。这会影响后面的工艺,比如在以后的反应离子刻蚀工艺中会有微掩膜作用。残留的光刻胶会降低栅氧化层的致密性,使其耐压能力降低。

在目前工艺中,光刻胶一般用 O_3 干法去除,然后在氧化剂为浓硫酸和过氧化氢的混合物(SPM 液)中处理,由于大部分的胶在干法去除时已被除去,再通过 SPM 液的湿法去除会去除得更彻底。但 SPM 液的温度较高,因此工艺较难控制。

(3) 金属离子。

金属离子沾污主要包括碱性离子(Na^+、K^+)和重金属离子(Fe^{2+}、Cr^{6+} 等),它们主要来源于化学试剂、传输管道和容器及金属互连工艺等。另外,操作人员携带的金属离子也会产生离子沾污。碱性离子的危害更大,它不仅会使 MOS 栅极结构遭到破坏,栅氧耐压能力降低、改变,还会增大 PN 结漏电流、缩短少数载流子寿命、降低器件的成品率。

(4) 自然氧化层。

当硅暴露在潮湿空气中或者氧化性气氛中时,表面会产生一层薄薄的二氧化硅,就如铁会产生铁锈一般。这层薄的二氧化硅就是自然氧化层。该氧化层往往不是我们所需要的,它是一种绝缘体,会阻止硅圆片表面发生其他正常的反应(如单晶硅薄膜的生长),阻止硅圆片表面与金属良好接触,使接触电阻增大,减少甚至阻止电流通过,产生断路。去除氧化层的有效方法是利用氢氟酸和二氧化硅发生化学反应,产生可溶的络合物 $H_2[SiF_6]$。

（5）静电释放。

静电释放是指静电荷从一个物体向另一个物体流动，它通常不受控制，主要由摩擦产生，或者由两个不同电势的物体接触产生。静电释放会在瞬间产生很高的电压和较大的电流，诱使栅氧产生击穿。同时，电荷会吸引一些颗粒杂质，产生颗粒沾污。因此制造集成电路芯片必须选择合适的环境条件。

2. 硅圆片表面清洗的要求

随着集成电路集成度不断提高，线条尺寸不断减小，一个微小的颗粒甚至是尘埃就可能将硅圆片覆盖，破坏芯片的结构，因此清洗工艺十分重要，清洗工艺的技术要求也不断提高。清洗硅圆片的一般原则：首先，去除表面的有机沾污；然后，溶解氧化层（因为氧化层是"沾污陷阱"，会引入外延缺陷）；最后，去除颗粒、金属沾污。

清洗硅圆片的溶液必须具备以下两种功能。

（1）能去除硅圆片表面的污染物。溶液应具有高氧化能力，可将金属氧化后溶解于清洗溶液中，同时将有机物氧化为 CO_2 和 H_2O 等物质。

（2）防止被除去的污染物再向硅圆片表面吸附。这就要求硅圆片表面和颗粒之间存在相斥作用。

清洗硅圆片的方法有很多，根据运行方式可分为湿法清洗和干法清洗。湿法清洗主要利用化学溶液和沾污的杂质之间发生物理或者化学作用来去除污染物。干法清洗一般不采用化学溶液清洗，而是利用气体或者等离子体与杂质发生化学反应或者利用等离子轰击杂质使其去除。

思 考 题

5-1 集成电路制造大致分为哪几个制造阶段？

5-2 简述物理气相沉积、化学气相沉积薄膜技术的概念，并比较各自的特点。

5-3 什么是光刻？请阐述光刻工艺中各步骤的内容。

5-4 光学曝光分辨率的物理限制主要是什么？曝光的方式主要有哪几类？各有什么特点？

5-5 缩小步进重复投影曝光与其他光学曝光系统相比有哪些优点？

5-6 请说明分距光刻与浸入式光刻提高曝光精度的原理。

5-7 极紫外光是如何产生的？其波长范围是多少？

5-8 电子束光刻系统分为哪两类？为什么说背散射是电子束曝光精度的最大限制？

5-9 请简述电子束平行投影曝光原理。

5-10 请阐述湿法刻蚀与干法刻蚀的原理及工艺特点。简述干法刻蚀的终点检测方法。

5-11 什么是掺杂？主要掺杂方法有哪些？

5-12 请简述芯片的组装工艺流程。

5-13 请列举三种比较典型的芯片封装形式。

5-14 为什么控制集成电路生产无尘室的颗粒对集成电路的生产至关重要？

第6章
硅太阳能电池制造

　　能源是人类社会赖以生存的物质基础，是经济和社会发展的重要资源。长期以来，化石能源的大规模开发利用，不仅快速消耗了地球亿万年积存下的宝贵资源，还带来了气候变化、生态破坏等严重的环境问题，直接威胁着人类的可持续发展。太阳是地球生命发展的源泉，太阳能取之不尽、用之不竭。将太阳能转换为电能，一直是人类美好的理想。近几十年来，随着科学技术的不断发展，使用太阳能代替传统化石能源已经不再是遥不可及的梦想。预计到 2050 年，太阳能光伏发电将占世界总电力的 50% 以上。由此可见，太阳能光伏发电将成为世界未来能源发展的主要方向，前景十分广阔。

　　清洁能源主要有风能、水能、太阳能等，由于风力和水力的利用受地理环境和天气情况的制约比较大，而太阳能是一种干净、清洁、无污染、取之不尽、用之不竭的自然能源，因此，大规模开发、利用太阳能成为人类的首选。太阳能电池是将太阳能转换为电能的基础器件，在制造太阳能电池的半导体材料中，硅是最丰富、最便宜的，其制造工艺也最为先进，因此，硅太阳能电池是人们普遍使用的太阳能电池。目前，世界上 98% 以上的太阳能电池是利用硅材料制造的。太阳能作为取之不尽的可再生能源，其开发利用日益受到世界各国尤其是发达国家的高度重视，太阳能光伏产业的规模持续扩大，技术水平逐步提高，已经成为世界能源领域的一大亮点，呈现出良好的发展前景。

　　以硅材料的应用开发形成的光电转换产业链条称为光伏产业。光伏产业链包括硅料、铸锭（拉棒）、切片、电池片、电池组件、应用系统六个环节。光伏产业链的上游是晶体硅原料的采集和硅棒、硅锭、硅片的加工制造，产业链的中游是光伏电池（目前晶硅电池分为单晶硅电池和多晶硅电池两种）和光伏电池组件的制造，产业链的下游是应用系统环节，如图 6.1 所示。光伏产业是我国战略性新兴产业之一，其发展对调整能源结构、推进能源生产和消费革命、促进生态文明建设有重要意义。近年来，在国家政策引导与技术革新驱动的双重作用下，我国光伏产业保持快速增长态势，产业规模持续扩大，技术迭代更新不断，目前已在全球市场取得领先优势。

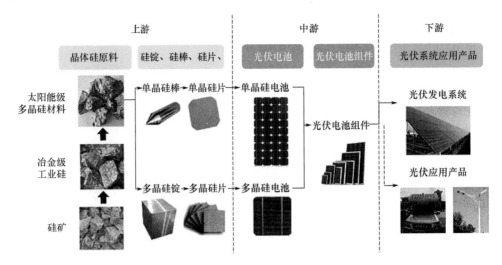

图 6.1 光伏产业链

6.1 太阳能发电简介

6.1.1 太阳能发电的优点

太阳能发电的优点如下。

(1) 太阳能资源取之不尽、用之不竭。地球表面接收的太阳辐射能是全球能源需求的一万倍。只要全球 4% 的沙漠装上太阳能光伏系统，所发的电就可以满足全球的需要。太阳能发电安全可靠，不会遭受能源危机或者燃料市场不稳定的冲击。

(2) 太阳能随处可得，可就近供电，不必长距离输电，避免了长距离输电线路的损失。

(3) 太阳能发电不用燃料，运行成本很低。

(4) 太阳能发电特别适合无人值守。

(5) 太阳能发电不产生任何废弃物，没有污染、噪声等公害，对环境无不良影响，是理想的清洁能源。

(6) 太阳能发电系统建设周期短，方便灵活，而且可以根据用电负荷，任意添加或减少太阳能电池方阵容量（极易组合），避免浪费。

(7) 太阳能发电系统无机械转动部件，操作、维护简单，运行稳定可靠，使用寿命长（30 年以上）。

(8) 太阳能电池组件结构简单，体积小，质量轻，便于运输和安装。

图 6.2 所示为太阳能电池的典型应用实例。

6.1.2 太阳能发电的缺点

太阳能发电的缺点如下。

(1) 地面应用系统具有间歇性和随机性，发电量与气候条件有关，在晚上或者阴雨天不能或者很少发电。

（a）家庭供电

（b）星空探索

特殊太阳能
发电系统

（a）太阳能发电工厂

（b）户外充电

图 6.2　太阳能电池的典型应用实例

（2）能量密度较低，标准条件下，地面接收到的太阳辐射强度为 $1000\mathrm{W/m^2}$，大规模使用时，占地面积较大。例如，$1580\mathrm{mm}\times808\mathrm{mm}$ 的一块组件的发电功率约为 $150\mathrm{W}$。

（3）目前太阳能发电价格较高，发电成本为常规发电的 5～15 倍，初始投资高。

（4）硅太阳能电池的制造过程高污染、高能耗。硅太阳能电池的主要原料是纯净硅，硅是地球上含量仅次于氧的元素，主要存在形式是二氧化硅（如沙子）。从沙子中提取二氧化硅并一步步提纯为含量 99.9999％以上纯净的晶体硅要经过多道化学工序和物理工序，不仅消耗大量能源，还会造成一定的环境污染。

（5）转换效率低。光伏发电的最基本单元是太阳能电池组件。光伏发电的转换效率指的是光能转换为电能的比率。目前，晶体硅光伏电池转换效率为 17％～24％，非晶硅光伏电池转换效率只有 10％～15％。光电转换效率低，使光伏发电功率密度低，难以形成高功率发电系统。因此，太阳能电池的转换效率低是阻碍光伏发电大面积推广的瓶颈。

太阳能电池的发展以 1893 年法国科学家贝克勒尔发现 "光生伏打效应"（光伏效应）为起始，其发展在历史上呈现出一定的阶段性，大致可以分为以下几个阶段。

（1）第一阶段（1954—1973 年）。

1954 年，恰宾和皮尔松在美国贝尔实验室首次制成了实用的单晶太阳能电池，转换效率为 6％。同年，韦克尔首次发现了砷化镓有光伏效应，并在玻璃上沉积硫化镉薄膜，制成了第一块薄膜太阳能电池。太阳能电池开始了缓慢的发展。

（2）第二阶段（1973—1980 年）。

1973 年 10 月爆发中东战争，引起了第一次石油危机，从而使许多国家，尤其是工业发达国家加强了对太阳能及其他可再生能源技术发展的支持，在世界上再次兴起了开发利用太阳能的热潮。1973 年，美国制订了政府级阳光发电计划，太阳能研究经费大幅度增长，并且成立了太阳能开发银行，促进了太阳能产品商业化。1978 年，美国建成 100kW

太阳能地面光伏电站。日本政府在 1974 年公布了"阳光计划",其中太阳能的研究开发项目有太阳能房、工业太阳能系统、太阳能热发电、太阳能电池生产系统、分散型和大型光伏发电系统等。为实施这一计划,日本政府投入了大量人力、物力和财力。至 1980 年,单晶硅太阳能电池转换效率达 20%,砷化镓电池转换效率达 22.5%,多晶硅太阳能电池转换效率达 14.5%,硫化镉电池转换效率达 9.15%。

(3) 第三阶段(1980—1992 年)。

进入 20 世纪 80 年代,世界石油价格大幅回落,而太阳能产品价格居高不下,缺乏竞争力,故太阳能光伏技术没有重大突破,提高效率和降低成本的目标没有实现,以致动摇了人们开发利用太阳能的信心。与此同时,核电产业发展较快,对太阳能光伏产业的发展产生了一定的抑制作用。在这个时期,太阳能利用进入了低谷,世界上许多国家相继大幅度削减太阳能光伏研究经费,其中美国最为突出。

(4) 第四阶段(1992—2000 年)。

大量燃烧矿物化石能源造成了全球性的环境污染和生态破坏,对人类的生存和发展构成威胁。在这样的背景下,1992 年在巴西召开了联合国世界环境与发展大会,会议通过了《里约热内卢环境与发展宣言》《21 世纪议程》和《联合国气候变化框架公约》等一系列重要文件,把环境与发展纳入统一的框架,确立了可持续发展的模式。这次会议之后,世界各国加强了清洁能源的开发,将利用太阳能与环境保护结合,国际太阳能领域的合作更加活跃,规模扩大,使世界太阳能光伏技术进入了一个新的发展时期。至 1998 年,单晶硅太阳能电池转换效率达 24.7%。

(5) 第五阶段(2000 年至今)。

进入 21 世纪,原油价格进入了疯狂上涨的阶段,从 2000 年的不足 30 美元/桶暴涨到 2008 年 7 月的接近 150 美元/桶,这让世界各国再次意识到不可再生能源的稀缺性,增强了人们发展新能源的欲望。此阶段,太阳能产业得到了轰轰烈烈的发展。许多发达国家加强了政府对新能源发展的支持补贴力度,太阳能发电装机容量得到了迅猛的增长。我国也于 2007 年一跃成为世界第一太阳能电池生产大国。在光伏电池转换效率方面,多晶硅太阳能电池实验最高转换效率达到 20.3%。

6.2　硅太阳能电池种类

硅太阳能电池按材料可分为单晶硅太阳能电池、多晶硅太阳能电池及硅基薄膜太阳能电池。三种典型硅太阳能电池组件及单元如图 6.3 所示,其性能对比见表 6-1。

三种典型太阳能电池及特点

近年来各种硅太阳能电池的全球市场占有率如图 6.4 所示。太阳能光伏发电在不久的将来会占据世界能源消费的重要席位,不但会替代部分常规能源,而且将成为世界能源供应的主体。预计到 2030 年,可再生能源在能源结构中将占 30% 以上,而太阳能光伏发电在世界总电力供应中的占比将达到 10% 以上;到 2040 年,可再生能源在能源结构中将占 50% 以上,太阳能光伏发电将占总电力的 20% 以上;到 21 世纪末,可再生能源在能源结构中将占 80% 以上,太阳能发电将占总电力的 60% 以上。这些数字足以显示出太阳能光伏产业的发展前景及其在能源领域重要的战略地位。

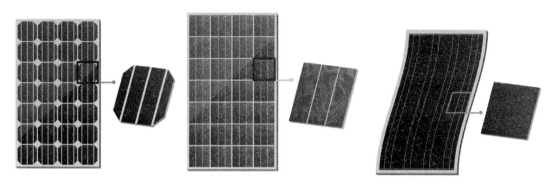

（a）单晶硅太阳能电池　　　　（b）多晶硅太阳能电池　　　　（c）硅基薄膜太阳能电池

图 6.3　三种典型硅太阳能电池组件及单元

表 6-1　三种典型硅太阳能电池性能对比

太阳能电池	单晶硅太阳能电池	多晶硅太阳能电池	硅基薄膜太阳能电池
实验室光电转换率/(%)	25	21	
工业生产光电转换率/(%)	18～22	15～18	8～10
价格	高	适中	低
外观特性	硬	硬	软
使用寿命	25 年以上	25 年以上	短

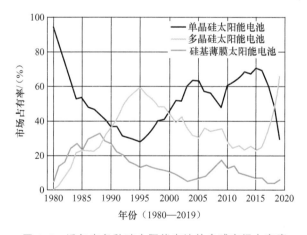

图 6.4　近年来各种硅太阳能电池的全球市场占有率

硅太阳能电池的种类

　　目前，太阳能电池主要包括晶体硅太阳能电池和硅基薄膜太阳能电池两类，它们各自的特点决定了它们在不同应用中拥有不可替代的地位。未来 10 年晶体硅太阳能电池所占份额尽管会因硅基薄膜太阳能电池的发展等原因而下降，但其主导地位仍不会发生根本性改变；如果硅基薄膜太阳能电池能够解决转换效率不高、使用寿命短及制备薄膜电池所用设备价格高昂等问题，则会有巨大的发展空间。

从 20 世纪 70 年代中期开始地面用太阳能电池商品化以来，晶体硅就作为基本的电池材料占据着统治地位，而且可以确信这种状况在今后 20 年不会发生根本改变。

6.2.1　晶体硅太阳能电池

晶体硅太阳能电池是目前市场上的主导产品，优点是技术、工艺成熟，电池转换效率高，性能稳定，是太阳能电池研究、开发和生产的主体；缺点是生产成本高。晶体硅太阳能电池包括单晶硅太阳能电池和多晶硅太阳能电池。其外形尺寸有 125cm×125cm 和 156cm×156cm 两种，也就是业内简称的 125 太阳能电池和 156 太阳能电池。单晶硅太阳能电池具有电池转换效率高、稳定性好的特点，但是生产成本较高。多晶硅太阳能电池具有稳定的转换效率，而且性价比高，但其晶体具有无规则性，意味着正负电荷对并不能全部被 PN 结电场分离，因为电荷对在晶体与晶体之间的边界上可能由于晶体的不规则而损失，所以多晶硅太阳能电池的转换效率一般要比单晶硅太阳能电池低。多晶硅太阳能电池用铸造的方法生产，故它的生产成本比单晶硅太阳能电池低。目前，多晶硅太阳能电池已经有逐步取代单晶硅太阳能电池而成为最主要的光伏电池的趋势。

6.2.2　硅基薄膜太阳能电池

硅基薄膜太阳能电池是以非晶硅为基本组成的薄膜太阳能电池。非晶硅是硅和氢（约 10%）的一种合金。硅基薄膜太阳能电池的优点：对阳光的吸收系数高；活性层只有 $1\mu m$ 厚，对材料的需求量大大减少；沉积温度低（约 200℃），可直接沉积在玻璃、不锈钢和塑料薄膜等廉价的衬底材料上，生产成本低；单片电池面积大，便于工业化大规模生产；等等。其缺点是电池的转换效率低，稳定性不如晶体硅太阳能电池。目前，硅基薄膜太阳能电池多数用于弱光性电源，如手表、计算器等。硅基薄膜太阳能电池具有一定的柔性，可生产柔性太阳能电池，其转换效率会随着光照时间的延续而衰减（光致衰退），电池性能不稳定。

6.3　硅太阳能电池的工作原理

太阳能光伏发电的基本原理是基于半导体 PN 结的光伏效应，将太阳辐射能直接转换为电能。光伏效应就是当物体受到光照时，物体内的电荷分布状态发生变化而产生电动势和电流的一种效应。因此，太阳能电池也称光伏电池。

6.3.1　PN 结的形成

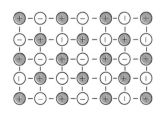

图 6.5　纯硅晶体原子结构

在图 6.5 中，正电荷表示硅原子，负电荷表示围绕在硅原子旁边的四个电子。

硅晶体应用于半导体材料时，一般都会在其中掺入其他杂质（磷、硼等），以增加载流子，从而提高材料的导电性能。

硅晶体掺入五价磷原子后，会有一个电子变得非常活跃，它的形成可以参照图 6.6。

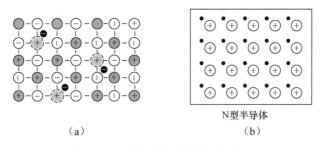

（a）　　　　　　　　　　　（b）

图 6.6　硅晶体掺入五价磷原子结构

在图 6.6（a）中，正电荷表示硅原子，负电荷表示围绕在硅原子旁边的四个电子。虚线圆表示掺入的磷原子，因为磷原子周围有五个电子，所以就会多出一个电子不能形成稳定的共价键，而变得非常活跃，形成 N 型半导体，可用图 6.6（b）表示，但其整体显中性，不带电。

硅晶体掺入三价硼原子后，会存在一个空穴，它的形成可以参照图 6.7。

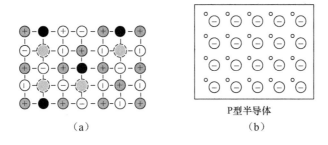

（a）　　　　　　　　　　　（b）

图 6.7　硅晶体掺入三价硼原子结构

在图 6.7（a）中，正电荷表示硅原子，负电荷表示围绕在硅原子旁边的四个电子。虚线圆表示掺入的硼原子，因为硼原子周围只有三个电子，所以就会产生图中黑色所示的空穴，这个空穴因为没有电子而变得很不稳定，容易吸收电子，形成 P 型半导体，可用图 6.7（b）表示，但其整体显中性，不带电。

由于 N 型半导体中含较多电子，P 型半导体中含有较多空穴，因此当 P 型半导体和 N 型半导体结合时，P 区与 N 区的结合过渡区就是 PN 结。

在未扩散前 P 区和 N 区都不带电，都显中性，如图 6.8 所示。当 P 型半导体与 N 型半导体接触时，由于接触面多数载流子浓度有差异，因此多数载流子会进行扩散运动。

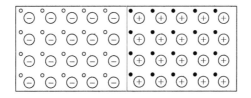

图 6.8　形成 PN 结前的载流子示意图

扩散后，P 区空穴吸引 N 区电子，形成空间电荷，从而产生内建电场，如图 6.9 所示。

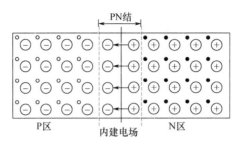

图 6.9　PN 结形成示意图

内建电场使多数载流子的扩散运动被阻碍；少数载流子在电场作用下运动，称为漂移运动，而漂移运动会加强。以 N 区为例，电子是多数载流子（图 6.9），空穴是少数载流子（未画出）。电子在内建电场中的受力向右，与电场方向相反，扩散运动受阻；而空穴在内建电场的作用力向左，与电场方向相同，漂移运动加强。P 区亦然。

扩散运动与漂移运动方向相反，当两个运动的速度大小相同时，内建电场稳定，形成 PN 结。如果环境不变，这个平衡就不变，空间电荷的厚度也不再增大。

6.3.2　太阳能电池发电原理

当太阳光照射到由 P 型、N 型两种导电类型的同质半导体材料构成的太阳能电池上时，其中一部分光线被反射，一部分光线被吸收，还有一部分光线透过电池片，致使具有 PN 结结构的半导体材料中的扩散运动与漂移运动的动态平衡被打破。在 N 区和 P 区，因为内光电效应都会产生光生电子-空穴对，又因为存在 PN 结，电子-空穴对将分开，P 区内的少数载流子电子被驱向 N 区；N 区的少数载流子空穴被驱向 P 区。其结果是 N 区一侧有过剩的电子积累，P 区一侧有过剩的空穴积累。在 PN 结附近形成与内建电场相反的电场，这个电场除了一部分抵消内建电场，还使 P 型层带正电，N 型层带负电。使得 P 区与 N 区之间的薄层产生电动势，即光生电压，如在电池上、下表面做上金属电极，当接通外电路时，有电流从 P 区经负载流至 N 区，此时输出电能。太阳能电池发电原理如图 6.10 所示。

硅太阳能电池工作原理

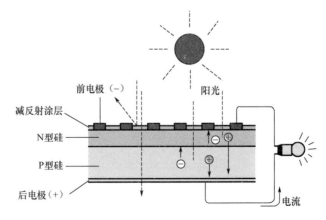

图 6.10　太阳能电池发电原理

6.3.3 太阳能电池结构

由于半导体不是电的良导体，如果电子通过 PN 结后，在半导体中流动，电阻非常大，损耗也就非常大。但如果在上层全部涂上金属，阳光就不能通过，也就不能产生电流。因此，一般用金属网格覆盖 PN 结，采用图 6.11 所示的梳状电极，以增大入射光的面积。此外，硅表面非常光亮，会反射大量太阳光，不能被太阳能电池所利用。为此，在电池表面涂上一层反射系数非常小的保护膜（如 SiN 减反射膜），将反射损失减小到 5%，甚至更小。一个电池所能提供的电流和电压有限，于是人们将很多电池（通常是 36 个）并联或串联使用，形成太阳能电池组件。

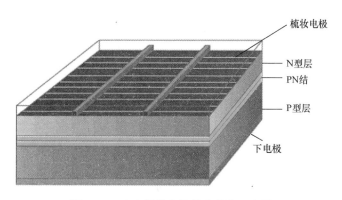

图 6.11 硅太阳能电池基本结构示意图

6.4 硅太阳能电池的制造工艺

近年来，硅太阳能电池片生产技术不断进步，生产成本不断降低，转换效率不断提高，使光伏发电的应用日益普及并迅猛发展，逐渐成为电力供应的重要来源。硅太阳能电池片是一种能量转换的光电元件，它可以在太阳光的照射下，把光能转换为电能，从而实现光伏发电。

生产电池片的工艺比较复杂，一般要经过硅片的检测及选择、腐蚀及绒面制作、扩散制结、去磷硅玻璃及刻蚀背边 PN 结、减反射膜制备、电极制作、电极烧结和检验测试等主要步骤，如图 6.12 所示。

1. 硅片的检测及选择

硅片是制造单晶硅太阳能电池的基本材料，选择硅片时，要考虑硅材料的导电类型、电阻率、晶向、位错、寿命等。硅片通常加工成正方形、长方形、圆形或半圆形，厚度为 $0.25 \sim 0.40$mm。

硅片是太阳能电池片的载体，硅片的质量直接决定了太阳能电池片的转换效率，因此需要对来料硅片进行检测。该工序主要用来对硅片的一些技术参数（包括硅片表面不平整度、少子寿命、电阻率、P/N 型和微裂纹等）进行在线检测。典型的检测设备包括自动上

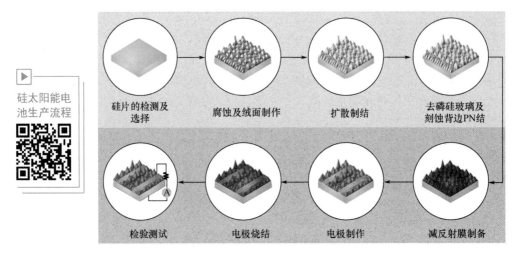

硅太阳能电池生产流程

硅片的检测及选择　　腐蚀及绒面制作　　扩散制结　　去磷硅玻璃及刻蚀背边PN结

检验测试　　电极烧结　　电极制作　　减反射膜制备

图 6.12　硅太阳能电池片生产工艺流程

下料、硅片传输、系统整合和四个检测模组。其中，光伏硅片检测仪对硅片表面不平整度进行检测，同时检测硅片的尺寸和对角线等外观参数；微裂纹检测模块用来检测硅片的内部微裂纹；另外还有两个检测模组，其中一个在线检测模组主要检测硅片的电阻率和硅片类型，另一个检测模组用于检测硅片的少子寿命。在进行电阻率和少子寿命检测之前，需要对硅片的对角线、微裂纹进行检测，并自动剔除破损硅片。硅片检测设备能够自动装片和卸片，并且能够将不合格品放到固定位置，从而提高检测精度和检测效率。

2. 腐蚀及绒面制作

硅片在多线切割过程中会形成一层 $10\sim20\mu m$ 的损伤层，在制备太阳能电池片时需要采用化学腐蚀去除表面机械损伤层，然后进行表面制绒（或称表面织构化），以增强硅片对光的吸收，降低反射。

对于单晶硅而言，采用择优腐蚀的碱性溶液进行腐蚀，可以在硅片每平方厘米表面形成几百万个四面方锥体，即金字塔结构，称为绒面结构，入射光在表面的多次反射和折射增强了光的吸收，从而提高了电池的短路电流和转换效率。

在单晶硅太阳能电池的制备过程中，通常利用碱溶液对电池表面进行织构，以形成陷光，增强对光的吸收。用 NaOH 溶液腐蚀硅片时，由于各个晶面的腐蚀速率不同，因此硅片表面会形成类金字塔形绒面。溶液浓度、添加剂用量、反应温度及时间等都会影响绒面的形成。其中反应时间和添加剂的用量对制备得到的绒面表面陷光效果影响显著，在工业应用中要对这两个主要因素进行控制。

不同浓度的碱溶液（NaOH、KOH 等）对（100）晶面和（111）晶面的腐蚀速率不同，适当浓度的碱溶液可以在单晶硅表面得到金字塔结构，使光产生二次或多次反射，可以对不同波长的光有较好的减反射作用，具有这种结构的作用表面称为绒面。其化学反应方程式是

$$2NaOH + Si + H_2O = Na_2SiO_3 + 2H_2 \uparrow$$

经过上述化学反应，生成物 Na_2SiO_3 溶于水被去除，从而硅片被化学腐蚀。因为在硅晶体中，（111）晶面是原子最密排面，腐蚀速率最低，所以腐蚀后四个与（100）晶面相

交的（111）晶面构成了金字塔形结构，如图 6.13 所示。

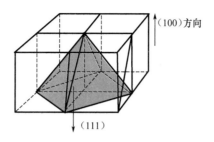

图 6.13 金字塔形结构

绒面具有受光面积大和反射率低的特点。如图 6.14 所示，金字塔形角锥体的总表面积 S_0 等于四个边长为 a 的正三形面积 S 之和，即

$$S_0 = 4S = 4 \times 1/2 \times \sqrt{3}a/2 \times a = \sqrt{3}a^2$$

由此可见，绒面的面积是平面的 $\sqrt{3}$ 倍。

此外，入射光入射到一定角度的斜面后，会反射到另一角度的斜面形成二次吸收或者多次吸收，从而提高吸收率，如图 6.15 所示。某条件下，制绒前后光反射率对比如图 6.16 所示，可见制绒后光反射率大幅度降低。

图 6.14 金字塔形角椎体

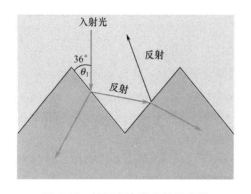

图 6.15 绒面多次光反射示意图

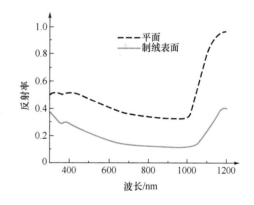

图 6.16 制绒前后光反射率对比

单晶硅片碱制绒面形状如图 6.17 所示，其碱制绒面现场如图 6.18 所示。对于铸造多晶硅片，由于多晶硅晶粒方向分布具有随机性，致使硅片表面具有不同的晶向，因此利用各向异性腐蚀方法形成的表面织构效果不理想。为了在多晶硅表面获得各向同性的表面织构，研究了各种表面织构工艺，包括机械刻槽、反应离子腐蚀及酸腐表面织构等。在这些工艺中，机械刻槽要求硅片的厚度至少为 $200\mu m$，反应离子腐蚀需要相对复杂和昂贵的设备。因此，酸腐表面织构，即利用非择优腐蚀的酸腐蚀液，在铸造多晶硅表面制备类似的绒面结构（随机排列的蚀刻凹坑），以增强光的吸收，成为多晶硅表面制绒方法。多晶硅片酸制绒面形状如图 6.19 所示，其酸制绒面现场如图 6.20 所示。酸腐蚀液主要由硝酸、

氢氟酸、水、乙醇组成。硅片通过辊轮浸没在酸腐蚀液中。在酸腐蚀液中，硅片表面朝下更好。制绒后的表面通过清洗、碱洗、清洗、酸洗、清洗、干燥后去除硅片表面的氧化物及金属污染，如图 6.21 所示。酸腐表面织构工艺简单、成本低，适合大规模表面织构生产。

单晶硅太阳
能电池生产

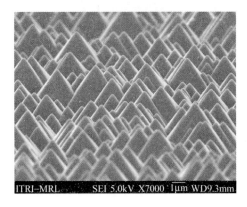

图 6.17　单晶硅片碱制绒面形状

图 6.18　单晶硅片碱制绒面现场

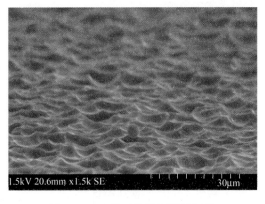

图 6.19　多晶硅片酸制绒面形状

图 6.20　多晶硅片酸制绒面现场

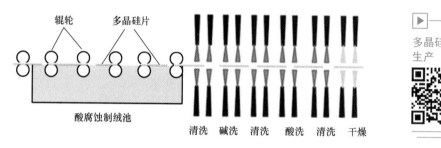

图 6.21　多晶硅片酸制绒面流程

3. 扩散制结

常规硅太阳能电池生产工艺中，形成电池 PN 结的主要方法是扩散。扩散是一种由热运动引起的杂质原子和基本原子的输运过程。热运动把原子从一个位置输运到另一个位置，使基体原子与杂质原子不断地相互混合。太阳能电池的心脏是 PN 结，PN 结是不能简单地用两块不同类型（P 型和 N 型）的半导体接触在一起形成的。要制造一个 PN 结，必须使一块完整的半导体晶体的一部分是 P 型区域，另一部分是 N 型区域，也就是在晶体内部实现 P 型半导体和 N 型半导体的接触。实际上，制造 PN 结就是使受主杂质在半导体晶体内的一个区域占优势（P 型），而使施主杂质在半导体内的另一个区域占优势（N型），在一块完整的半导体晶体中就实现了 P 型半导体和 N 型半导体的接触。

制作太阳能电池的多晶硅片是 P 型的，也就是说，在制造多晶硅片时，已经掺进了一定量的硼元素，使之成为 P 型的多晶硅。把这种多晶硅片放在一个石英容器内，同时将含磷的气体通入石英容器，并将石英容器加热到一定的温度，此时施主杂质磷可从化合物中分解出来，容器内充满含磷的蒸气，在硅片周围包围着许多磷分子。虽然用肉眼观察硅片时，认为硅片是密实的物体，但实际上硅片像海绵一样充满着许多空隙，硅原子排列得并不是非常严密，它们之间存在缝隙。因此，磷原子能从四周进入硅片的表面层，并且通过硅原子之间的空隙向硅片内部渗透扩散。在硅晶体中掺入磷后，磷原子以替代的方式占据硅的位置。理想晶体中原子的排列是很整齐的，然而在一定的温度下，构成晶体的这些原子都围绕着自己的平衡位置不停地振动，其中总有一些原子振动得比较厉害，可以具有足够高的能量，克服周围原子对它的吸引力，离开原来的位置跑到其他地方，这样就在原来的位置留下一个空位。替位式扩散是指杂质原子进入晶体后，沿着晶格位置跳跃前进的一种扩散。这种扩散的特征是杂质原子占据晶体内晶格格点的正常位置，不改变原材料的晶体结构。在靠近硅片表面的薄层内扩散进去的磷原子最多，距表面越远，磷原子就越少。也就是说，杂质浓度（磷浓度）随着距硅片表面距离的增大而减少。从以上分析中可以看到，浓度差别是产生扩散运动的必要条件，环境温度是决定扩散运动速度的重要因素。环境温度越高，分子的运动越激烈，扩散越快。当然，扩散时间也是扩散运动的重要因素，时间加长，扩散浓度和深度也会增大。硅片是 P 型的，如果扩散进去的磷原子浓度高于 P 型硅片原来受主杂质浓度，则使 P 型硅片靠近表面的薄层转变成为 N 型。由于越靠近硅片表面硼原子的浓度越高，因此可以想象：在距离表面为 X_i 的地方，扩散进去的磷原子浓度正好和原来硅片的硼原子浓度相等。在与表面距离小于 X_i 的薄层内，磷原子浓度高于原来硅片的硼原子浓度，因此这一层变成 N 型。在与表面距离大于 X_i 的地方，由于原来硅片的硼原子浓度大于扩散进去的磷原子浓度，因此仍为 P 型。由此可见，在与表面距离 X_i 处，形成了 N 型半导体和 P 型半导体的交界面，也就是 PN 结，X_i 为 PN 结的结深。

可以利用杂质原子向半导体晶片内部扩散的方法，改变半导体晶片表面层的导电类型，从而形成 PN 结，这就是用扩散法制造 PN 结的基本原理。

扩散一般用三氯氧磷液态源作为扩散源。把 P 型硅片放在管式扩散炉的石英容器内，在 $850 \sim 900\,℃$ 高温下使用氮气将三氯氧磷带入石英容器，通过三氯氧磷、氧气反应在硅片表面沉积，并进行反应，得到磷原子。经过一定时间，磷原子从四周进入硅片的表面层，并且通过硅原子之间的空隙向硅片内部渗透扩散，形成 N 型半导体和 P 型半导体的交界面，也就是 PN 结。其反应式为

$$4POCl_3 + 3O_2 \longrightarrow 2P_2O_5 + 6Cl_2 \uparrow$$

$$2P_2O_5 + 5Si \longrightarrow 5SiO_2 + 4P$$

扩散制结过程如图 6.22 所示，多晶硅片扩散制 PN 结现场如图 6.23 所示。这种方法制出的 PN 结均匀性好，方块电阻的不均匀性小于 10%，少子寿命可大于 $10ms$。制造 PN 结是太阳能电池生产最基本、最关键的工序。因为 PN 结使电子和空穴在流动后不再回到原处，这样就形成了电流，用导线将电流引出，就是直流电。

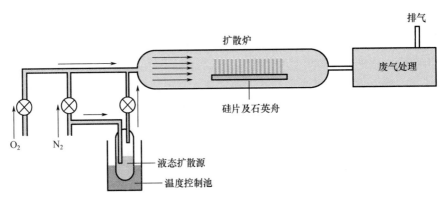

图 6.22　扩散制结过程

图 6.23　多晶硅片扩散制 PN 结现场

4. 去磷硅玻璃及刻蚀背边 PN 结

由于扩散后的硅片表面、周边及背面都会形成磷硅玻璃和 N 型层，因此必须去除扩散后硅片表面的磷硅玻璃，提升电性能；还必须去除硅片四周边缘的 N 型层，避免硅太阳能电池短路。硅片经表面制绒、扩散制结、去磷硅玻璃及刻蚀背边 PN 结的截面示意图如图 6.24 所示。

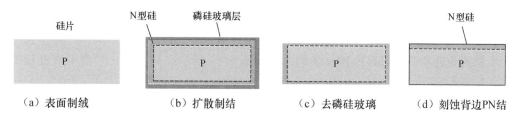

（a）表面制绒　　　　　（b）扩散制结　　　　　（c）去磷硅玻璃　　　　（d）刻蚀背边 PN 结

图 6.24　硅片经表面制绒、扩散制结、去磷硅玻璃及刻蚀背边 PN 结的截面示意图

在扩散过程中，$POCl_3$ 与 O_2 反应生成 P_2O_5 沉积在硅片表面。P_2O_5 与 Si 反应生成 SiO_2 和 P，在硅片表面形成一层含有磷元素的 SiO_2，称为磷硅玻璃（phosphosilicate glass，PSG）。磷硅玻璃使硅片表面在空气中容易受潮，导致电流减小和功率衰减。同时，磷硅玻璃使等离子体增强化学气相沉积后产生色差，镀的 SiN 在等离子体增强化学气相沉积工序容易发生脱落，降低电池的转换效率。

去除磷硅玻璃主要通过在稀释的氢氟酸中浸泡 1～2min，氢氟酸能够溶解二氧化硅而生成易挥发的四氟化硅气体，然后在去离子水中冲洗硅片。

由于在扩散过程中，即使采用背靠背扩散，硅片的所有表面包括边缘也都将不可避免地扩散上磷，PN 结正面收集的光生电子会沿着扩散有磷的边缘流到 PN 结的背面，从而造成短路，因此，必须对太阳能电池周边的掺杂硅进行刻蚀，以去除电池边缘的 PN 结。

去除电池边缘和背面的 PN 结过程类似于制绒过程，只是腐蚀液只腐蚀硅片背面和边缘区域，不腐蚀表面，如图 6.25 所示。辊轮只在底部，避免任何情况下腐蚀液和硅片正

面接触。当然，也可以采用等离子刻蚀技术去除电池边缘和背面的 PN 结。

图 6.25 去除电池边缘和背面的 PN 结

5. 减反射膜制备

波长 $0.5\sim1.1\mu m$ 的光，因被硅太阳能电池表面反射而造成的损失高达 35%，为减少这部分损失，往往在电池表面镀一层氮化硅减反射膜，可以提高光电流和光电转换效率。在工业生产中，常采用等离子体增强化气相沉积制备减反射膜。其技术原理是利用低温等离子体做能量源，将样品置于低气压下辉光放电的阴极上，利用辉光放电使样品升温到预定的温度，然后通入适量的反应气体 SiH_4 和 NH_3，气体经一系列化学反应和等离子体反应，在样品表面形成固态薄膜，即氮化硅薄膜。一般情况下，使用等离子体增强化学气相沉积制备的薄膜厚度为 70nm 左右，这种薄膜具有光学性能。利用薄膜干涉原理，光的反射大为减少，电池的短路电流和输出增大，转换效率也有相当的提高。等离子体增强化学气相沉积制备硅片减反射膜原理及装载方式如图 6.26 所示。有无减反射膜不同波长反射率对比如图 6.27 所示。

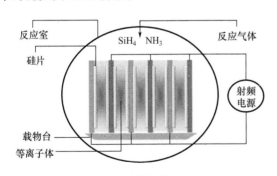

（a）制备减反射膜原理 　　　　　　（b）制备减反射膜装载方式

图 6.26 等离子体增强化学气相沉积制备硅片减反射膜原理及装载方式

6. 电极制作

太阳能电池经过制绒、扩散及减反射膜制备等工序后，已经制成 PN 结，可以在光照下产生电流，为了导出产生的电流，需要在电池表面制作正、负两个电极。制造电极的方法很多，而丝网印刷是目前制作太阳能电池电极最普遍的一种生产工艺。

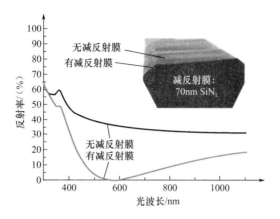

图 6.27　有无减反射膜不同波长反射率对比

太阳能电池的电极是与电池 PN 结两端形成良好欧姆接触的导电材料。习惯上把制作在电池光照面的电极称为**上电极**（或正面电极、栅电极），把制作在电池背面的电极称为**下电极**（或背面电极）。通常，将上电极制成窄细的栅线来减少扩散层薄层电阻的影响，并由较宽的**母线**（主栅线）汇总电流；下电极全部或绝大部分布满电池的背面，形成背场。对于 N 型或 P 型硅太阳能电池而言，上电极是负极，下电极是正极。目前，对于 $100\text{mm}\times$ 100mm 的电池，细栅宽度为 $125\mu\text{m}$，主栅宽度为 0.164cm，细栅间距为 0.25cm，如图 6.28所示。

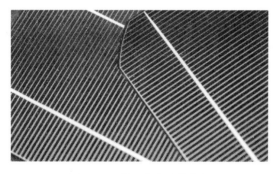

图 6.28　太阳能电池的电极

金属银的导电性能好，常用于制作硅太阳能电池的正极，但价格高昂。而铝价格低，纯度高，来源广泛，工艺控制比较简单，而且铝与硅能形成很好的欧姆接触，因此铝常用来制作硅太阳能电池的下电极。

丝网印刷是采用压印的方式将预定的图形印刷在基板上，该设备由电池背面银铝浆印刷、电池背面铝浆印刷和电池正面银浆印刷三部分组成。其工作原理如下：丝网图形部分的网孔可透过浆料，用刮刀在丝网的浆料部位施加一定压力，同时朝丝网另一端移动，油墨在移动中被刮刀从图形部分的网孔中挤压到硅片上。浆料具有黏性，使印迹固着在一定范围内，印刷中刮刀始终与丝网印版和硅片线性接触，接触线随刮刀移动而移动，从而完成印刷行程，如图 6.29 所示。

硅太阳能电
池丝网印刷
电极制作

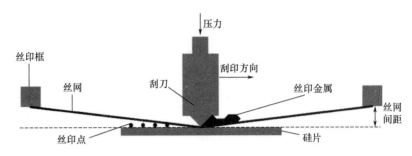

图 6.29 丝网印刷示意图

7. 电极烧结

经过丝网印刷后的硅片，不能直接使用，需经烧结炉快速烧结，将有机树脂黏结剂燃烧掉，剩下几乎纯粹的、受玻璃质作用而贴合在硅片上的银电极。当银电极和晶体硅在温度达到共晶温度时，硅原子以一定的比例融入熔融的银电极材料中，从而形成上下电极的欧姆接触，提高硅电池片的开路电压和填充因子两个关键参数，可使其具有电阻特性，以提高电池片的转换效率。烧结炉烧结分为预烧结、烧结、降温冷却三个阶段。预烧结的目的是使浆料中的高分子黏结剂分解、燃烧掉，此阶段温度慢慢上升；烧结是在烧结炉内完成各种物理化学反应，形成电阻膜结构，使硅电池片真正具有电阻特性，该阶段温度达到峰值；降温冷却中玻璃冷却硬化并凝固，使电阻膜结构固定地黏附于基片上。图 6.30 所示为制备好上下电极的电池片结构示意图。

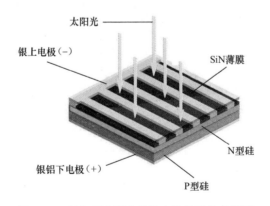

图 6.30 制备好上下电极的电池片结构示意图

8. 检验测试

经过上述工序制得的硅太阳能电池，在作为成品电池入库前，需进行测试，以检验其质量，如图 6.31 所示。在生产中主要测试的是电池的伏安特性曲线，从这一曲线可以得知电池的短路电流、开路电压、最大输出功率及串联电阻等。

图 6.31　硅太阳能电池检验测试现场

6.5　太阳能电池组件简介

　　硅太阳能电池片不能直接做电源，必须将若干单体硅太阳能电池串联、并联和严密封装成**太阳能电池组件**。

　　太阳能电池组件是一种具有封装及内部连接的、能单独提供直流电输出的、不可分割的最小太阳能电池组合装置，也称**太阳能电池板、光伏组件**。太阳能电池组件组成材料按从上到下的顺序为钢化玻璃、EVA（ethylene-vinyl acetate，乙烯-乙酸乙烯酯共聚物）胶膜、太阳能电池片、EVA 胶膜、背板，在这些材料的四周用铝合金边框固定。太阳能电池组件是太阳能发电系统中的核心部分，其作用是将太阳能转换为电能。

6.5.1　太阳能电池组件封装工艺

　　封装是太阳能电池生产中的关键步骤，电池的封装不仅是形成组件的重要工艺环节，还可以使电池的寿命得到保证，增强电池的抗击强度。

　　目前，主流的第三代 EVA 封装技术按以下流程进行封装：以 TPT（聚氟乙烯复合膜）或玻璃板材作为基板，太阳能电池的正、反两面衬以 EVA 胶膜，在封装过程中，在真空条件下加热到一定的温度，EVA 胶膜熔化后，随着温度的降低而固化，从而将电池片紧密固定；接着在组件的背板和顶板的边缘涂抹胶体材料进行密封，加上边框；然后对组件进行测试，清洗后装箱入库。太阳能电池组件的封装工艺流程和封装结构分别如图 6.32 与图 6.33所示。

　　太阳能电池组件的封装过程如下。

1. 电池片分选与测试

由于电池片制作条件具有随机性，生产出来的电池性能不尽相同，因此为了有效地将

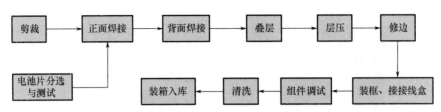

图 6.32　太阳能电池组件的封装工艺流程

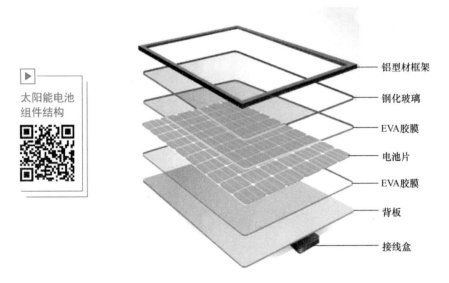

图 6.33　太阳能电池组件封装结构

性能一致或相近的电池组合在一起，应根据性能参数进行分类。电池片测试即通过测试电池的输出参数（电流和电压）对其进行分类，以提高电池的利用率，做出质量合格的电池组件。选用的电池片测试设备按照一般的标准要求，光照不均匀度＜±2％，重复精度＜＋1％。

2. 裁剪与正面焊接

清洗超白钢化玻璃，准备 EVA 胶膜、TPT 和互连条等材料，EVA 胶膜和 TPT 的裁剪尺寸应略大于玻璃的尺寸。互连条需要预先在助焊剂中浸泡，除去表面的氧化物。焊接时的温度控制在 360～380℃。焊接的要求是牢固，无毛刺、无虚焊、无锡渣，互连条的表面光洁美观。

3. 背面焊接

背面焊接是将小片电池串接在一起形成一个组件串，电池的定位主要靠模板，上面有放置电池片的凹槽，槽的尺寸和电池的尺寸对应，槽的位置已经设计好，不同规格的组件使用不同的模板，操作者使用电烙铁和焊锡丝将"前面电池"的正面电极（负极）焊接到"后面电池"的背面电极（正极）上，依次将小片电池串接在一起并在组件串的正负极焊接出引线。

4. 叠层

串接好的电池组经检验合格后，将电池串、玻璃和切割好的 EVA 胶膜、玻璃纤维、背板按照一定的层次敷设好，准备层压。事先在玻璃上涂一层试剂，以提高玻璃和 EVA 的黏结强度。敷设时，保证电池串与玻璃等材料的相对位置，调整好电池间的距离，为层压打好基础。

敷设层次由上至下为玻璃、EVA 胶膜、电池、EVA 胶膜、玻璃纤维、背板。

5. 层压

将敷设好的电池放入层压机，通过抽真空抽出组件内的空气；接着加热使 EVA 胶膜熔化，将电池、玻璃和背板黏结在一起；然后冷却取出组件。层压是组件生产的关键一步，层压温度和层压时间根据 EVA 的性质决定。层压后，太阳能电池组件内应无气泡，电池串间距均匀，汇流条平直。

6. 修边

由于层压时 EVA 胶膜熔化后受压而向外延伸固化形成毛边，因此层压完毕应修边将毛边切除。

7. 装框、接接线盒

装框类似于给玻璃装一个镜框。给玻璃组件装铝框，可提高组件的强度，进一步密封电池组件，延长电池的使用寿命。用硅酮树脂填充边框和玻璃组件的缝隙。各边框间用角键连接。安装接线盒时，用硅胶将其黏合在组件背面指定位置上，并将组件内的汇流条连接到接线盒的电缆上。

8. 组件调试

采用太阳能电池组件测试仪对组件的输出电特性和输出功率进行测试，还需要对组件的耐压性能和绝缘强度等参数进行测试，以保证组件符合标准要求。

9. 清洗

好的产品不仅有好的质量和好的性能，而且有好的外观，所以清洗可保证太阳能电池组件的清洁度。铝边框上的毛刺要去掉，确保组件在使用过程中不会对人体造成刮伤。

10. 装箱入库

装箱入库是对产品信息的记录和归纳，便于使用及日后查找和数据调用。

6.5.2 太阳能电池组件组成

1. 电池片

晶体硅太阳能电池的外形尺寸规格不多，主要是厚度和对角线略有差异。常见晶体硅太阳能电池片外形规格见表 6-2。近年来，在硅片厚度上，各厂家为降低成本，已经有厚度 $160\mu m$ 的规格；同时，单晶硅太阳能电池片对角线尺寸越来越大，125mm 多晶硅太阳能电池片基本上被 156mm 电池片取代。125mm×ϕ150mm 单晶硅太阳能电池片也逐步被 125×ϕ165mm 电池片取代。

表 6-2 常见晶体硅太阳能电池片外形规格

太阳能电池类型	边长 a/mm	对角线 ϕ/mm	厚度 d/μm
单晶硅太阳能电池片 125mm×ϕ150mm	125.0±0.5	150.0±0.5	200±20
单晶硅太阳能电池片 125mm×ϕ165mm	125.0±0.5	165.0±0.5	200±20
单晶硅太阳能电池片 156mm×ϕ200mm	156.0±0.5	200.0±0.5	200±20
单晶硅太阳能电池片 156mm×ϕ210mm	156.0±0.5	210.0±0.5	200±20
多晶硅太阳能电池片 125mm×125mm	125.0±0.5	175.4±0.5	200±20
多晶硅太阳能电池片 156mm×156mm	156.0±0.5	219.2±0.5	200±20

太阳能电池片的正面电极为负极，电极材料通常为丝网印刷用的银浆；背面电极为正极，电极材料为丝网印刷用的银浆和铝浆。通常 125mm 的单晶硅太阳能电池片和多晶硅太阳能电池片均为两条栅线设计，156mm 的单晶硅太阳能电池片和多晶硅太阳能电池片的正负电极有三条和两条的区分。三条电极设计，电池片收集电子的能力更强，但电池片的制造成本更高。

2. EVA 胶膜

EVA 胶膜是以 EVA 为主要原料，添加各种改性助剂，充分混拌后，经生产设备热加工成型的薄膜状产品。

EVA 胶膜是一种热固性的膜状热熔胶，常温下不发黏，便于裁切等操作。但加热到所需的温度，经一定条件热压便发生熔融黏结与交联固化，并且变得完全透明。在太阳能电池的封装材料中，EVA 胶膜是非常重要的材料，其性能直接影响组件的功率和寿命。EVA 胶膜在较宽的温度范围内具有良好的柔软性、冲击强度，以及良好的光学性能、耐低温及无毒的特性。

固化后的 EVA 能承受大气变化且具有弹性，它将太阳能电池片组"上盖下垫"并密封，与上层保护材料玻璃、下层保护材料 TPT 因真空层压技术黏结为一体。EVA 和玻璃黏结后能提高玻璃的透光率，起到增透的作用，并对太阳能电池组件的输出有增强作用。EVA 胶膜厚度为 0.4~0.6mm，能在 150℃左右的温度下固化交联。

3. 背板材料

白色背板对阳光起反射作用，使组件的光电转换效率略有提高，并因具有较高的红外发射率而可降低组件的工作温度，有利于提高组件的效率。背板还可增强组件抗氧化性和抗渗水性。白色背板可以对入射到组件内部的光进行散射，提高组件吸收光的效率。背板延长了组件的使用寿命，提高了组件的绝缘性能，使用背板可以防止组件与空气接触，并且防止组件被曝光。

常用背板材料有 TPT、TPE、PET、BBF 和其他含氟材料，一般使用中以 TPT 材料为主。

选择背板材料，要求材料具有合适的黏结强度，良好的层间黏合性，适应外界能力较强，并具有很好的光学性能和耐候性、耐老化、耐腐蚀、不透气等基本要求，还应具有极好的抗氧化性和抗潮湿性，良好的抗蠕变性、抗冲击性和抗疲劳性，高冲击强度，良好的低温柔韧性和良好的对化学物质、油品、溶剂和气候的抵抗能力。此外，背板材料还应具有高抗撕裂强度及高耐摩擦性能和尺寸稳定性，以及高绝缘耐压强度等特性。

4. 涂锡带

涂锡带（也称焊带）用于太阳能组件生产时将太阳能电池片焊接连接并将组件电极引出。要求涂锡带具有较高的焊接操作性，良好的延伸性和力学性能，并具有良好的导电性和抗腐蚀性，且要求使用寿命长（封装后使用寿命在 25 年以上）。涂锡带基底材料为铜基材，它是在纯铜的基础上进行镀锡工艺的产物。涂锡带由无氧铜剪切拉制而成，所有外表面都有热镀涂层。

5. 钢化玻璃

钢化玻璃又称强化玻璃，是用物理方法或化学方法在玻璃表面上形成压应力层。钢化玻璃本身具有较高的抗压强度，不易被破坏。当钢化玻璃受到外力作用时，这个压应力层可抵消部分拉应力，避免玻璃碎裂。虽然钢化玻璃内部处于较大的拉应力状态，但玻璃的内部不存在缺陷，不易被破坏，从而达到提高玻璃强度的目的。众所周知，材料表面的微裂纹是导致材料破裂的主要原因，因为微裂纹在张力的作用下会逐渐扩展，最后沿裂纹开裂。玻璃经钢化后，表面存在较大的压应力，可使玻璃表面的微裂纹在挤压作用下变得更加细微，甚至"愈合"。

6. 铝型材

铝型材对太阳能电池组件的作用是保护玻璃边缘，提高组件的整体机械强度，结合硅胶打边增强了组件的密封度，便于组件安装和运输。

7. 硅胶

太阳能电池组件专用密封胶是中性单组分有机硅密封胶，具有不腐蚀金属和环保的特点，由含氟硅氧烷、交联剂、催化剂、填料等组成。太阳能电池组件用硅胶具有以下功能：①密封性好，对铝材、玻璃、TPT/TPE、PPO/PA 有良好的黏附性；②胶体超级耐黄变，经 85℃ 老化测试，胶体表面未见明显黄变；③具有独特的固化体系，经高温高湿环境测试，与各类 EVA 有良好的兼容性；④具有独特的流变体系，胶体的工艺性优良，具有良好的耐形变能力；⑤抗老化、耐腐蚀，具有良好的耐候性（25 年以上）；⑥具有良好的绝缘性能。除以上功能外，硅胶还具有密封绝缘太阳能电池组件、防水防潮、黏结组件和铝边框、使组件减少外力冲击的作用。

8. 助焊剂

助焊剂通常是以松香为主要成分的混合物，是保证焊接过程顺利进行的辅助材料，可溶于甲醇、乙醇、异丙醇、醚、酮类，不溶于苯、四氯化碳。助焊剂的主要作用如下。

（1）去除氧化物，去除被焊接材料表面油污。破坏金属氧化膜，使焊锡表面清洁，有利于焊锡的浸润和焊点合金的生成。

（2）防止再氧化。能覆盖在焊料表面，防止焊料或金属继续氧化。

（3）降低被焊接材料表面张力。增强焊料和被焊接材料表面的活性，降低焊料的表面张力。

（4）焊料和焊剂是相熔的。可提高焊料的流动性，进一步提高浸润能力。

（5）辅助热传导。能加快热量从烙铁头向焊料和被焊接材料表面传递。

（6）增大焊接面积。

9. 接线盒

太阳能电池组件接线盒（图6.34）主要由接线盒与连接器两部分组成，主要功能是连接并保护太阳能电池组件，同时将太阳能电池组件产生的电流传导出来供用户使用。接线盒应和接线系统组成一个封闭的空间，接线盒为导线及其连接提供抗环境影响的保护，为未绝缘带电部件提供可接触性的保护，为与之相连的接线系统减缓拉力。太阳能电池组件接线盒应为用户提供安全、快捷、可靠的连接解决方案，产品必须通过 TÜV（德国技术监督协会）、IEC（国际电工委员会）认证和国家认证。

图6.34 太阳能电池组件接线盒

6.6 太阳能发电系统简介

太阳能发电系统利用光伏效应，通过太阳能电池将太阳辐射能直接转换为电能。太阳能发电系统分为离网型太阳能发电系统、并网型太阳能发电系统和分布式太阳能发电系统。没有与公用电网相连的将所发电量在当地使用的光伏系统称为离网（或独立）型太阳能发电系统；与公共电网相连的将所发电量送入电网的光伏系统称为并网（或联网）型太阳能发电系统；分布式太阳能发电系统又称分散式发电系统或分布式供能系统，是指在用户现场或靠近用电现场配置较小的太阳能发电供电系统，以满足特定用户的需求。

离网型太阳能发电系统与并网型太阳能发电系统的最大区别是前者一般需要用蓄电池储存电能。图6.35为离网型太阳能发电系统示意图，该系统包括太阳能电池方阵、控制器、蓄电池组、直流/交流逆变器等。图6.36为并网型太阳能发电系统示意图。

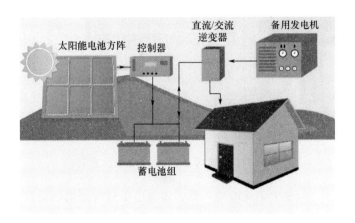

图6.35　离网型太阳能发电系统示意图

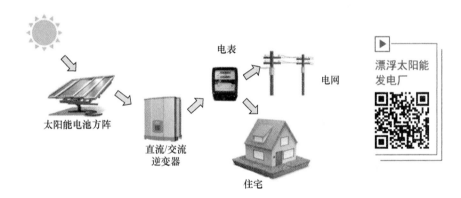

图6.36　并网型太阳能发电系统示意图

分布式太阳能发电系统的基本设备包括太阳能电池方阵、电压与充电控制器、蓄电池、并网逆变器、切换控制器等，如图6.37所示。分布式太阳能发电系统一般安装在用户附近，就近解决用户的用电问题，减少用户对电网供电的依赖，并通过并网实现供电差额的补偿与外送，其在阳光充足时发出的电除了自身使用，还可以向电网输出；当自发电（含蓄电池储存电）不够用时，从电网引入电作为补充。

6.6.1　太阳能电池方阵

太阳能发电系统的核心器件是太阳能电池，太阳能电池方阵由若干太阳能电池组件组成，太阳能电池组件由若干太阳能电池单体构成，太阳能电池单体是光电转换的最小单元。太阳能电池单体的工作电压为$0.4 \sim 0.5\text{V}$，工作电流为$20 \sim 25\text{mA/cm}^2$，一般不能单独作为电源使用。将太阳能电池单体进行串并联封装后，就成为太阳能电池组件，其功率一般为几瓦至几百瓦，是可以单独作为电源使用的最小单元。太阳能电池组件再经过串并

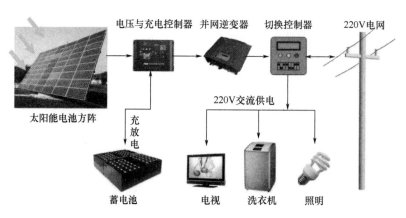

图 6.37　分布式太阳能发电系统示意图

联组合安装在支架上，构成太阳能电池方阵，以满足负载所要求的输出功率。太阳能电池单体、组件、方阵和阵列如图 6.38 所示。

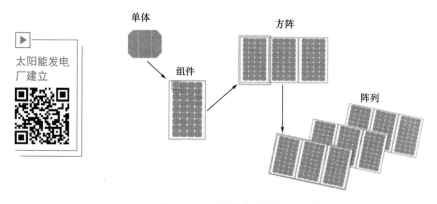

图 6.38　太阳能电池单体、组件、方阵和阵列

　　一个太阳能电池单体只能产生约 0.5V 电压，远低于实际应用所需要的电压。为了满足实际应用的需要，需把太阳能电池单体通过串并联的方式连接起来，形成组件。太阳电池组件包含一定数量的太阳能电池单体，这些太阳能电池单体通过导线连接。太阳能电池组件的生产流程如图 6.39 所示。

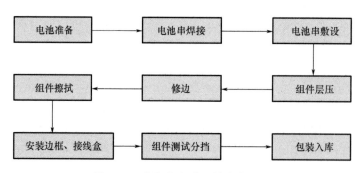

图 6.39　太阳能电池组件生产流程

如果一个太阳能电池组件上的电池单体数量是36，则意味着这个太阳能电池组件能产生约18V的电压，正好能为一个额定电压为12V的蓄电池进行有效充电。对于大功率需求的太阳能电池组件，电池单体的数量一般为72，能产生约36V的电压。

太阳能电池组件具有一定的防腐、防风、防雨、防冰雹等能力，广泛应用于各个领域和系统。当应用领域需要较高的电压和电流而单个组件不能满足要求时，可把多个组件组成太阳能电池方阵，以获得所需要的电压和电流。

太阳能电池组件的可靠性在很大程度上取决于其防腐、防风、防雨、防冰雹等能力。其潜在的质量问题是边沿的密封及组件背面的接线盒。

6.6.2 控制器

控制器主要由控制电路、开关元件和其他基本电子元件组成，它是太阳能发电系统的核心部件之一，同时是系统平衡的主要组成部分。在小型太阳能发电系统中，控制器主要起保护蓄电池并对蓄电池进行充放电控制的作用。在大中型太阳能发电系统中，控制器承担着平衡光伏系统能量、保护蓄电池及整个系统正常工作、显示系统工作状态等重要作用，控制器可以单独使用，也可与逆变器等合为一体。

控制器是离网型太阳能发电系统中至关重要的部件，其主要功能是对系统中的储能元件即蓄电池进行充放电控制，以免蓄电池在使用过程中出现过充电或过放电的现象，影响蓄电池的使用寿命，从而提高系统的可靠性。图6.40所示的太阳能发电系统要求控制器具备防止蓄电池过充电与过放电、提供负载控制、显示工作状态信息、防雷击、防反接、数据传输接口或联网控制等功能。

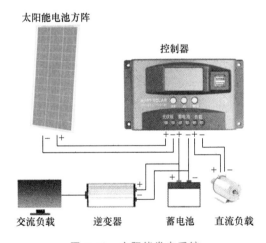

图6.40 太阳能发电系统

控制器的功能如下。

（1）防止蓄电池过充电与过放电，延长蓄电池的使用寿命。

（2）防止蓄电池、太阳能电池板或电池方阵极性接反。

（3）防止逆变器、控制器、负载与其他设备内部短路。

（4）能够防止雷击引起的击穿。

（5）具有温度补偿功能。

（6）显示太阳能发电系统的各种状态，如环境温度状态、故障报警、电池方阵工作状态、蓄电池（组）电压、辅助电源状态、负载状态等。

6.6.3 逆变器

将直流电能变换为交流电能的过程称为逆变，完成逆变功能的电路称为逆变电路，实现逆变过程的装置称为逆变设备或逆变器。太阳能发电系统中使用的逆变器是一种将太阳能电池所产生的直流电能变换为交流电能的转换装置（直流/交流逆变器）。太阳能电池和蓄电池输出的是直流电，当负载是交流负载时，逆变器是不可缺少的。在太阳能发电系统中，太阳能电池方阵输出的电力要供交流负载使用，需逆变器实现此功能。逆变器按运行方式，可分为独立运行逆变器和并网逆变器。独立运行逆变器用于独立运行的太阳能发电系统，为独立负载供电。并网逆变器用于并网运行的太阳能发电系统，将输出的电能馈入电网。

逆变器按输出波形，可分为方波逆变器和正弦波逆变器。方波逆变器电路简单，造价低，但谐波分量大，一般用于几百瓦以下和对谐波要求不高的系统。正弦波逆变器成本高，但适用于各种负载。从长远看，正弦波脉宽调制逆变器将成为发展的主流。

6.6.4 蓄电池组

蓄电池组是光伏电站的储能装置，由它将太阳能电池方阵从太阳辐射能转换来的直流电转换为化学能并储存起来，以供应用。其作用是储存太阳能电池方阵受光照时所发出的电能并可随时向负载供电。蓄电池放电时输出的电量与充电时输入的电量之比称为容量输出效率，蓄电池使用过程中，蓄电池放出的容量占其额定容量的百分比称为放电深度。当控制器对蓄电池进行充放电控制时，要求控制器具有输入充满断开和恢复接通的功能。当对 12V 密封型铅酸蓄电池进行控制时，其恢复连接参考电压为 13.2V；当对 24V 密封铅酸蓄电池进行控制时，其恢复连接参考电压为 26.4V。

根据计量条件的不同，电池的容量包括理论容量、实际容量和额定容量。理论容量是蓄电池中活性物质的质量按法拉第定律计算得到的最高理论值。实际容量是指蓄电池在一定放电条件下实际所能输出的电量，数值上等于放电电流与放电时间的乘积，其数值小于理论容量。额定容量也称标称容量，是按照国家或有关部门颁布的标准，设计电池时要求电池在一定的放电条件下应该放出的最低限度的电量值。

太阳能发电系统对所用蓄电池组的基本要求如下。

（1）自放电率低。

（2）使用寿命长。

（3）深放电能力强。

（4）充电效率高。

（5）少维护或免维护。

（6）工作温度范围宽。

（7）价格低廉。

目前，我国与太阳能发电系统配套使用的蓄电池主要是铅酸蓄电池，其中固定式铅酸蓄电池性能优良、质量稳定、容量较大、价格较低，是我国光伏电站主要选用的储能装置。根据太阳能发电系统使用的要求，可将蓄电池串并联成蓄电池组，蓄电池组主要有三种运行方式，分别为循环充放电制、定期浮充制、连续浮充制。

思　考　题

6-1　光伏产业链包含哪些内容？

6-2　太阳能发电有哪些优缺点？

6-3　硅太阳能电池按材料可分为哪几类？各有什么特点？

6-4　请简述 PN 结的形成原理。

6-5　请阐述太阳能电池的发电原理。

6-6　请阐述硅太阳能电池片的生产工艺流程。

6-7　为什么只有单晶硅太阳能电池片制绒后表面才会形成金字塔形绒面？

6-8　简述扩散法制造 PN 结的过程。如何去掉不需要的边、背 PN 结？

6-9　请绘制制备好的正负电极的硅太阳能电池片结构示意图。

6-10　请简述太阳能电池组件的基本构成。

6-11　太阳能发电系统分为哪几类？

参 考 文 献

曹连静，孙玉利，左敦稳，等，2013. 金刚石线锯的复合电镀工艺研究进展 [J]. 金刚石与磨料磨具工程 (1)：53 - 59，64.

程凯，霍德鸿，2015. 微切削技术基础与应用 [M]. 丁辉，译. 北京：机械工业出版社.

范新丽，杨杰，2013. 金刚石多线切割在半导体行业中的应用 [J]. 山西电子技术 (3)：16 - 17.

管文，等，2019. 精密和超精密加工技术 [M]. 北京：机械工业出版社.

何一鸣，桑楠，张刚兵，等，2012. 传感器原理与应用 [M]. 南京：东南大学出版社.

卡尔帕基安，施密德，2019a. 制造工程与技术：热加工：翻译版：原书第 7 版 [M]. 张彦华，译. 北京：机械工业出版社.

卡尔帕基安，施密德，2019b. 制造工程与技术：机加工：翻译版：原书第 7 版 [M]. 蒋永刚，陈华伟，蔡军，等译. 北京：机械工业出版社.

李响，杨洪星，于妍，等，2008. SiC 化学机械抛光技术的研究进展 [J]. 半导体技术，33 (6)：470 - 472.

李一龙，张冬霞，袁英，2017. 光伏组件制造技术 [M]. 北京：北京邮电大学出版社.

刘明，谢常青，王丛舜，等，2004. 微细加工技术 [M]. 北京：化学工业出版社.

刘玉岭，张国华，2008. 硅片双面研磨加工技术研究 [J]. 电子工业专用设备，37 (12)：27 - 29.

潘红娜，李小林，黄海军，2017. 晶体硅太阳能电池制备技术 [M]. 北京：北京邮电大学出版社.

钱显毅，沈明辉，2013. 风能及太阳能发电技术 [M]. 北京：北京交通大学出版社.

任丙彦，王平，李艳玲，等，2010. Si 片多线切割技术与设备的发展现状与趋势 [J]. 半导体技术，35 (4)：301 - 304，387.

舒继千，魏昕，袁艳蕊，2009. 单晶硅游离磨粒线切割技术研究 [J]. 工具技术，43 (1)：31 - 35.

孙萍，2014. 集成电路制造工艺 [M]. 北京：电子工业出版社.

王金生，姚春燕，彭伟，2013. 游离磨料线锯切割机理实验研究 [J]. 中国机械工程，24 (9)：1146 - 1149.

王磊，王添依，张弛，等，2014. 游离磨料切割法和金刚石线切割法切割 SiC 的对比 [J]. 电子工业专用设备 (10)：5 - 7，13.

王振龙，等，2005. 微细加工技术 [M]. 北京：国防工业出版社.

肖强，李言，李淑娟，2010. SiC 单晶片 CMP 超精密加工技术现状与趋势 [J]. 宇航材料工艺 (1)：9 - 13.

岳伟栋，刘志东，2014. 固结磨料金刚石线切割技术的现状与发展 [J]. 金刚石与磨料磨具工程 (6)：69 - 75.

曾明，周玉梅，郭长文，2007. 固着磨料多线锯研究进展 [J]. 超硬材料工程，19 (5)：1 - 5.

张凤林，袁慧，周玉梅，等，2006. 硅片精密切割多线锯研究进展 [J]. 金刚石与磨料磨具工程 (6)：14 - 18.

张辽远，贾春德，吕玉山，2006. 电镀金刚石线锯的超声纵振动切割加工方法 [J]. 兵工学报，27 (5)：899 - 902.

张梦骏，孙玉利，左敦稳，等，2013. 金刚石线锯切割技术研究进展 [J]. 金刚石与磨料磨具工程 (6)：44 - 48.

张强，2019. 固结磨料多线切割设备的设计与研究 [D]. 苏州：苏州大学.

张树礼，2011. 太阳能光伏产业应用的硅材料多线切割技术 [J]. 金属加工：冷加工 (12)：8 - 10.

BEAUCARNE, CHOULAT, CHAN, et al., 2008. Etching, texturing and surface decoupling for the next generation of Si solar cells [J]. Photovoltaics International, 1 (1): 66 - 71.

CAMPBELL, 2003. 微电子制造科学原理与工程技术：第二版 [M]. 曾莹, 严利人, 王纪民, 等译. 北京：电子工业出版社.

CLARK, SHIH, LEMASTER, 2003. Fixed abrasive diamond wire machining：part II: experiment design and results [J]. International Journal of Machine Tools and Manufacture, 43 (5): 533 - 542.

COSTA, XAVIER, KNOBLAUCH, et al., 2020. Effect of cutting parameters on surface integrity of monocrystalline silicon sawn with an endless diamond wire saw [J]. Solar Energy, 207: 640 - 650.

ERSOY, ATICI, 2004. Performance characteristics of circular diamond saws in cutting different types of rocks [J]. Diamond and Related Materials, 13 (1): 22 - 37.

GANESH, SIDPARA, DEB, 2017. Fabrication of micro-cutting tools for mechanical micro-machining [M] //Advanced Manufacturing Technologies. Switzerland: Springer, Cham: 3 - 21.

GENOLET, LORENZ, 2014. UV-LIGA: From development to commercialization [J]. Micromachines, 5 (3): 486 - 495.

HOU, BAI, ZHOU, et al., 2017. Laser direct writing of highly conductive circuits on modified polyimide [J]. Journal of Laser Micro/Nanoengineering, 12 (1): 10 - 15.

KUMAR, MELKOTE, 2018. Diamond wire sawing of solar silicon wafers: a sustainable manufacturing alternative to loose abrasive slurry sawing [J]. Procedia Manufacturing, 21: 549 - 566.

LEE, KIM, JEONG, 2022. Approaches to sustainability in chemical mechanical polishing (CMP): a review [J]. International Journal of Precision Engineering and Manufacturing-Green Technology, 9 (1): 349 - 367.

LIEW, YAP, WANG, et al., 2020. Surface modification and functionalization by electrical discharge coating: a comprehensive review [J]. International Journal of Extreme Manufacturing, 2 (1): 012004.

MAHANDRAN, FATAH, BANI, et al., 2019. Thermal oxidation improvement in semiconductor wafer fabrication [J]. International Journal of Power Electronics and Drive Systems, 10 (3): 1141 - 1147.

MIAN, 2011. Size effect in micromachining [D]. Manchester: The University of Manchester.

PRAKASH, SINGH, PRUNCU, et al., 2019. Surface modification of Ti-6Al-4V alloy by electrical discharge coating process using partially sintered Ti-Nb electrode [J]. Materials, 12 (7): 1006.

QIU, LI, GE, et al., 2022. Surface formation, morphology, integrity and wire marks in diamond wire slicing of mono - crystalline silicon in the photovoltaic industry [J]. Wear, 488: 204186.

QUIRK, SERDA, 2004. 半导体制造技术 [M]. 韩郑生, 等译. 北京：电子工业出版社.

RÖDER, ESTURO BRETÓN, EISELE, et al., 2008. Fill factor loss of laser doped textured silicon solar cells [C]. //European Photovoltaic Solar Energry Conference. 23rd European Photovolaic Solar Energry Conference. Valencia: 1740 - 1742.

SI, GUO, LUO, et al., 2011. Abrasive rolling effects on material removal and surface finish in chemical mechanical polishing analyzed by molecular dynamics simulation [J]. Journal of Applied Physics, 109 (8): 084335.

SRIDHAR, VISWANATHAN, VENKATESWARLU, et al., 2015. Enhanced visible light photocatalytic activity of P-block elements (C, N and F) doped porous TiO_2 coatings on Cp-Ti by micro-arc oxidation [J]. Journal of Porous Materials, 22 (2): 545 - 557.

SU, ZHANG, LAI, et al., 2010. Green solar electric vehicle changing the future lifestyle of human [J]. World Electric Vehicle Journal, 4 (1): 128 - 132.

XU, KREIDLER, WIPF, et al., 2008. In situ electrochemical STM study of potential-induced coarsening and corrosion of platinum nanocrystals [J]. Journal of The Electrochemical Society, 155 (3): B228 - B231.

XU，REN，LIAN，et al.，2020. A review: development of the maskless localized electrochemical deposition technology [J]. The International Journal of Advanced Manufacturing Technology，110（7 - 8）: 1731 - 1757.

ZHANG，LIU，CAO，et al.，2020. A deep learning based dislocation detection method for cylindrical crystal growth process [J]. Applied Sciences，10（21）: 7799.

ZHOU，EDA，SHIMIZU，et al.，2006. Defect-free fabrication for single crystal silicon substrate by chemo-mechanical grinding [J]. CIRP Annals - Manufacturing Technology，55（1）: 313 - 316.

ZHOU，SHIINA，QIU，et al.，2009. Research on chemo-mechanical grinding of large size quartz glass substrate [J]. Precision Engineering，33（4）: 499 - 504.